Johann Eckel · Herbert Halamiczek

Werkerziehung
Grundstufe 1

Unterricht konkret
Band 6

Johann Eckel · Herbert Halamiczek

Werkerziehung Grundstufe 1

ÖBV

Österreichischer Bundesverlag, Wien

Druck: G. Gistel & Cie. Ges. m. b. H., 1031 Wien
ISBN: 3 215 **04503** 6

Inhalt

Vorwort

Die Unterrichtsgestaltung für Werkerziehung an der Grundschule erfordert bei den gegenwärtigen Arbeitsbedingungen (Mangel an Fachräumen, Maschinen und Werkzeugen, geringes Materialbudget u. a.) besonderes Engagement vom Lehrer. Kollegen, die diese Bereitschaft besitzen, werden durch die Begeisterung der Kinder die Bestätigung ihrer Lehrerhaltung erfahren.
Der vorliegende Praxisbericht wendet sich daher vor allem an jene Kolleginnen und Kollegen, die die verantwortungsvolle Aufgabe haben, technisch orientierten Werkunterricht anzubahnen.
Es sind dies Lehrkräfte, die an der Grundschule (1. und 2. Schulstufe), Lehrkräfte, die an der allgemeinen Sonderschule unterrichten (unter Einschränkung der Lehrinhalte und unter Berücksichtigung sonderschulspezifischer Faktoren) und jene Kollegen, die sich im Ausbildungs- oder Fortbildungsstadium befinden.
Als Fachkollegen erschien es uns unumgänglich, in den Pioniertagen des Grundschulwerkens einen Beitrag zu leisten, der die österreichischen Gegebenheiten berücksichtigt und somit Orientierungshilfe darstellen kann.
Die Aufbereitung der Lehrinhalte fußt auf dem österreichischen Lehrplan und Beispielplan der Grundstufe 1.
Es ist eine unabdingbare Tatsache, daß jedes schulpraktische Werk Aktualität erlangt und sie durch Wissenserweiterung, Lehrplanveränderungen und Fachtendenzen wieder einbüßt. Wir haben daher versucht, das Buch nicht nur nach der Gunst des Augenblickes auszurichten, sondern haben vor allem angestrebt, Fundamentales darzustellen, das durch elementare Technikinformation und Werktechnologie ausgewiesen wird.
Die werktechnologischen Darstellungen mögen aufwendig erscheinen. Auf Grund ihrer exemplarischen Bedeutung wird aber gerade der technologisch wenig geübte Kollege Hinweise finden, die in der Folge zur Verselbständigung führen und auch neue Aufgabenkonzeptionen möglich machen.
Werkerziehung, auch unter dem Blickwinkel technisch-kreativen Verhaltens, bedarf gerade beim Lehrer der sicheren Kenntnis technologischer Abläufe, um das Überschauen und Beraten, Führen und Vorplanen möglich zu machen.
Es ist anzuraten, manche Aufgabenkonzepte im Sinne einer Lehrerwerkprobe vorerst selbst zu lösen, um Abänderungen und Alternativen anzuschließen.
Trotz Darstellung der notwendigen Kenntnisgrundlagen, oder gerade deswegen, wurde auf die Dokumentation detaillierter Unterrichtskonzepte bewußt verzichtet, um allen Lehrkräften Entscheidungs- und Handlungsfreiheit in methodischer Hinsicht zu bewahren.
Wie immer persönliche Jahrespläne erstellt werden, die Berücksichtigung aller drei Bereiche *Bauen — Wohnen, Technik* und *Produktgestaltung* ist im sinnvollen Rhythmus einzuplanen.
Der vorgestellte Praxisbericht *Werkerziehung — Grundstufe 1* dokumentiert die Unterrichtsarbeit mit Kindern einer 2. Schulstufe. Hinsichtlich der Gesamtorganisation — wöchentliche Doppelstunde — kann folgende Aussage gemacht werden:

- Die wöchentliche Doppelstunde erlaubt fachgerechte Unterrichtsarbeit ohne Zeitdruck und Zeitvergeudung für Materialausgaben.
- Bei zielstrebiger, abwechslungsreicher Unterrichtsgestaltung stellt die Doppelstunde keine Erschwernis dar.
- Eine umsichtige Aufgabenwahl ist zu treffen.
- Die Benützung von Fachräumen bedeutet eine ungeheure Erleichterung der Lehrerarbeit (Organisation usw.)

Abschließend wollen wir unseren Dank jenen Kindern und Personen aussprechen, die am Entstehen des Buches tatkräftig beteiligt waren:
dem Abteilungsvorstand der Übungsvolksschule der Pädagogischen Akademie der Erzdiözese Wien, Mag. Josef Freund, der Arbeitslehrerin Irene Zahrl und den beteiligten Kindern der 2. Klasse.

Johann Eckel
Herbert Halamiczek

Werkerziehung an der Grundschule

DIDAKTISCHE ASPEKTE

Soziokulturelle Bezugnahme

Die Schule muß bemüht sein, ihr Bildungsangebot so auszurichten, daß es den Erfordernissen einer sich ständig wandelnden Lebens- und Gesellschaftsstruktur entspricht, um die Jugend auf ein Leben in dieser Gesellschaft vorzubereiten.
Alle fachdidaktischen Entwürfe eines Unterrichtsfaches sind daher abhängig von zeitbedingten Faktoren und gesellschaftlich-situativen Bedingungen. Sie können keine Lösung auf Dauer darstellen, sondern sind einer anhaltenden Wandlung unterworfen. Viele werkpädagogische Erziehungsanliegen (z. B. Planungsdenken, Ordnungssinn, Vollendungstendenz usw.) stellen dagegen unverrückbare Beiträge zur „Menschenbildung“ dar.
Die soziokulturelle Situation unserer Zeit wird in erster Linie durch den Strukturwandel des gesellschaftlichen, politischen, industriellen und wirtschaftlichen Lebens und durch den Stand der technischen Wissenschaften bestimmt. In verhältnismäßig kurzer Zeit haben sich einschneidende Veränderungen vollzogen: Verminderung der Lebensqualität durch Umweltbedingungen wie Lärm und Abgase, progressive Mobilisierung, Verbetonierung der Kulturlandschaft, zunehmende Rationalisierung, zunehmendes Freizeitangebot, Änderung der Berufsbedingungen, zunehmende Bürokratisierung, Konsumzwänge durch zunehmenden Überfluß, Automation bei der Massengütererzeugung, Verknappung der Rohstoffe und Energien, Entwicklung der Zukunftsindustrien (chemische und elektronische Industrie).
Elementare Einsichten in soziokulturelle Bedingungen sind daher auch im Unterricht der Grundschule zu vermitteln, um die Beziehungen zur technischen Umwelt und zur modernen Wohn- und Arbeitswelt anzubahnen. Lernformen, die kooperatives Handeln fördern, Einführung in arbeitsteilige Verfahren, Realitätsbezüge durch Besichtigung und Objektbetrachtung können wesentliche Beiträge leisten, die Position des einzelnen und das Anliegen der Gemeinschaft aufzuzeigen.

Das Schülerverhalten

Entwicklungsbedingungen psychologischer Art

Die Schüler wachsen mit Telefon, Fernsehen, Auto, perfektem Spielzeug und zwischen hochmodernen Haushaltsgeräten auf. Es ist vor allem eine Welt der Daseinserleichterung, die sie umgibt. Technik auch als Daseinszerstörung zu begreifen, überfordert noch das Verständnis der Kinder.
Hebel, Druckknöpfe, Schalter und Apparaturen bedeuten für Kinder kaum mehr Mystifizierung. Sie dienen dem Technikkonsum und werden so verstanden und benützt. Schon Achtjährige kennen die Wirkungsweise vieler Geräte und Maschinen. Sie können zumeist selbständig telefonieren und fotografieren. Sie fahren Räder mit Gangschaltung, erkennen alle gängigen Autofabrikate und demontieren mit Vorliebe Spielzeug, um ihr Neugierverhalten zu befriedigen. Die Beziehung zur Technik scheint unkompliziert, doch in der Gesamtheit beherrscht eine Dominanz der Gefühle die Spielwelt der Kinder.
Dieses Faktum ist vom Lehrer in besonderer Weise zu berücksichtigen, denn die Pflege echter Erlebnisbereitschaft und die Ausbildung der Phantasiekräfte ist auch für die Entfaltung kreativ-technischen Problemlösens von besonderer Wichtigkeit. Die Unterrichtsgestaltung muß die emotionale Hinwendung, den spielerischen Lernakt bei allen Lernprozessen berücksichtigen. Verfrühte Versachlichung steht dem Unterricht der Grundschule nicht gut an!
Im Spiel erfolgt das geistige Begreifen der Umwelt. Spielen bedeutet Identifikation mit Dingen, Objekten und Personen, bedeutet allein und gemeinsam agieren. Bedeutet sich vertragen, behaupten und auch Konflikte austragen. Bedeutet erkennen und lernen. Bedeutet Kindheit!

Entwicklungsbedingungen rationaler Art

Der Grundschüler bringt allen technischen Vorgängen und Gegenständen großes Interesse entgegen. Die elementare Auseinandersetzung mit Gegebenheiten der Technik entspricht dem Neugierverhalten, dem Wissensbedürfnis, dem Tätigkeitsdrang und vor allem dem notwendigen Erfahrungsaufbau für technische Sachverhalte, um technisches Verständnis anzubahnen.
Das Vorherrschen ganzheitlichen Erlebens und ganzheitlicher Gegenstandsauffassung schmälert die Einsicht in Funktionszusammenhänge.
Sie verpflichten die Aufgabenstellung, sachliche Begriffserklärung und funktionale Wirkweisen kindgemäß zu veranschaulichen und zu problematisieren.
Beim selbständigen Erkunden funktionaler Zusammenhänge gewinnt genaues Beobachten und der Einsatz von technischen Baukästen erhöhte Bedeutung.
Denkvorgänge, die auf technisches Verständnis und auf Einsichten in Zusammenhänge zwischen Mensch und Technik abzielen, werden als *technisches Denken* bezeichnet, das Horst Egen als Prozeß darstellt, „der auf dem Erfassen und Herstellen von Bedeutungen, Beziehungen und Sinnzusammenhängen im technischen Bereich beruht".

Entwicklungsbedingungen physiologischer Art

Körperlich-physiologische Veränderungen prägen den Schulneuling (Zahnwechsel, Längenwachstum). Der altersbedingten, manuellen Ungeschicklichkeit und der geringen Handkraft muß der Lehrer mit Verständnis und methodischem Geschick begegnen (z. B. Hilfestellung, keine übertriebenen Anforderungen, individuelles Arbeitstempo, richtige Wahl des Werkstoffes, überschaubare Aufgaben).
Der Einsatz vorgeformter Materialien (Bauklötze, technische Baukästen, Schachtelmaterial) und die Verwendung von Werkstoffen mit geringem Bearbeitungswiderstand wie Ton, Styropor, Papier, Karton, Wellpappe, weiche Hölzer (Abachi) und Alublech entsprechen der Leistungsfähigkeit der Altersstufe. Additives Zusammenfügen gilt als kindadäquates Gestaltungsprinzip beim Zeichnen, Bauen und Werken.
Freude an der motorischen Aktion darf der Lehrer von den Kindern erwarten, spontanen Tätigkeitsdrang muß er vorrangig berücksichtigen. Verbale Unterrichtsführung soll sich durch Prägnanz auszeichnen und darf im Zeitaufwand das Kindverhalten nicht unnötig einengen.

Die Lehrbereiche der Werkerziehung (Grundstufe 1)

Im österreichischen Lehr- und Beispielplan der Grundschule werden die technischen Gegebenheiten der Umwelt in drei Bereiche gegliedert, um die unterschiedlichen Sachstrukturen und Inhalte überschaubar auszuweisen:

Bauen — Wohnen
Technik
Produktgestaltung

Die ersten Ansätze einer systematischen Bereichsgliederung der technischen Umwelt nach „Bau", „Gerät" und „Maschine" reichen in die Geschichte des Unterrichtsfaches zurück bis zu den ersten fachdidaktischen Entwürfen einer „Technischen Grundbildung" (Engelbert, Klöckner, Mehrgardt, Sellin, Wessels). Da die Inhalte unterschiedlich strukturiert sind, verlangt auch ihre Erschließung unterschiedliche Methoden vom Lehrer und andersgeartete Denk- und Handlungsformen vom Schüler.
Daher kann nur ein unterrichtliches Kontinuum aller drei Bereiche den Bildungsanspruch des Unterrichtsfaches gewährleisten. Das hat vor allem der Lehrer bei der Erstellung der Jahrespläne zu berücksichtigen.

Bauen — Wohnen

Der Bereich ist für das Grundschulkind aus mehreren Gründen gut erschließbar: Ähnlich ausgerichtete Wohn- und Umweltbezüge der Kinder, Vorerfahrungen mit „Wohnspielzeug" (Bauernhof, Puppenhaus

und Bauklötze), Arbeitsmaterial mit geringem Werkzeugaufwand für die Herstellung von „Wohnmodellen“ sowie das Wiedererkennen des Gelernten in der gebauten Umwelt begünstigen die angestrebten Unterrichtsabsichten.
Das Bauen von begehbaren Räumen bietet ideale Möglichkeiten für das Anbahnen von Raumerfahrungen durch Agieren im Raum und das Erfinden, Verstellen und Kombinieren von Möbelelementen. Modellhaftes Herstellen von Räumen sollte dagegen weder unter den Gesichtspunkten handwerklicher Perfektion noch unter übertriebener Imitation der Wirklichkeit angestrebt werden.
Das modellhafte Bauen verursacht weniger Organisationsprobleme, bietet bessere Überschaubarkeit und ermöglicht die Integration von Spielgerät für das weiterführende Spiel. Beide Grundaufgaben ergänzen einander.
Die Basisarbeit mit Bauklötzen, vor allem für den statisch-konstruktiven Bezug, ist von so eminenter Bedeutung, daß sie durch kein anderes Arbeitsmittel ersetzt werden kann.
Zielkatalog der Unterrichtsarbeit:
- Elementares Erschließen der Umwelt unter statisch-konstruktiven Gesichtspunkten
- Grundsachverhalte statischer Gesetzmäßigkeiten mit Bauklötzen erkunden (z. B. Standsicherheit, Gleichgewicht, Schwerpunktlage)
- Bautechnische Konstruktionsprinzipien (Massivbau, Skelettbau, Balkenbrücke, Kragbogenbrücke, Kraggewölbe) und konstruktive Elemente (Stütze, Träger, Balken) in elementarer Form kennenlernen
- Modellhafte Bezüge mit der Wirklichkeit vergleichen
- Elementares Erschließen der Umwelt unter räumlich-funktionalen Gesichtspunkten
- Begehbare und modellhafte Räume errichten und ausgestalten
- Raumerfahrungen sammeln und Raumfunktionen erkennen
- Überlegungen für die Gestaltung von Wohn-, Spiel- und Arbeitsräumen anstellen
- Anbahnung kritischer Einstellung gegenüber der gebauten Umwelt

Technik

Der Bereich umschließt den funktional-dynamischen Bestand einfacher Maschinen und Fahrzeuge, die Arbeit verrichten, Muskelkraft sparen oder sie gänzlich ersetzen. Sie sind zentraler Bestand der technischen Welt.
Dynamisch-technische Sachverhalte faszinieren Kinder der Grundschule und besitzen starken Erlebniswert für sie.
Obzwar Maschinen und Apparaturen vielfach von Gehäusen (Schutzfunktion und ästhetische Funktion) umschlossen sind, sodaß ihr konstruktiver und funktionaler Aufbau kaum einsichtig wird, können Grundwesenheiten ihrer Funktion elementar erschlossen und systembildendes Wissen angebahnt werden.
Primär eignen sich für die Auseinandersetzung mit dem Bereich Maschine technische Baukästen, da die genormten Elemente, vor allem Paßgenauigkeit, Zeitökonomie und dadurch kreative Problemlösungsstrategien garantieren.
Handwerkliches Herstellen von einfachen Maschinen mit Spielcharakter sollte aber nicht unterbleiben, da technologische und konstruktive Erfahrungen nur bei der Auseinandersetzung mit Werkstoffen und Werkzeugen erfolgen und Bedingungen für die Funktionalität (z. B. mittiges Bohren, Parallelität der Achsen usw.) besser einsichtig werden. Manche Aufgabenfelder, wie „Schwimmkörper“ und „Flugkörper“, sind nur mit den Möglichkeiten handwerklicher Technologien lösbar. Nur der Einsatz beider Methoden wird die Realisation der Lehrabsichten erbringen können.

Zielkatalog der Unterrichtsarbeit:
- Erste Einsichten in kinetische Zusammenhänge beim Rollen, Fahren, Ziehen, Drehen und Schieben gewinnen
- Funktionsprinzipien bei Vorrichtungen, Spielgeräten und Maschinen, die Windkräfte umwandeln, erkunden
- Grundlegende Sachverhalte von Schwimmkörpern erkunden
- Grundlegende Einsichten in die Kraft- und Bewegungsübertragung gewinnen
- Erkennen, daß Maschinen aus Baugruppen und

Bauelementen bestehen, die in ähnlicher Form in allen Maschinen vorkommen
— Grundprobleme der Maschine bei elementaren Aufgaben selbständig lösen lernen
— Beim Herstellen einfacher Maschinen technologische und konstruktive Erfahrungen sammeln
— Einblicke in das Verhältnis Mensch—Maschine erhalten

Produktgestaltung

In einer Welt der Massengütererzeugung durch serienmäßige Herstellungsverfahren, in einer Konsumwelt, die durch aufwendige Werbebotschaften zu unablässigem Konsumstreben auffordert, bedarf es der Orientierung und Dekodierung, um Manipulationen zu erkennen, Bedürfnisse und Scheinbedürfnisse zu unterscheiden.
Der Begriff Produktgestaltung enthält somit elementare Aspekte der Konsumweltbeurteilung von Verbrauchs- und Gebrauchsgütern (Herstellung, Werbenachricht, Warenkleid, Benützung, analytische Betrachtung), um kritisches Konsumverhalten anzubahnen. Das selbsttätige Herstellen von Spielgeräten und einfachen Werkzeugen unterstützt dieses Anliegen, da durch die Handhabung von Material und Werkzeug das Werkzeugdenken und die Werkzeugbeurteilung praktisch erfahren werden.
Zielkatalog der Unterrichtsarbeit:
— Gewinnen von Einsichten in die Funktion und Form von Werkzeugen und Geräten
— Spielgeräte und einfache Werkzeuge selbst herstellen und dabei die sachgerechte Handhabung von Werkzeugen kennenlernen
— Handwerkliche Präzision ist Kindern der Grundschule nicht abzuverlangen
— Verschiedene Werkstoffe erkunden und ihre sachgerechte Bearbeitung erfahren
— Elementare Fertigungsverfahren kennenlernen (das Urformen, Umformen, Trennen, Verbinden)
— Elementare Einsichten in die wirtschaftliche Bedeutung von Design, Werbung und Verpackung gewinnen
— Kriterien für die Herstellung und Beurteilung von Gerät und Werkzeug können nur schwerpunktmäßig erarbeitet werden

Solche Kriterien sind:
— Formaler Aspekt
Die Form eines Werkzeuges ist vom Zweck, dem Material und dem Herstellungsverfahren abhängig. Die Form der Grundwerkzeuge wurde durch Jahrhunderte geprägt und blieb, bis auf geringfügige Änderungen, nahezu unverändert.
— Funktionaler Aspekt
Werkzeuge wurden ersonnen, um die Arbeit des Menschen zu erleichtern. Sie haben dabei eine ganz bestimmte Funktion zu erfüllen.
— Material-technologischer Aspekt
Papier, Karton, Holz, Metall, Keramik, Kunststoff, Leder, Textilien und Glas sind jene Materialien, die für die Herstellung von Werkzeug und Gerät vorwiegend eingesetzt werden. Jedes Material besitzt spezifische Eigenschaften und erfordert adäquate Herstellungs- und Verarbeitungsverfahren. Produkte werden in Einzel- und Serienfertigung hergestellt.
— Physikalischer Aspekt
Physikalische Gesetzmäßigkeiten bestimmen die Wirkweise von Werkzeugen.
— Wirtschaftlicher Aspekt
Ökonomische Bedingungen bei der Herstellung, sowie Design, Modetrends, Warenkleid und Werbung sind entscheidende Faktoren bei den wirtschaftlichen Überlegungen der industriellen Produktgestaltung.

Allgemeine Fachziele

Das Unterrichtsfach Werkerziehung (Grundschule) weist elementar-technische Inhalte auf. Diese Inhalte werden durch die Bereiche Bauen—Wohnen, Technik und Produktgestaltung problemansteigend systematisiert.
Der Unterricht will die bewußte Begegnung mit der technischen Umwelt, technisches Verständnis und kritisches Verhalten anbahnen. Das geschieht durch werktätiges Tun, Betrachten, verbales und graphisches Reflektieren.
In Verbindung mit dem Sachunterricht sind auch erste Einblicke in die Bedingungen der modernen

Arbeitswelt und in die Beziehung Mensch und Technik möglich.

Spielen und Entdecken

Das Grundschulkind besitzt eine Vielzahl von Erfahrungen und Verhaltensweisen, die es im Vorschulalter erworben hat. Vor allem im Spiel, im ungelenkten Tun, war der Erfahrungserwerb mit Materialien, Werkzeugen und Bausteinen möglich. Der Grundschulunterricht hat daher Lehr- und Lernorganisationen zu schaffen, die dem freien Spiel Zeit und Raum geben.

Technisches Verständnis erwerben durch Beobachten, Vergleichen, Erkunden und Analysieren

Die Begegnung mit der technischen Wirklichkeit ist auf vielerlei Weise möglich. Sie ist notwendig und kann am Beginn der Problembegegnung oder im Sinne des Transfers am Ende der Problemlösung stattfinden. Beim Betrachten einer Küchenreibe mit Handkurbel wendet sich das Augenmerk sowohl auf die Konstruktion als auch auf die Funktion der Maschinenbaugruppen und Maschinenelemente. Das Auffassen der Formmerkmale ist ebenso wichtig wie das Erkennen ihrer Wirkungsweise. Das analysierende Durchdringen durch Beobachten und durch Eigenversuche ist Voraussetzung für das Aufbauen von Verständniskategorien.
Technische Sachverhalte, die in der technischen Realität schwer zu durchdringen sind (z. B. Rollfähigkeit, Schwimmfähigkeit), werden modellhaft aufbereitet und durch Erkundungsversuche erschlossen, wobei die Elementarisierung von physikalischen Gesetzmäßigkeiten wichtiger Bestand des Erkundens ist.

Sachverhalte verbalisieren und Sachbegriffe erfahren

Beim Beschreiben technischer Sachverhalte werden Kinder zunächst eigene Begriffe verwenden. Der Aufbau von elementaren Sachbegriffen, im Sinne einer Fachsprache für technische Erscheinungen, ist anzustreben. Es ist aber Vorsicht geboten und Kindern kein unverstandenes Plapperwissen abzuverlangen.

Planen von Lösungen

Das Grundschulkind kann Lösungsmöglichkeiten für Aufgaben weder vorplanen noch skizzieren oder entwerfen. Denken und Herstellen bilden noch eine untrennbare Handlungseinheit.

Erproben von Lösungen

Auch technisch orientierte Aufgaben müssen für Kinder Spielwert besitzen. Erprobung bedeutet somit Spiel. Dabei können durch Vergleiche Eignung und Mängel festgestellt, Fehlerquellen ergründet und Verbesserungen vorgenommen werden.

Selbständiges und teilselbständiges Lösen von Aufgaben

Das Aufschließen der technischen Umwelt geschieht durch Elementarisierung und Exemplifizierung von technischen Sachverhalten. Jede Aufgabe kann so problematisiert werden, daß sie unterschiedliches Kreativitätsniveau anstrebt. Aufgaben, die in Teilbeständen selbständiges technisches Denken und Handeln, kreatives Konstruieren und Herstellen fordern, sind aus vielerlei Gründen zu forcieren (z. B. Lernkontrollen, Ertragssicherung, Beurteilung, Zeitaufwand, Begabungsgefälle usw.).
Aufgaben mit völlig offenen Lösungswegen, unter Einschluß der freien Materialwahl, bieten zumeist große organisatorische und technologische Probleme. Ausreichende Lehrererfahrung und ausgezeichnete Ausrüstung der Werkstätte oder des Klassenraumes (!) müssen als Vorbedingungen genannt werden.
Die standardisierte Aufgabe nach „Plan", mit gleichem Anforderungscharakter, wird für gleichgerichteten, technologischen Kenntnisgewinn ihre fallweise Berechtigung haben.

Messen und Vormarkieren

Der Unterricht der Grundstufe 1 muß Unterrichtsvorhaben mit direkten Maßbedingungen ausklammern. Längen-, Flächen- und Gewichtsmaße sind für Schüler der 1. und 2. Schulstufe noch nicht zugänglich.

Maßbehelfe und Vergleiche gelten als Ersatz und Anbahnung.

Umgang mit Material und Werkzeug

Erst im Zusammenwirken aller Realisations-, Demonstrations- und Lernmedien werden die angestrebten Bildungsziele zu erreichen sein.
Der Aufbau sachgemäßer Werkzeughandhabung und Materialbearbeitung, sowie Kenntnisgewinn elementarer Werkverfahren gelten als zentrale Anliegen.
Dem zweckfreien Erkunden ist im vorhandwerklichen Stadium viel Platz einzuräumen. Beim zweckfreien Tun, unter Ausschaltung von Erfolgszwängen, aber unter Einhaltung von Ordnungsregeln, ist Erfahrungserwerb gut möglich.
Kindliches Erkunden, Lehrerdemonstration, kindgemäße Werkzeuge, Verzicht auf handwerkliche Perfektion, Hinweis auf Unfallgefahren sind Kriterien dieser Zielforderung.

Unfallverhütung

Im Werkunterricht wird mit Werkzeugen und Geräten hantiert, die bei unsachgemäßer Verwendung und unter Mißachtung von Ordnungsregeln Gefahrenquellen darstellen. Hier trägt der Werklehrer hohe Verantwortung. Ohne Disziplin und Ordnung ist ein Hantieren mit Schere, Messer, Hammer, Vorstecher usw. undenkbar.

Graphisches Darstellen (Skizzen, Tabellen)

Das Reflektieren durch die zeichnerische Sachdarstellung erfordert ein Rückbesinnen auf Sachbegriffe und Konstruktionsbezüge. Vielfach enthält sie Begründungen getroffener Maßnahmen. Reflexionsskizzen besitzen den Rang von Lernzielkontrollen. Sie demonstrieren Verstandenes und Unverstandenes. Sie bahnen fundamentales Verständnis für technische Zeichnungen an.
Das Umgehen mit Tabellen gibt Einblick in übersichtliche Systeme, die Vergleiche ermöglichen und objektive Beurteilung bedingen.

Einblick in Zusammenhänge von Form und Funktion

Sensibilität für formale Formbezüge, die durch Funktionalität, Material und Technologie bestimmt werden, gehört zu den wichtigen Anliegen des Werkunterrichts, um sowohl ästhetische Kriterien der Produktform als auch analytisch-kritisches Beurteilen der Funktionalität anbahnend zu entwickeln.

Einblick in die Arbeitswelt

Der Unterricht sollte es nicht verabsäumen, im Zusammenwirken mit dem Sachunterricht Gegebenheiten der Arbeitswelt kindgemäß zu erhellen. Doch gesellschaftlich-situative Bedingungen, die noch allzufern am Fragehorizont der Kinder angesiedelt sind, sollten nicht aus Übergründlichkeit problematisiert werden.

Kritisches Verhalten gegenüber der Umwelt

Die von Menschen und für Menschen gemachte künstliche Welt sollte humane Lebensbedingungen bieten, heute und auch morgen. Das geschieht nur, wenn der einzelne befähigt wird, am Bauen und Verbauen, Planen und Verplanen, kritisch Anteil zu nehmen, Meinung zu äußern und Kritik zu üben, wenn sie angebracht ist.

Arbeitsbedingungen für den Unterricht

Räumliche Bedingungen

Der Forderung nach dem Fachraum wird bei realistischer Betrachtung der Schulsituation nur dann entsprochen werden können, wenn bei künftigen Schulneubauten die Planung des Werkraumes zum gleichgestellten Selbstverständnis wie die Installierung des Turnsaales wird. Bei alten Schulbauten können nur Bauergänzungen oder Raumumwidmungen frei gewordener Klassenräume jene Raumbedingungen schaffen, die dem Fachanspruch gerecht werden.

Der Werkraum

Universalwerkraum
Ausreichende Tageslichtverhältnisse (Werkräume im Keller sind abzulehnen), Schallisolierung, rutschfester Boden, Schülerwerktische mit Einspannvorrichtung, Hocker mit Sternfuß, Tafel, Steckwand, Stellbord, Projektionswand, Medienpaket (Overheadprojektor, Diaprojektor, Filmprojektor), Kästen in ausreichender Anzahl (Medien, technische Baukästen, Bauklötze, Schülerwerkzeug im Blocksystem, Lehrerwerkzeug, Tonbretter, Hilfsmaterial usw.), Abfalleimer.

Maschinenraum
Sichtfenster (zum Werkraum) für den Lehrer, Emco-Star (oder Kreissäge, Holzschleifmaschine, Bandsäge), Ständerbohrmaschine, Deckelschere für Papier und Karton, Thermoschneidegeräte mit Transformator, Transportwagen.

Materialdepot
Stellagen für die Lagerung verschiedener Materialien und Schülerarbeiten (Plastiktragen).

Schaukästen
Glasschiebetüren versperrbar, höhenverstellbare Glasetagen.

Werkhof
Für das Bauspiel in Lebensgröße, Versuchsbecken für Schwimmkörper, Versuchsbahn für Fahrzeuge usw.

Der Klassenraum

Zentrale Aufbewahrung für Werkzeuge (Blocksystem), Bauklötze, technische Baukästen und Medien, Transportwagen, Projektionswand, Raumverdunklung (Vorhänge), Steckwand, Plastiktragen in entsprechender Anzahl (Deponierung von Schülerarbeiten), Abdeckplatten für die Schülertische, transportable Einspannvorrichtungen, Zentraltisch (Sonderwerkzeug, Ergänzungsmaterial).

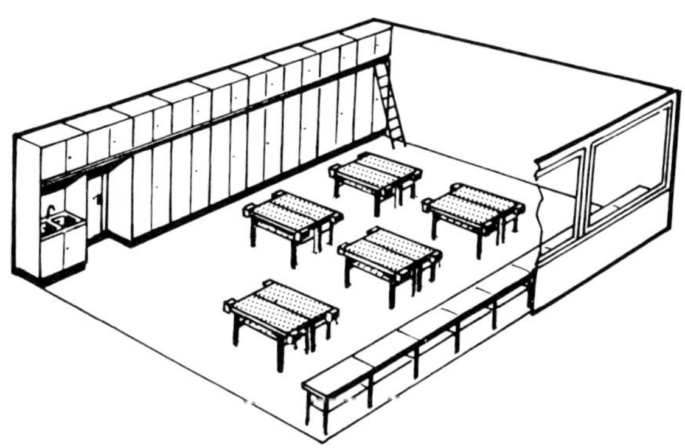

Werkzeuge, Lernmedien und Hilfsmaterial
Lehrerwerkzeug (L): Einzelwerkzeug
Gruppenwerkzeug (G): 1 Werkzeug für 3—6 Schüler
Schülerwerkzeug (ohne Kurzzeichen): 1 Werkzeug pro Schüler

Die vorgestellten Werkzeuge reichen über ein Minimal-Sortiment hinaus. Denn es werden auch jene Schüler- und Lehrerwerkzeuge erfaßt, die zwar selten gebraucht werden (z. B. Kreisbohrer), aber erhebliche Hilfen für die Unterrichtsgestaltung (Grundstufe 1) darstellen. Spezifische Werkzeuge für die Grundstufe 2, z. B. Waagen, blieben unberücksichtigt.

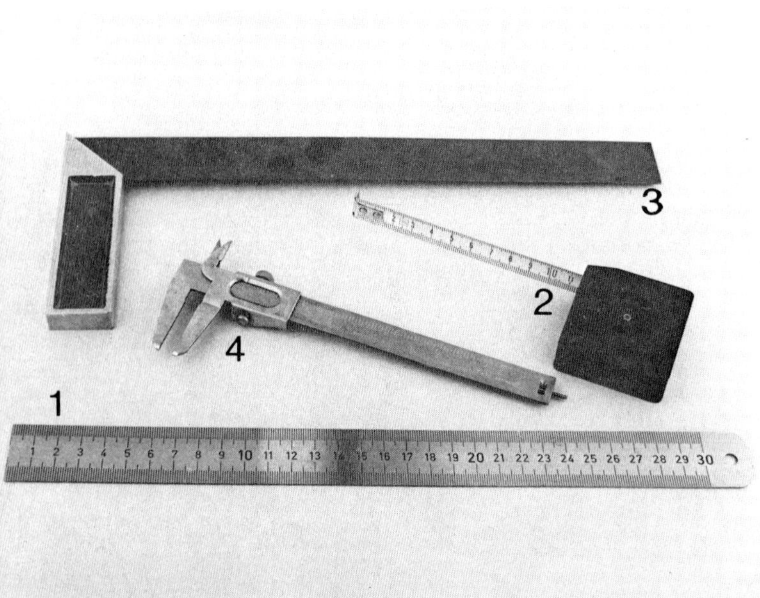

Werkzeuge zum Messen

1 Stahlmeßstreifen, 300 mm (nur mit cm-Einteilung)
2 Rollmaßband (G)
3 Tischlerwinkel, 200 mm (G)
4 Schiebelehre (L), für Außen-, Innen- und Tiefenmessung, vor allem aber für das Nachmessen von Rundhölzern, Bohrern und Schrauben

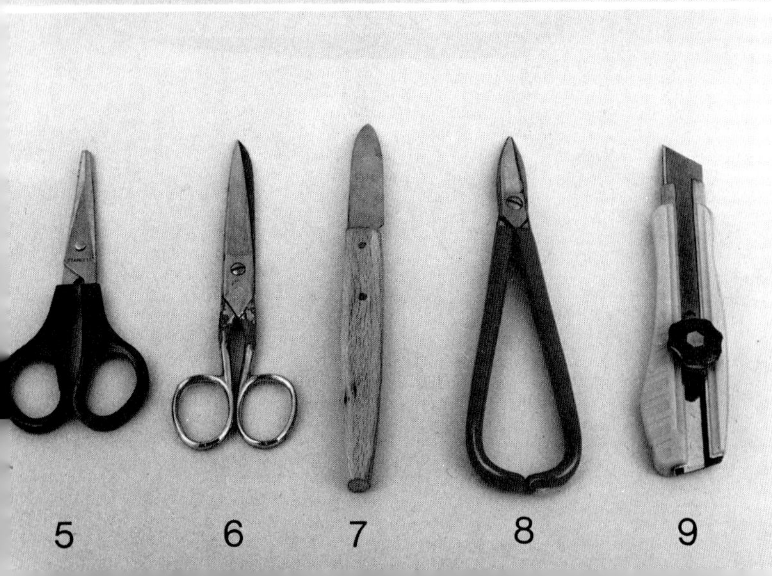

Werkzeuge zum Schneiden

5 Allzweckschere
6 Papierschere, Gesamtlänge zwischen 12 und 15 cm
7 Buchbindermesser, kurze Klinge
8 Goldarbeiterschere (G)
9 Allzweckmesser (G), zum Ritzen und Schneiden von Karton, Pappe und Wellpappe. Für Geradschnitte Mitverwendung des Stahllineals (ca. 4 mm stark, ohne Abbildung).

Zangen

10 Vorschneider (G), zum Abtrennen von Drähten
11 Flachzange, 140 mm, zum Halten und Biegen von Drähten und Blechstreifen
12 Rundzange, 140 mm, zum Rundbiegen, zur Ösenanfertigung
13 Hebelvorschneider (L), zum Ablängen starker Drähte
14 Beißzange (G), zum Abtrennen von Drähten und zum Herausziehen von Nägeln

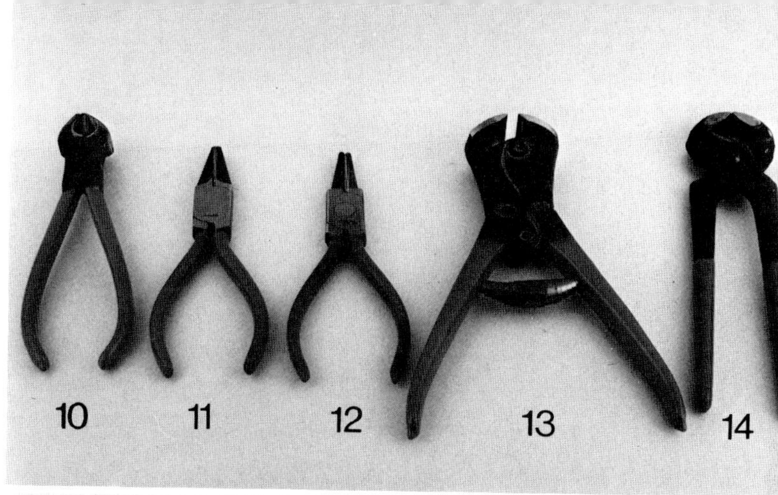

Sägen

15 Puksäge (Metallsägeblatt auch für Holzzuschnitte geeignet)
16 Feinsäge (G)
17 Schneidelade (G)
18 Sägebohrer (L), als „Bohrersatz“ für die Ständerbohrmaschine für die Selbstherstellung von Holzrädern

Werkzeuge zum Raspeln, Feilen und Schleifen

19 Bastardfeile, rund, 150 mm, für die Holz- und Metallbearbeitung
20 Bastardfeile, halbrund, 150 mm
21 Bastardfeile, flach, 150 mm
22 Raspel, fein, flach, 200 mm, für die grobe Holzbearbeitung
23 Raspel, fein, halbrund, 200 mm
24 Feilenbürste (G), zur Reinigung der Raspeln und Feilen. Bürstenstrich in Richtung der Hiebe.
25 „Schleifpapierfeile“ (Selbstfertigung)
26 Schleifpapiere
27 Schleifklotz

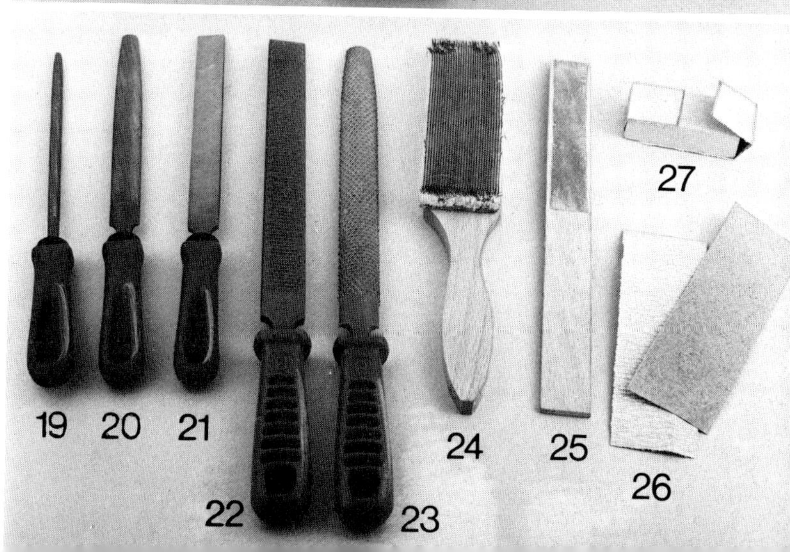

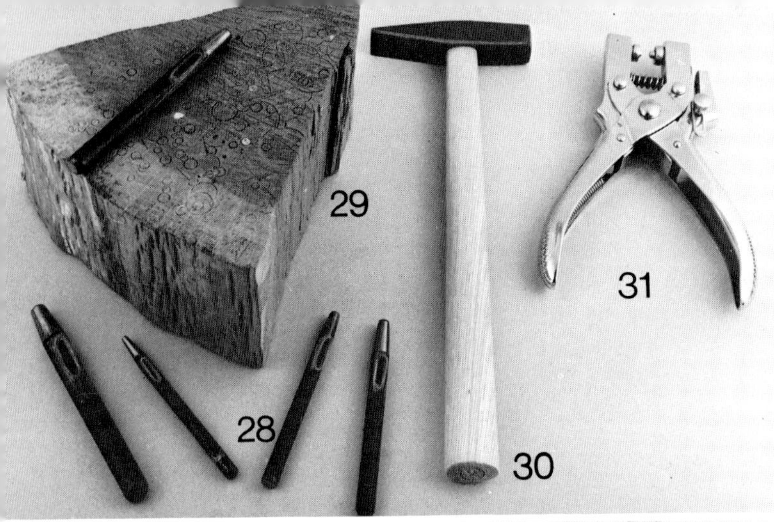

Werkzeuge zum Lochen von Papier und Pappe

28 Locheisen, ∅ = 2—8 mm (G)
29 Hirnholzunterlage (G)
30 Schlosserhammer, 250 g
31 Ösenzange (L)

Dünne Bleche werden mit dem Durchschläger gestanzt (keine Abbildung), Schlagunterlage: Bleiplatte, Paraffinklotz oder starke Gummiplatte.

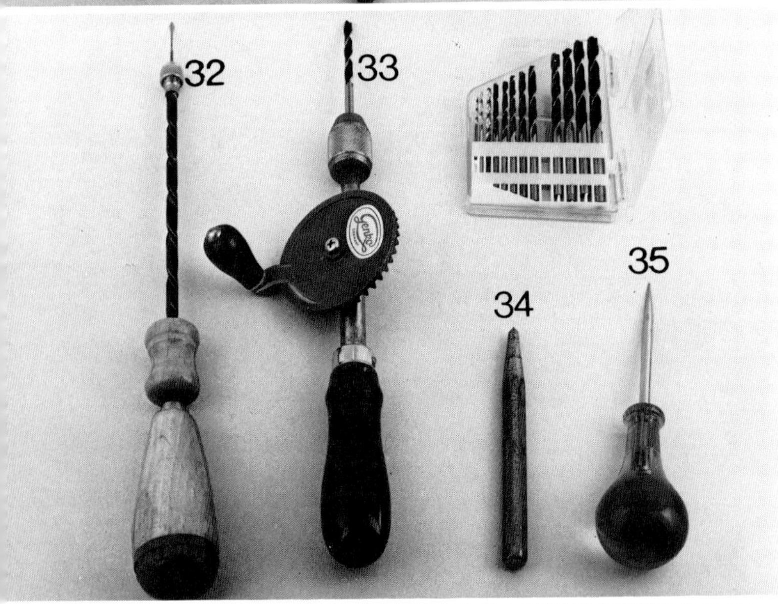

Werkzeuge zum Bohren

32 Drillbohrer, Bohrerdepot im Haltegriff zum Bohren kleiner Löcher in Natur- und Kunstholz, allenfalls auch Alublech
33 Handbohrmaschine, Bohrfutter bis 6 mm spannend (G); Spiralbohrersatz
34 Körner, zum Ankörnen für Bohrungen in Metall (G)
35 Vorstecher, rund, zum Vorstechen beim Bohren in Holz, zum Lochen von Karton und Pappe

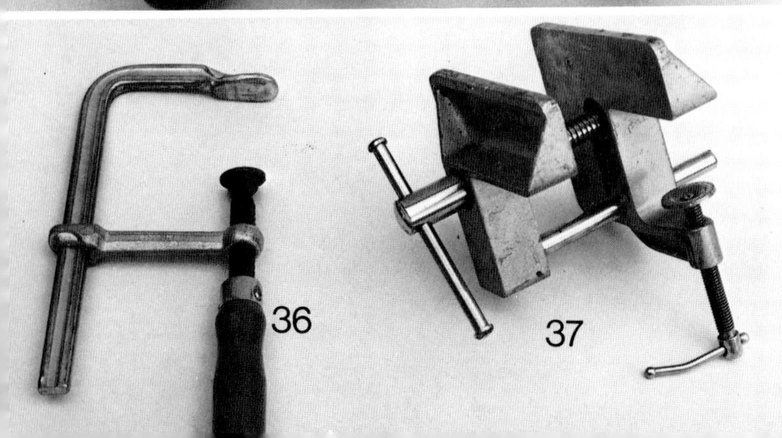

Einspannvorrichtungen

36 Zwinge, 15 bis 20 cm spannend, zum Festklemmen von Materialien an der Tischplatte und zum Pressen von Leimstellen (Zwischenbretter: Preßdruck, Oberflächenschutz)
37 Klemmspindel aus Leichtmetall (Schraubstockalternative), vielseitige Verwendung, vor allem beim Bohren, Sägen, Raspeln, Feilen und Schleifen von Holzteilen

Werkzeuge zum Montieren und Demontieren

38 Schraubenzieher, Größenwahl ist abhängig von der Schlitzlänge des Schraubenkopfes. Nr. 1 und Nr. 2 finden vorwiegend Verwendung.

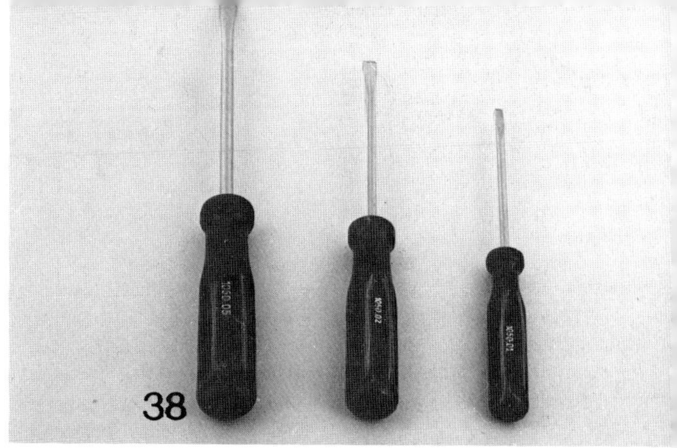

Tonwerkzeuge

39 Tonbrett
40 Nudelwalker (G)
41 Klopfholz (Selbstfertigung)
42 Drahtschlinge
43 Ritzholz (Selbstfertigung)
44 Modellierholz
45 Schneidedraht (Selbstfertigung) (G)
46 Kanthölzer, Walk- und Schneidehilfe (G)

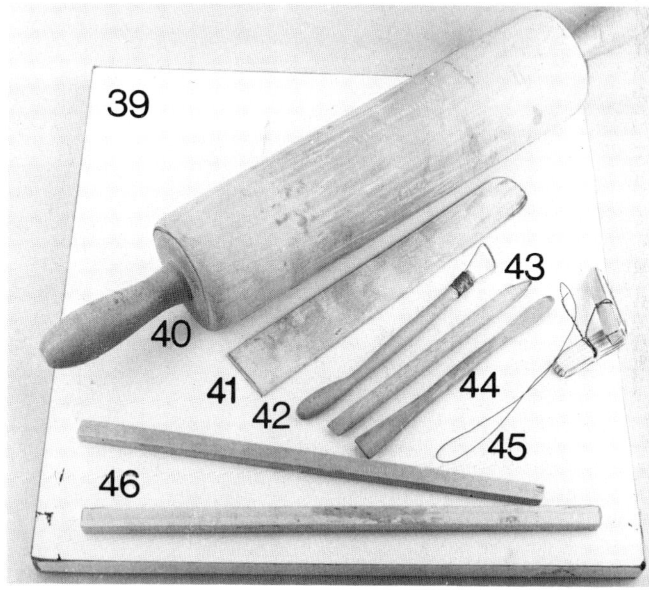

Werkzeuge zum Streichen, Kleben und Bemalen

47 Rundpinsel (Kleisterpinsel)
48 Flachpinsel (Kleister, Leim, Lacke)
49 Borstenpinsel (Leim, Deckfarbe, Plaka, Dispersion)
50 Haarpinsel (Deckfarbe, Glasurfarbenauftrag)
Reinigung:
Kunstharzlacke — Terpentin, Seifenwasser
Nitrolacke — Nitroverdünnung
Leim, Kleister, Dispersion, Plaka — Nach Verwendung sofort mit warmem Wasser reinigen.
51 Zahnspachtel zum Auftragen von Kontaktkleber (G)
52 Kleister- und Leimschalen (Stülpdeckel)

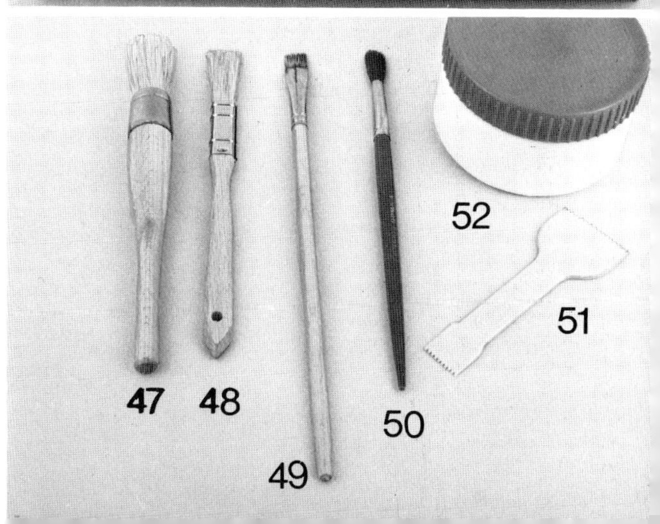

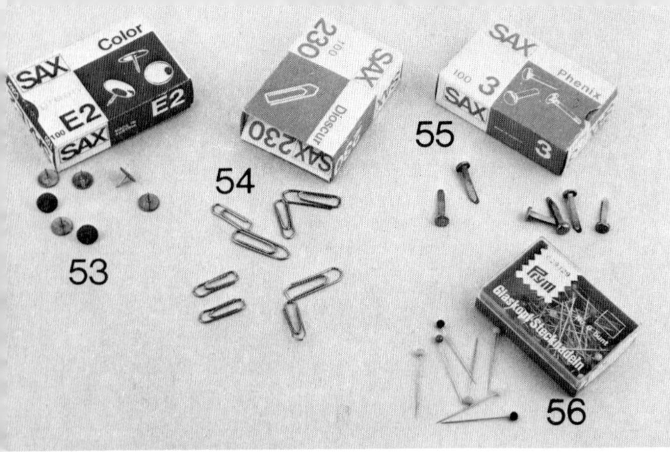

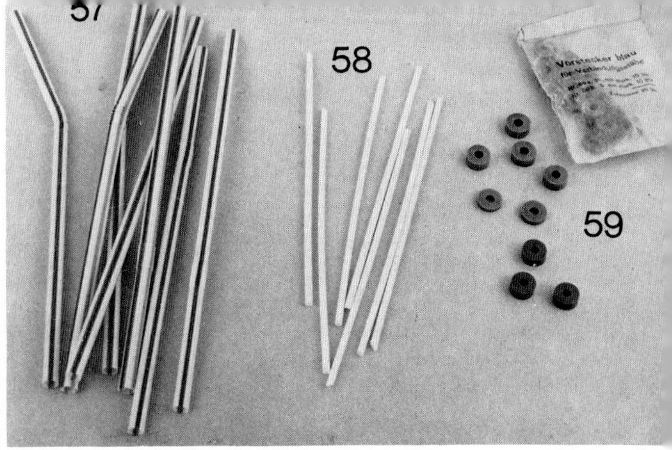

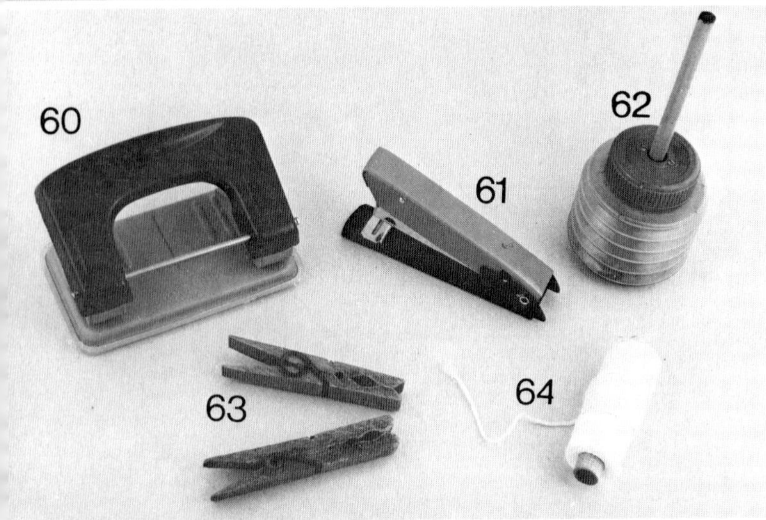

Hilfsmaterial

53 Reißnägel
54 Büroklammern
55 Musterklammern (Splinten)
56 Stecknadeln
57 Plastiktrinkhalm mit beweglicher Faltkrümmung
58 Plastiktrinkhalm
59 Plastik-Vorstecker (Matador) als Arretierung, Lagerung und Distanzhalterung
60 Bürolocher
61 Bürohefter
62 Spitzer zum Anspitzen von Rundhölzern
63 Holz- oder Plastikkluppen
64 Nylon- oder Perlonschnur
65 Küchenbeutel
66 Klebeband
67 Farbisolierband
68 Tixoband

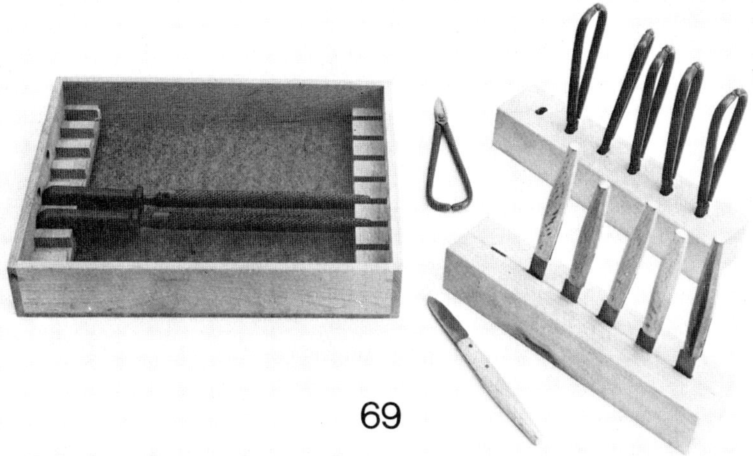
69

70

Werkzeughalterungen

69 Beispiele für Werkzeugdepots im Blocksystem

Depot für Kleinmaterial

70 Klarsichtboxen für Nägel und Kleinmaterial

Technischer Baukasten

71 Fischer-Baukasten für die Grundschule (Ut 1)
Matador (ohne Abbildung), Holzbauklötze

Styroporschneidegerät

72 Thermoschneidegerät mit Transformator für mehrere Geräte (G)

71

72

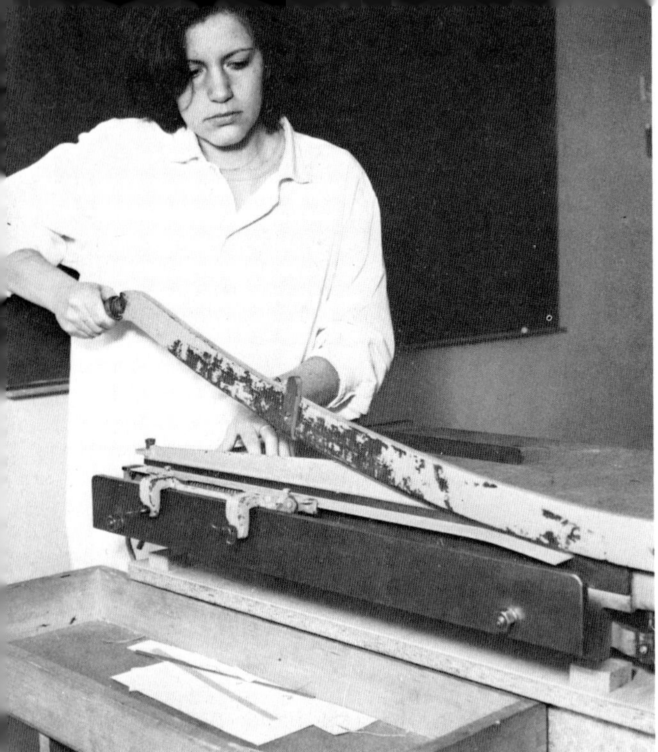

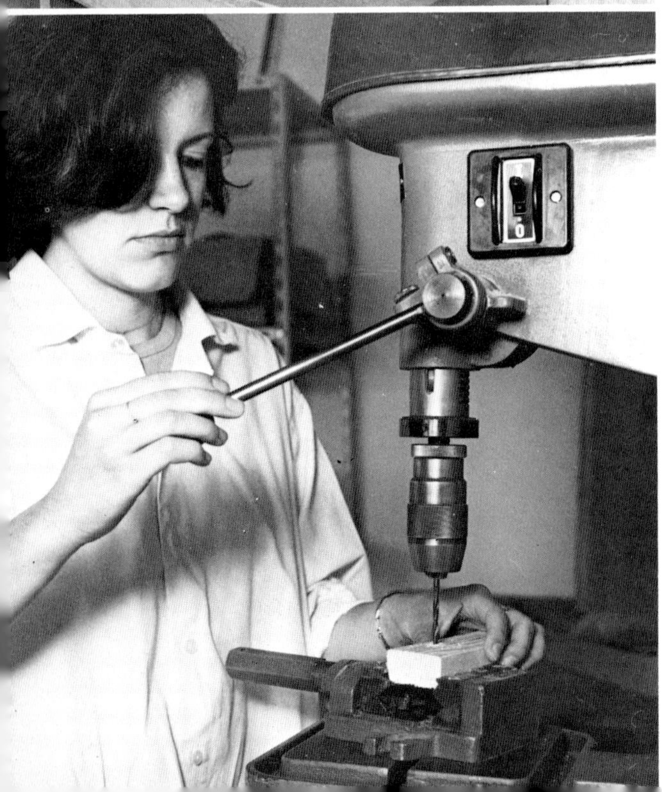

Maschinen

Beim gegenwärtigen Stand der Fachdidaktik und der Schulwerkstättenausrüstung muß für den Grundschulwerkunterricht der facheigene Werkraum, Depotraum, Maschinenraum und Maschinenpark nachdrücklich gefordert werden, um allen Lehrkräften fachgemäße Unterrichtsbedingungen zu ermöglichen.
Die vorgestellten Maschinen besitzen reinen „Leitbildcharakter" für künftige Schulbauten mit integrierten Werkräumen, wobei Dimension und Fabrikat der Maschinen variable Faktoren darstellen.

Papier- und Kartonschneidemaschine (Deckelschere)

Ausstattung: Fußpressung, Winkelanschlag, Feinschneidevorrichtung, Schnittlänge nicht unter 70 cm; Schneidetisch als Aufständerung und Depotraum, Fangplatte oder -kiste für das Schnittgut.
Verwendung: Papier, Pappe, Styropor (Untertapete bis 3 mm Stärke), Bastelfolien, Alublech (bis 0,5 mm).

Industrie-Ständerbohrmaschine

(Alternative: Elektrische Handbohrmaschine mit Aufständerung; Vorteil: mobile Verwendung; Nachteil: hoher Geräuschpegel)
Ausstattung: 13 mm Schnellspannbohrfutter, Geschwindigkeitsregulierung, aufgeständert und fix montiert, Maschinenschraubstock;
Werkzeugsortiment: 0,5 bis 13 mm Spiralbohrersatz, Krauskopf, Sägebohrsatz.
Verwendung: Bohrungen für Holz und Metall; Metall — Bohrloch ankörnen (Körner), Holz — Bohrlöcher vorstechen (Vorstecher).

Bandschleifmaschine

Ausstattung: Anschlagwinkel, Absaugvorrichtung, Feineinstellung für die Bandführung.

Verwendung: Holz, Styropor und allenfalls zum Entgraten und Abkanten von Alublech.

Emco-Star (ohne Abbildung)

Für den Schulbetrieb als stationäre Kombinationsmaschine besonders zu empfehlen. Leichte Handhabung, geringer Platzaufwand. Grundausrüstung: Kreissäge, Bandsäge, Bandschleifeinrichtung, Tellerschleifscheibe.

Kreissäge

Ausstattung: Stationäre Tischkreissäge mit Anschlag- und Gehrungswinkel, variable Schnitttiefe; Sicherheitseinrichtungen: Spaltkeil, Sägeblattschutz, Schlüsselschalter, Absaugvorrichtung empfehlenswert.

Verwendung: Zuschnitt für Holzmaterialien mit begrenzter Dimension (Plattenzuschnitt!)

Alternative: Elektrische Handkreissäge mit Aufständerungsmöglichkeit.

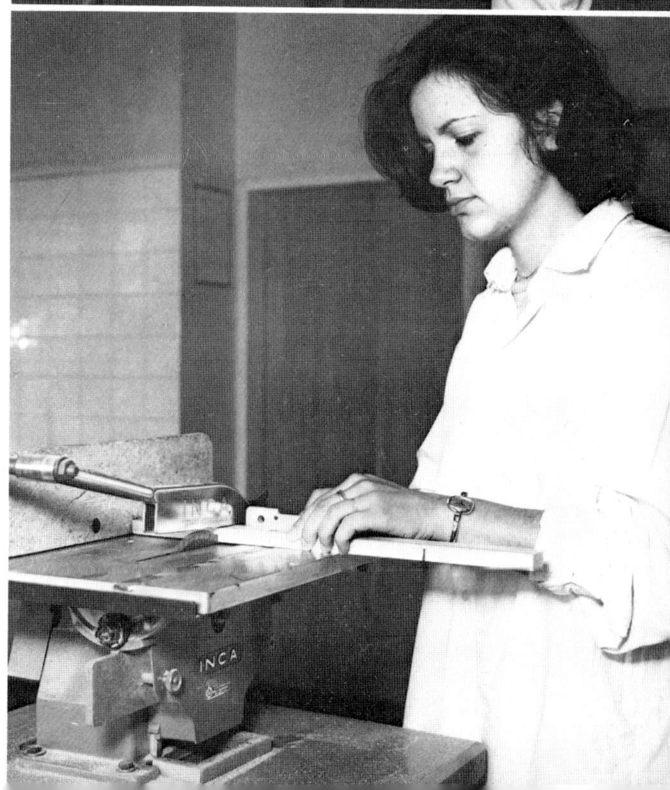

Bandsäge

Ausstattung: Anschlagwinkel, Sicherheitseinrichtungen.
Verwendung: Holz- und Styropormaterial, Gerad- und Bogenschnitte möglich, weniger robust als Kreissäge.

Keramischer Brennofen

Ausstattung: Guckloch, Boden- und Deckklappe, Schamotteauskleidung, Heizspiralen, Thermostat, Handsteuerung (Automatik), Etagenplatten und Etagenständer (Magnesit).
Verwendung: Schrüh- und Glasurbrand (Tonwaren).

Bauen — Wohnen

1

Turm

DIDAKTISCHE HINWEISE

Kind und Aufgabe

Das Bauen mit Holzklötzen in der Volksschule schließt an die elementaren Erfahrungen des Vorschulalters an. Das Greifen, Schichten, Reihen, Türmen, Umgrenzen und blockartige Bauen darf bei den meisten Kindern als Spielerfahrung erwartet werden. Auf der ersten Schulstufe werden diese Erfahrungen vorerst im freien Spiel reaktiviert, um schließlich erste Problembegegnungen zu ermöglichen, die zur Erschließung der gebauten Umwelt führen.

Das Bauen gliedert sich (materialunabhängig) in zwei Bereiche:

Statisch-konstruktives Bauen
Schwerpunkte: Elementare Sachverhalte der Statik und Bautechnik

Räumlich-funktionales Bauen
Schwerpunkte: Elementare Raumordnungen — Einrichtung des Wohnraums — Hausbau

Die Begegnung mit dem Problemfeld Turm als erste Aufgabe ist direkt vom Kinderverhalten ableitbar, denn schon Zweijährige türmen Bausteine zu Gebilden, die vom Neugierverhalten und der Experimentierfreudigkeit mit dem Spielmaterial ausgelöst werden.

SACHINFORMATION FÜR DEN LEHRER

Bedeutung für den Menschen

Die gebaute Umwelt ist reich an Turmbauten verschiedenster Art. Zumeist überragen sie hoch ihre gebaute Umgebung, stellen gewissermaßen Orientierungshilfen und Markierungspunkte dar (Kirchturm — Dorf, Aussichtsturm — Park usw.).
Verwendungszweck (Ausblick, Symbol, Schutz, technische Notwendigkeit), Baustoff (Holz, Ziegel, Stahl, Beton) und angewandte Bautechnik (Massivbau, Skelettbau, Gerüstbau) bestimmen die äußere Erscheinung.
Bautechnische Analogien kann der Lehrer durch Bilder aufzeigen und dadurch systembildende Kategorien anbahnen (z. B. Gerüstbauweise / Fachwerksystem bei Brücken, Turmkränen, Aussichtswarten, Hochspannungsmasten usw.).

Funktionsweise (Bausysteme)

Massivbauweise
Neben der Holzbauweise (Ständer- und Blockbauweise, vorwiegend in waldreichen Gegenden der Alpenländer gebaut) gehört die Bauweise mit massiven Steinen (Haustein, wo Felsgestein vorhanden war und Ziegel, wo Ton in Flußniederungen für die Ziegelherstellung vorhanden war) zu den ältesten Bauprinzipien.
Die Bausteine (Naturstein, Ziegel, heute auch Ytong) werden gereiht, fugenversetzt geschichtet und die Zwischenfugen durch Mörtel verbunden. Die Wand hat tragende und raumtrennende Funktion, wobei die Zwischenwände materialsparender ausgeführt werden. Bei Tür- und Fensteröffnungen werden in der lastaufnehmenden Zone Überlager eingesetzt.

Mauerverband (Naturstein)

Mauerverband (Ziegel)

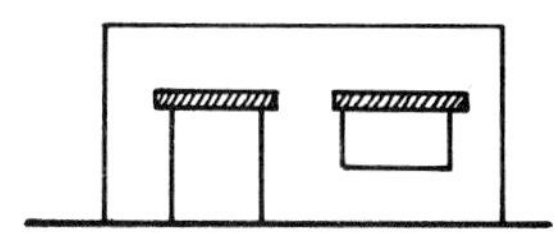
Tür- und Fensterüberlager

Auskragen
Bauteile, die über ihre Unterstützung hinausragen, *kragen* aus. Einen Zwischenraum durch *Überkragen* zu überbrücken, gehört zu den ältesten Konstruktionsformen *(Kragbogen, Kragbrücke, Kraggewölbe).*

Skelettbauweise
Die moderne Skelettbauweise wird in Stahl und Stahlbeton ausgeführt. Die Abmessungen der tragenden Bauteile sind dabei auf das statisch erforderliche Mindestmaß reduziert. Das Konstruktionsprinzip läßt sich hinsichtlich seiner Bauelemente (tragende und lastende Bauteile) sowohl auf das mittelalterliche Fachwerksystem (Holzkonstruktion, Ziegel als Füllmaterial) als auch auf das Prinzip der Balkenbrücke (Träger—Stütze—Verband) zurückführen.
Beim Skelettbau erfolgt eine klare Trennung zwischen dem tragenden Skelett (Stützen, Träger) und den raumabschließenden, nichttragenden Bauteilen (Zwischenwände, Außenwände — Vorhangwand).

Knickbeanspruchung

Die *Stütze,* ein senkrecht stehender Bauteil (aus Holz, Stahl, Stahlbeton, Mauerwerk), wird als *Pfeiler, Säule* oder *Gitterstütze* ausgeführt.
Stützen übernehmen die Lasten eines Tragwerks und leiten die Druckkräfte vertikal in die Fundamente ab. Stützen werden *knick*beansprucht.

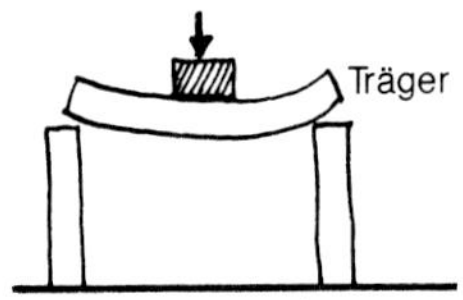

Biegebeanspruchung

Ein *Träger* ist ein waagrechter, langgestreckter Bauteil, der in zwei oder mehreren Punkten unterstützt ist. Träger übernehmen Bau- und Verkehrslasten (z. B. Haus, Brücke).
Äußere Kräfte leitet der Träger horizontal zu den Stützen weiter. Er wird *biege*beansprucht.

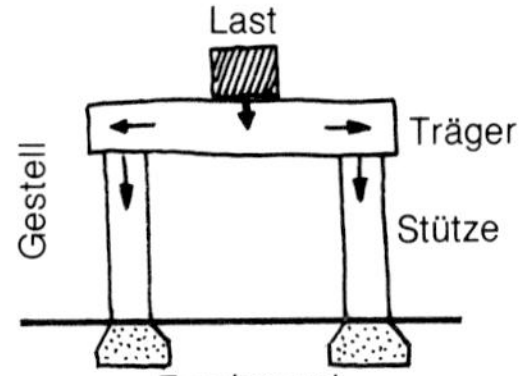

Das *Gestell* ist die Urform des Bauens: zwei senkrechte Stützen mit einem waagrecht aufruhenden Balken.

Begriff: Standsicherheit
Die Stabilität einer einzelnen Stütze (Turm, Mast, Pylon, Schornstein) beruht auf ihrer festen Verankerung am Fuße (Fundament).
Das sichere Standvermögen wird ferner mitbestimmt von der Größe der Unterstützungsfläche, dem Gewicht und dem tiefliegenden Schwerpunkt.
Seitliche Kräfte (Wind) erzeugen Biegebeanspruchungen, die am Fußpunkt ihren Größtwert haben.

HINWEISE ZUR UNTERRICHTSPLANUNG

Aufgabe „Baut einen hohen Turm, der nicht umfällt!"

Lernziele für die kognitive Erkundung und für die praktische Problemlösung

Die Schüler sollen
— erkunden, daß genormte Bauklötze beim Bauen Vorteile bieten (Standsicherheit, Paßgenauigkeit usw.),
— massiv- und skelettartiges Bauen unterscheiden, Vorteile erkennen und beide Bauweisen anwenden,
— erfahren, daß Bauklötze genau gereiht und lotrecht geschichtet werden müssen,

— erkennen, daß die Stabilität des Turmbaues vom exakten Schichten, der Standflächengröße und der Turmhöhe mitbestimmt wird,
— die Stabilität bei Türmen mit Plattform (Auskragung) erkunden.

Hinweise zur Problemerkundung und zur Problemlösung

— Freies Turmbauen mit verschiedenen Bauelementen (Schachteln, Dosen, Papprollen, Zündholzschachteln)
— Gegenüberstellung: Bauen mit genormten Bauklötzen
— Erkenntnisgewinn: Mit genormten Bauklötzen kann man schneller und stabiler bauen. Begründung! Unterschiedliche Bauweisen. Vergleich!
— Erweiterungsaufgaben: z. B. Turm mit Plattform
— Zeichnerische Darstellung des Gebauten

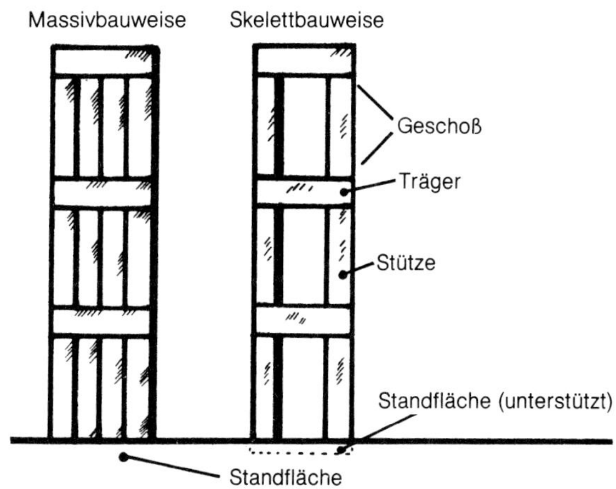

Erweiterungsaufgaben

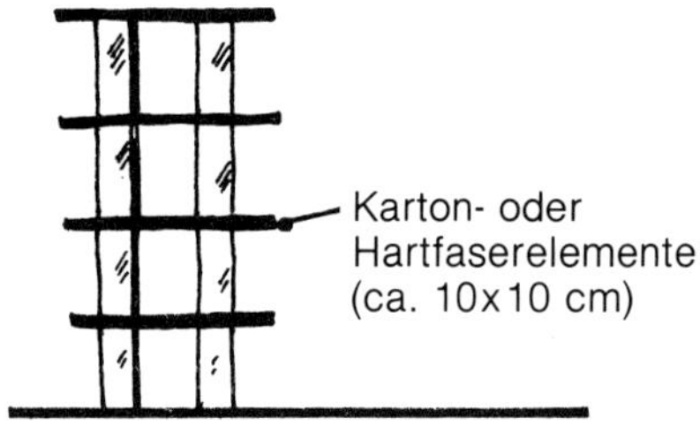

Turm mit Geschoßen

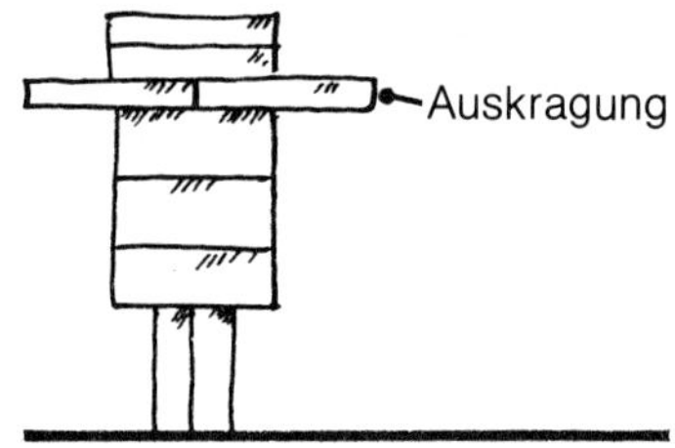

Turm mit Plattform

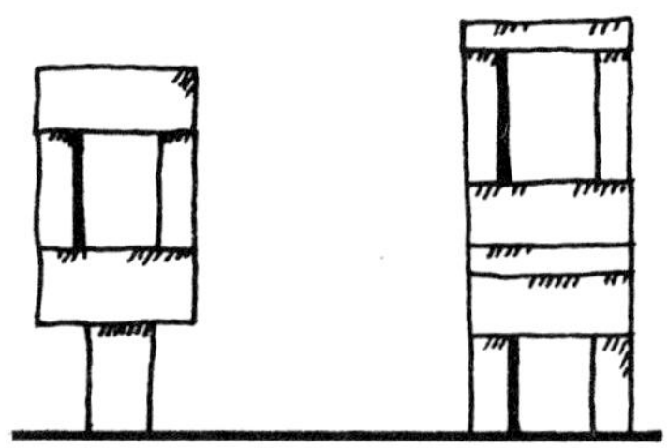

Turm auf einem (auf zwei) Pfeiler(n)

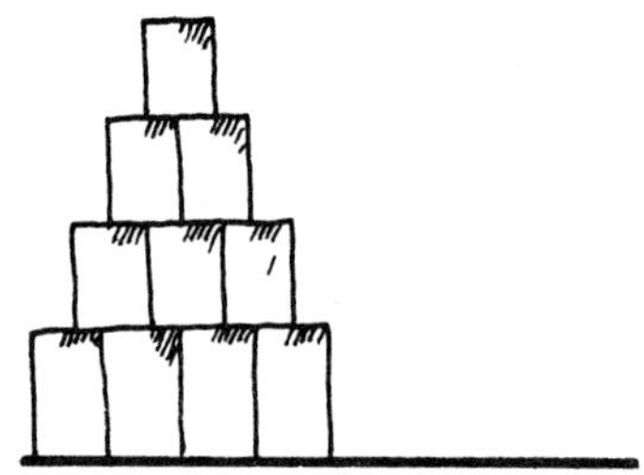

Turm, der nach oben zu schlanker wird

Runder Turm; Turm, der nach oben zu breiter wird; Aussichtsturm mit Treppe; Wohnhausanlage (Wohntürme mit Geschoßen); Haus; Burg mit Türmen usw.

Organisation

Holzbausteine müssen maschinell gefertigt sein. Genormtes Maßverhältnis: 1:2:4 (z. B. 1,5x3x6 cm)
Material: Hartholz (Ramin, Buche), präzise Kantenausführung, farblos
Anzahl pro Schüler: ca. 30 Stück Normalsteine
Zusatzelemente: Kartonelemente (ca. 10x10 cm), Langhölzer (1,5x3x18 cm), Halbsteine (1,5x3x3 cm)

2

Gleichgewichtsspiel mit Bauklötzen

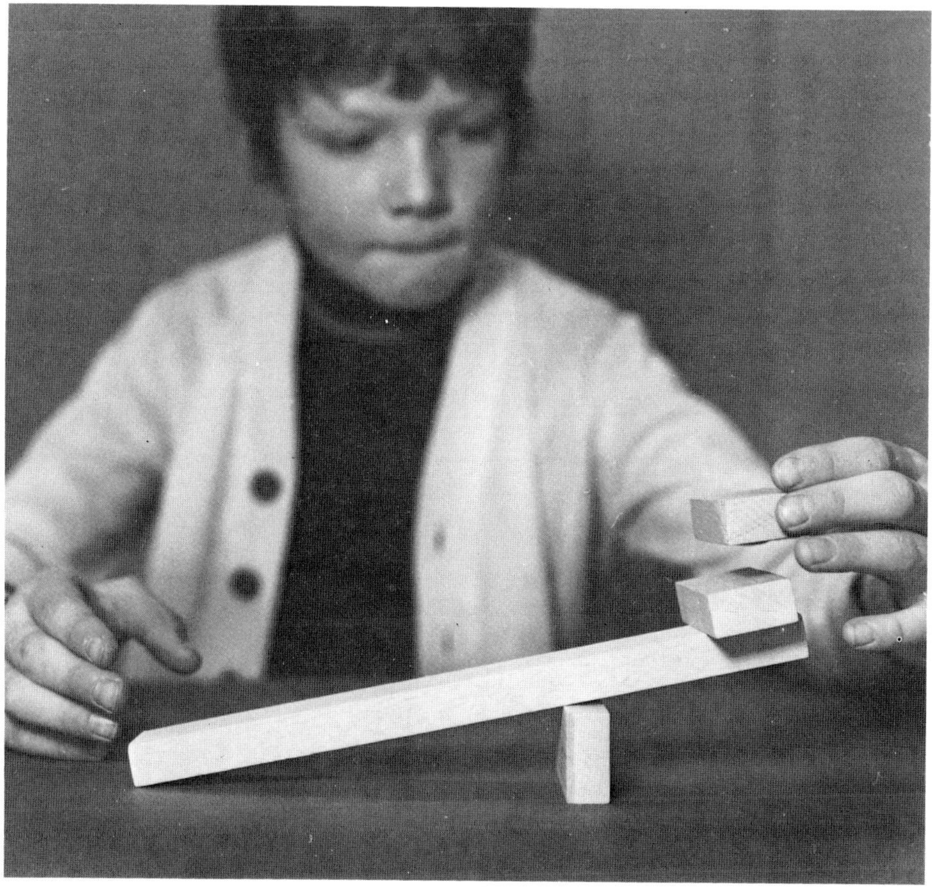

DIDAKTISCHE HINWEISE

Kind und Aufgabe

Die spielerische Auseinandersetzung (Balkenwippe, Balkenturm mit Kraggeschoßen) mit Sachverhalten der Statik (Gleichgewicht) fördert in hohem Maße die Entwicklung der Feinmotorik (feines Empfinden für die gleichlastige Ausrichtung — Materialzugabe, Korrekturen der Bausteinschichtung usw.), den Erfahrungsgrund an Vorwissen für das Verständnis baustatischer Gegebenheiten (Auskragung bei Brücken, Geschoßbauten usw.) und maschineller Gegebenheiten der Umwelt (Kranausleger, Wippe usw.), das unspezialisierte, beidhändige Agieren (ähnlich dem Zweihandzeichnen) für gleichzeitige Belastung von Balken, um Gleichgewicht herzustellen.

Elementare Begegnung mit Sachverhalten der Hebelwirkung

Balkenwippe — gleicharmig

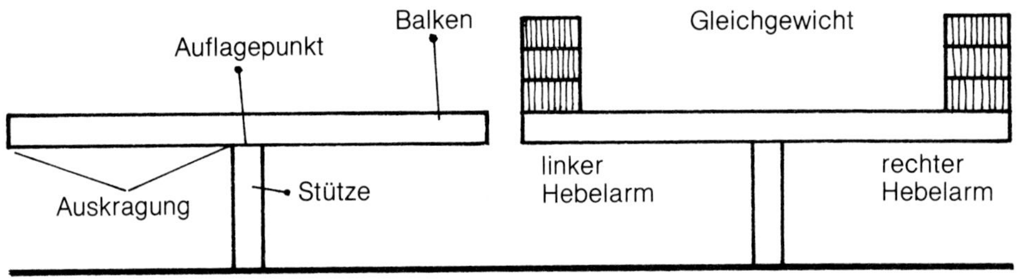

Balkenwippe — ungleicharmig

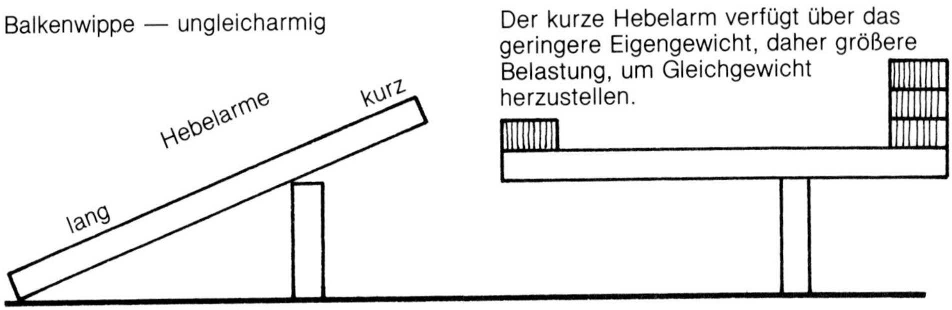

Die elementare Auseinandersetzung mit der Wirkweise von Hebeln erfolgt mit Klötzen und Janghölzern, ohne gelagerten Drehpunkt.
An Geräten und Maschinen findet man Stangen *(Hebel),* die um einen festen Punkt *(Drehpunkt),* durch eine *Achse* geführt, drehbar sind.
Hebel übertragen Kräfte. Es gibt einseitige Hebel (mit einem Hebelarm), zweiseitige Hebel (mit zwei Hebelarmen — sie können gleicharmig und ungleicharmig ausgebildet sein), Doppelhebel und gekoppelte Hebel.

Elementare Begegnung mit statischen Sachverhalten

Auskragende Bausteine kippen, dem Gesetz der Schwerkraft unterliegend, durch das eigene Gewicht etwa beim Auflagemittelpunkt des Kragteiles. Um das Kippen zu verhindern, seien folgende Konstruktionsmaßnahmen angeführt:

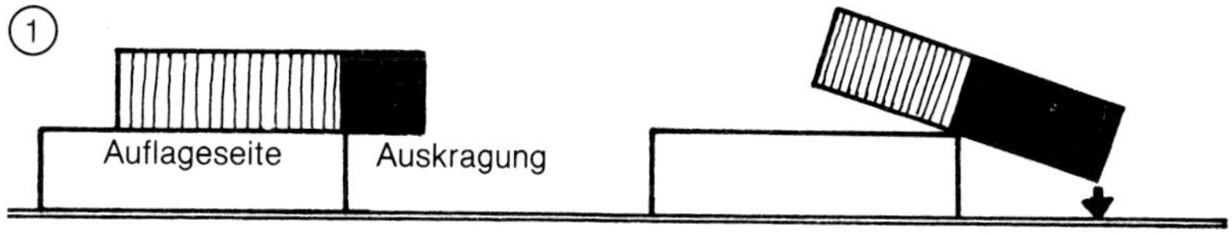

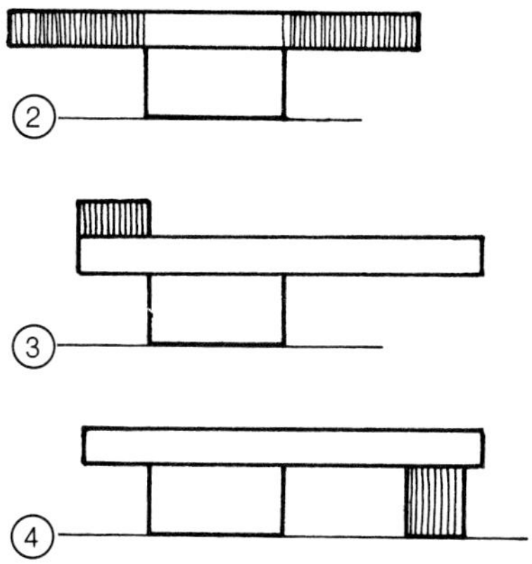

Gleichgewicht wird hergestellt durch

① geringe Auskragung (Kragteil liegt deutlich unter der Kippzone)

② symmetrisches, gleichlastiges Aufliegen

③ Gegengewichtsbelastung

④ Abstützung der vorkragenden Teile

Bezug zur Wirklichkeit

In der modernen Bautechnik wurde das Bauen mit extremen Kragmomenten bei Brücken-, Geschoß- und Turmbauten möglich. Baumaterialien, die hohe Knick- und Biegebelastungen zulassen (Stahl, Stahlbeton, Spannbeton), finden dabei ihre Anwendung.

Hohe Betontürme tragen zylindrische Stahlkonstruktionen, deren Kragmomente sich im Gleichgewicht befinden.

Die Bauphase einer Balkenbrücke (Stahlkonstruktion) zeigt die gewaltigen Auskragungen des Brückenträgers beim „Freien Vorbau".

Besonders Wippe und Balkenwaage (gleicharmig und ungleicharmig) bilden weiterführende Bezüge für die elementaren Erfahrungen.

Aufgabe 1

„Baue eine Balkenwippe mit Langhölzern und Normalklötzen!"
oder
„Bringe einen Balken (Langholz), der nur einmal in der Mitte unterstützt ist, ins Gleichgewicht!"

Lernziele für die Erkundung und für die Problemlösung

Die Schüler sollen
— einen Balken (Langholz) im Auflagemittelpunkt auf einer Stütze lagern,
— die beiden Balkenarme so belasten, daß Gleichgewicht herrscht,
— Störungen des Gleichgewichts begründen und Korrekturen vornehmen.

Aufgabe 2

„Wer kann eine Balkenwippe bauen und die Stütze möglichst weit von der Mitte wegrücken?"

Lernziele für die Erkundung und für die Problemlösung

Die Schüler sollen
— einen Balken (Langholz) außerhalb seines Mittelpunktes auf einer Stütze lagern,
— die Balkenwippe mit Klötzen so belasten, daß Gleichgewicht herrscht,
— die gefundene Lösung zeichnerisch darstellen und begründen.

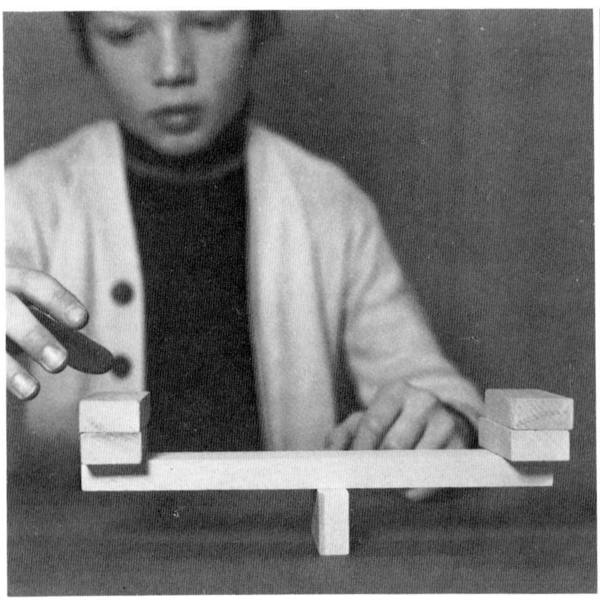

Turm mit Kraggeschoßen auf einer Stütze

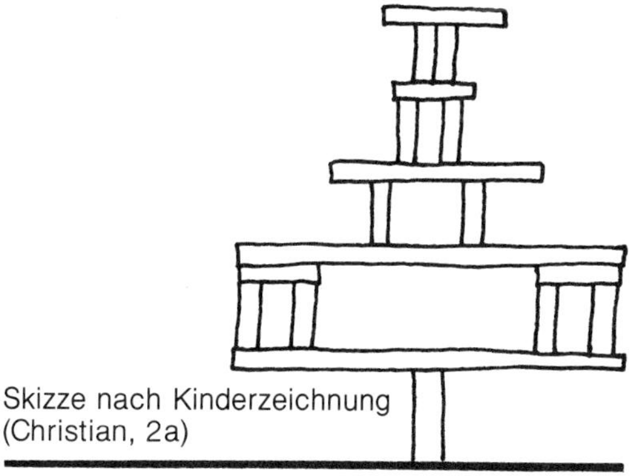

Skizze nach Kinderzeichnung
(Christian, 2a)

Aufgabe 3 „Baut einen Turm, der auf einer Stütze ruht und mehrere auskragende Geschoße besitzt!“
oder
„Baut einen Kletterturm, der auf einer Stütze ruht!“

Lernziele für die Erkundung und für die Problemlösung

Die Schüler sollen
- einen Turm bauen, der auf einer Stütze ruht und mehrere Geschoße besitzt, die auskragen,
- die Geschoße so bauen, daß Gleichgewicht herrscht,
- ihren Turmbau beschreiben und allenfalls zeichnerisch darstellen.

Organisation (für alle Aufgaben)

Bauklötze (Normalklötze und Langhölzer)

3

Mauer

Mauer mit Öffnung

Haus

DIDAKTISCHE HINWEISE

Kind und Aufgabe

Diese Werkaufgaben bringen in elementarer Form die Begegnung mit den Sachzusammenhängen der Massivbauweise: Schichten, Mauerverband durch Versetzen, Überlager bei Türen und Fenstern und weiterführend die Kragbauweise. Bauklötze sind aufgrund ihrer Maße (1:2:4) und ihrer massiven Ausführung durch kein anderes Realisationsmedium ersetzbar. Die Stabilität des Bauwerkes, erklärbar durch den lastenden Druck der Baumassen (Klötze), ist für Kinder mit den genormten Bauklötzen gut darstellbar.
Für den weiterführenden Bau von Spielobjekten in Massivbauweise eignen sich besonders selbst hergestellte Tonziegel.

SACHINFORMATION FÜR DEN LEHRER

Bedeutung für den Menschen

Schon vor Jahrtausenden, als die Menschen begannen, bleibenden Wohnsitz zu errichten, galten Holz und Stein als zentrale Baumaterialien.
Der gegenwärtige Stand der Bautechnik verzichtet bei Geschoßbauten weitgehend auf

Stein und Ziegel. Beton, Stahlbeton, Stahl und Betonfertigteilbauweise haben das Bauen rationeller, aber die Wohnbauten nicht gesünder gemacht. Die Massivbauweise mit Ziegeln oder Ytong findet vor allem beim Bau von Einfamilienhäusern, Wochenend- und Ferienhäusern sowie bei kleinen Wohnanlagen bevorzugte Anwendung, wo geringere Baumassen die Schichtbauweise aus Kostengründen begünstigen.

Funktionsweise

Die Mauer ist in der gebauten Umwelt als Einfriedung, Umgrenzung oder als Teilelement des gebauten Hauses zu verstehen. Beim Hausbau spricht der Baufachmann von Grundmauer (lastaufnehmendes Element) und Trennmauer (Zwischenwand, raumtrennendes Element).

Das Hausbauen im Mauerverband mit keramischen Ziegeln oder Ytong-Blöcken bleibt überwiegend auf kleinere Bauvorhaben beschränkt. Dabei werden verschiedene Ziegelarten verwendet, die unterschiedliche Maße, Konstruktion, Tragkraft und Materialbestandteile aufweisen (z. B. Ton, Zement, Sand, Ziegelsplitt, Beton, Holzwolle usw.).

Mauerverbände

Binderverband

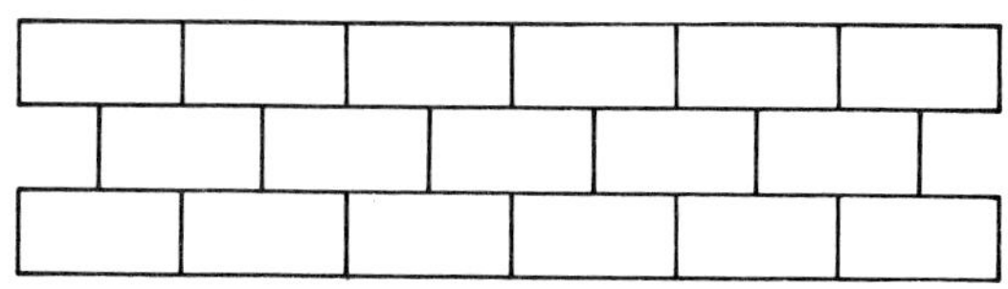

Läuferverband

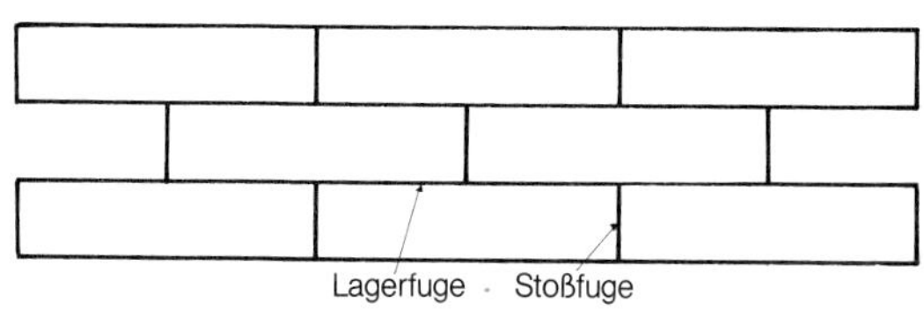

Blockverband

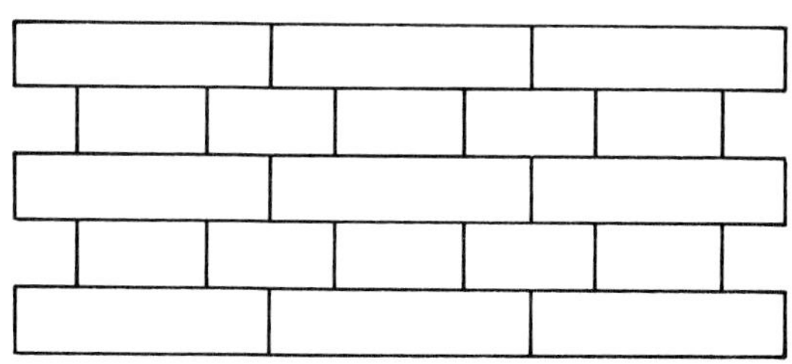

Massenbauwerke (Stein- oder Ziegelelemente) gewinnen ihre Stabilität durch den Druck der Baumassen, durch lotrechtes Schichten, durch Versetzen der Stoßfugen (½-Stein- und ¼-Steinversetzung) und durch die Fugenverbindung des Mörtelverbandes. Fenster- und Türöffnungen werden durch besonders tragfähige Überlager (Leichtgitterträger werden z. B. in keramischen Trogsteinen mit Beton eingegossen) überbrückt.

Aufgaben

„Baut aus Holzklötzen eine Mauer, die nicht umfällt!“
„Baut eine Mauer mit Öffnung!“
„Baut ein Haus mit Flachdach, Fenster und Tür!“

Lernziele für die Erkundung und für die Problemlösung

Die Schüler sollen
— erfahren, daß Holzbauklötze verschiedenartig geschichtet werden können,
— die Stabilität der „Mauer“ durch Umblasen erkunden,
— erkennen, daß die Stabilität von der Mauerhöhe, der Auflagefläche (schmalseitig, breitseitig) und der Steinversetzung abhängig ist,
— eine Mauer bauen, die Öffnungen (Türen, Fenster) aufweist und die Notwendigkeit der Überlager erkennen,
— aus Bauklötzen ein Haus mit Flachdach bauen, dabei Türen und Fenster einplanen und Normalsteine, Halbsteine und Langhölzer verwenden.

Hinweise zur Problemerkundung und zur Problemlösung

Eine Mauer, die nicht umfällt
Die Schüler bauen in Partnerarbeit verschiedene freie Mauersysteme und vergleichen sie. Die Schüler versuchen, ihre gebaute Mauer umzublasen (Alternative: Anrollen mit kleinem Gummiball). Schmalseitig geschichtete Verbände (mit unversetzter und versetzter Stoßfuge) werden nicht stabil bleiben.
Sachklärendes Gespräch (Bedeutung der Fugenversetzung, Mauerstärke u. a.)

Mauer mit Öffnung
Die Schüler bauen in Partnerarbeit eine Mauer im Läuferverband (breitseitiges Aufliegen der Bauklötze).
Es wird versucht, Öffnungen durch Herausnehmen von Klötzen anzulegen.
Sachklärendes Gespräch (Drucklast, Kragwirkung!)

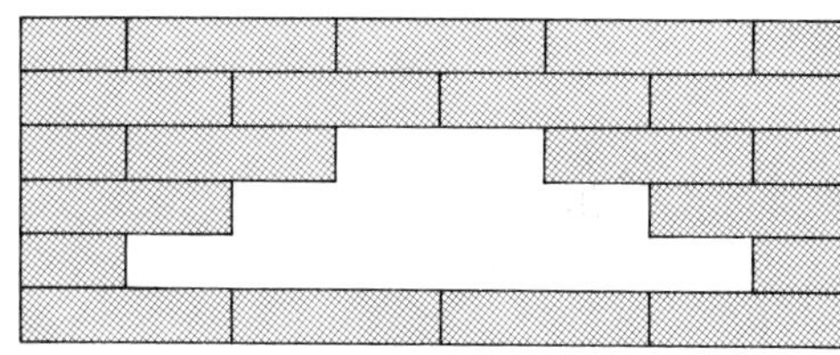

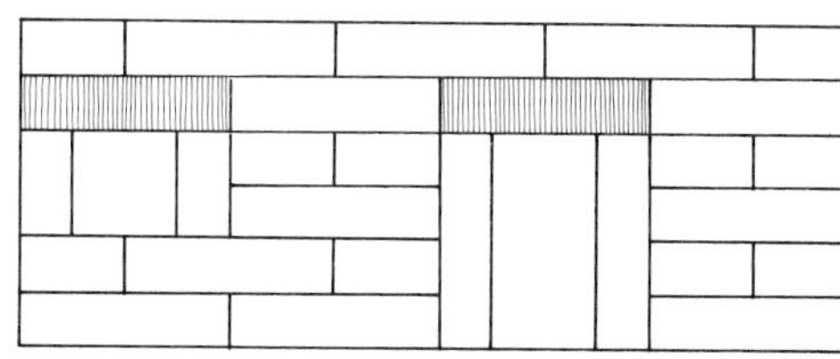

Haus mit Flachdach, Fenster und Tür
Die Schüler erkunden, ob mit Normal- und Halbsteinen eine Mauer mit Tür und Fenstern errichtet werden kann.
Sachklärendes Gespräch (Überlager!)

Organisation Normalsteine, Halbsteine und Langhölzer

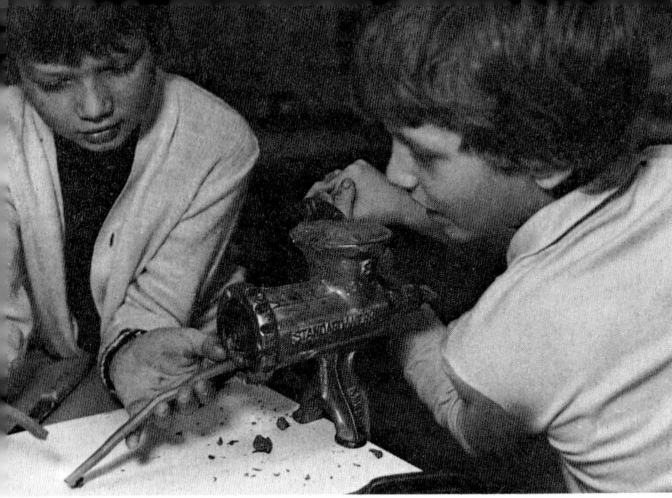

Alternative

Bau des Hauses mit Tonziegeln

Werktechnologische Hinweise

Tonbausteine können im „Stangenpresse-Verfahren“ hergestellt werden.
Als „Stangenpresse“ dient eine Metall-Fleischmaschine mit entsprechend gefertigtem „Mundstück“ (rechteckige Öffnung: ca. 7 x 14 mm).
Durch Einpressen von Ton und Drehen an der Kurbel entstehen Tonstangen (7 x 14 mm stark). Sie werden zu ca. 30 cm langen Stangen abgelängt, mit Kanthölzern auf Styroporplatten zum Stangenfeld gereiht.
Eine selbst hergestellte Schneidelehre (Hartfaserplatte mit Führungsschnitten im Abstand von 28 mm) wird dem Stangenfeld quer aufgelegt und mit dem Buchbindermesser entlang der Führungsschnitte geteilt. So entstehen Tonziegelformate 7 x 14 x 28 mm (Schwindung 8—10%). Zur Trocknung verbleiben die Ziegel auf Styroporplatten.
Halbsteine können auch nach dem Schrühbrand mit der Beißzange leicht hergestellt werden. Längere Tonstangen (ca. 6 cm) dienen für Fenster und Türen als Überlager.
Für die Schichtung zum Mauerverband eignen sich Moltofill und ASSIL-Kleber als „Mörtel“.
Ungebrannte, lederharte Tonziegel können mit Tonschlicker (Tonbrei) keramisch geklebt werden.

Eine alternative Technologie sei nachfolgend kurz beschrieben:
2 Kanthölzer (ca. 1,5 x 1,5 cm, 25 cm lang) werden im Abstand von ca. 15 cm auf eine Homogenplatte genagelt oder geschraubt. Vorrichtungen dieser Art sollten für je zwei Schüler vorhanden sein. Zwischen die befestigten Kanthölzer wird Papier eingebreitet, um das Anhaften des Tons zu unterbinden. Ton wird eingedrückt und mit dem Walkholz zur gleichstarken Tonplatte ausgerollt. Mit dem Tonmesser wird die Platte von den Randleisten getrennt. Die Tonplatte wird abgenommen, das haftende Papier entfernt.
Mit Hilfe einer Kantholzleiste (ca. 2 cm breit) wird die Platte mit einem Messer in gleich breite Streifen geschnitten. Eine zweite Schnittfolge trennt die Streifen in Einzelbausteine (Schachbrettverfahren). Für diesen Vorgang kann eine andere Leistenstärke gewählt werden (ca. 1,5 x 1,5 cm).

Organisation

MATERIAL	Anzahl pro Schüler
Homogenbretter (ca. 20 x 20 x 1,2 cm)	1
Kanthölzer (ca. 1,5 x 1,5 cm, 25 cm lang)	2
Kanthölzer (ca. 1 x 2 cm, 25 cm lang)	1
WERKZEUG	
Hammer	1
Buchbindermesser	1
KLEINMATERIAL	
Nägel, Papier, Nylonsäckchen und kleine Styroporplatten (für die feuchte Aufbewahrung der Tonbausteine)	

4

Balkenbrücke

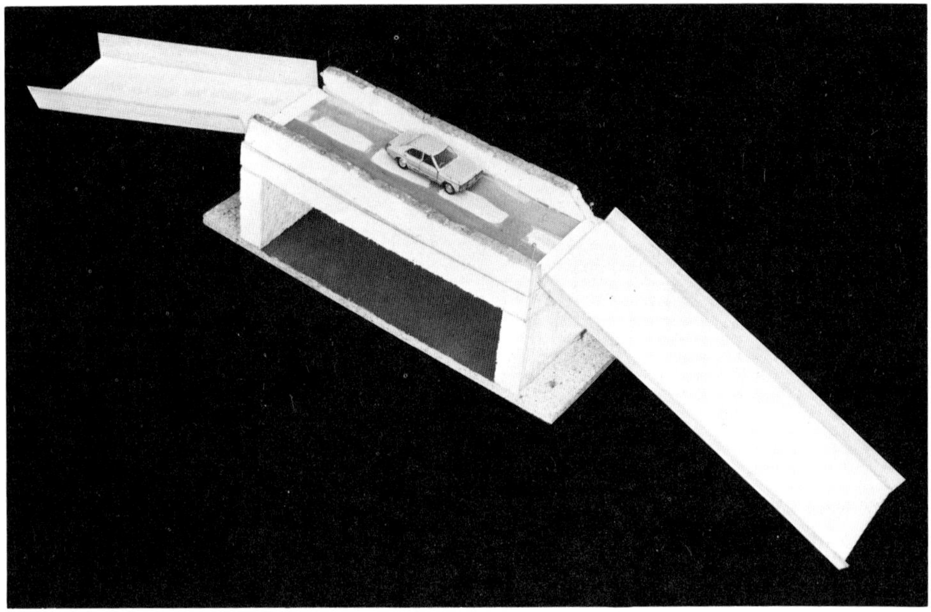

DIDAKTISCHE HINWEISE

Kind und Aufgabe

Zum Brückenspiel mit Bauklötzen
Statische Sachverhalte können mit Bauklötzen weiterführend elementarisiert werden, wobei die erworbenen Kenntnisse und Begriffe (Stütze, Träger) ihre Anwendung finden und neue Begriffe (Geländer, Treppe, Rampe, Spannweite) anschaulich erworben werden. Das Angebot an Klötzen sollte so bemessen sein, daß sowohl Einzel-, Partner- und Gruppenarbeit möglich sind.
Durch phasenweise Erweiterung des Materialangebots (Langhölzer und quadratische Kartonelemente) können dem Brückenspiel mit Klötzen stets neue Impulse für technisch-kreatives Spiel geboten werden. Bei der Unterrichtsgestaltung soll auf das Spielbedürfnis der Kinder und das Ausspielen mit dem neuen Spielobjekt (Brücke) Rücksicht genommen werden.

Zum werkhaften Brückenbauen mit Styropor, Karton und Papier
Neben der technisch kreativen Ausrichtung des Unterrichts ist auf den elementaren Aufbau von „werkgrammatikalischen Kenntnissen" (im Sinne von Werkzeughandhabung) zu achten. Um sachrichtiges Werkzeugverhalten anzubahnen, um möglichst klare Anweisungen geben zu können, um für alle Schüler gleiche Bedingungen zu schaffen, muß der Unterricht manchmal so ausgerichtet werden, daß enggeführte Aufgaben (stark genormte

Materialvorgaben) gegenüber Aufgaben mit technisch-kreativem Spielraum Vorrang erhalten.
Die Aufgabenstellung wurde auf den Erfahrungsgrund mit Bauklötzen abgestimmt und setzt alle Begriffsgrundlagen in ein Spielobjekt um, das nicht zerstört werden muß, sondern dem weiterführenden Spiel zu Hause dienen kann.

SACHINFORMATION FÜR DEN LEHRER

Bedeutung für den Menschen

Brücken gehören zu den primären technischen Strukturen unserer Umwelt. Sie führen den Verkehr über Flüsse, Täler, Buchten und Meerengen.
Nach Art der Hauptträgerausbildung unterscheidet man Balkenbrücken, Bogenbrücken, Hängebrücken, zusammengesetzte Brücken und bewegliche Brücken.
Als Baumaterialien dienten ursprünglich Holz und Stein (Haustein und Ziegel). Der gegenwärtige Brückenbau verwendet dagegen besonders druck- und zugfeste Baustoffe wie Stahl, Beton, Stahlbeton und Spannbeton.

Funktionsweise

Wirkungsweise der Kräfte bei Belastung
Der Balken (Träger) wird durch den Druck der auftretenden Verkehrslast biegebeansprucht. Das Tragwerk ist so konstruiert, daß es die Verkehrslast und sich selbst trägt, das Biegen verhindert und die Druckkräfte über die Auflager in die Fundamente der Widerlager (oder Stützpfeiler) ableitet.

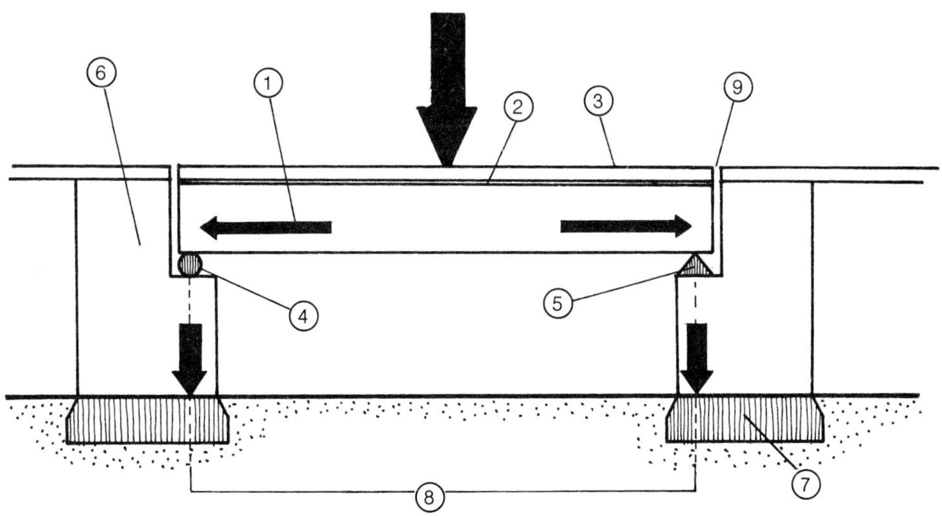

(1) Träger — Balken — Tragwerk, (2) Fahrbahn, (3) Geländer, (4) bewegliches Auflager, (5) festes Auflager, (6) Widerlager, (7) Fundamente, (8) Spannweite, (9) Dehnungsfuge

Bei Balkenbrücken kann die *Tragwerkskonstruktion* je nach Material verschiedenartig ausgebildet sein: Träger aus Stahlblechen mit Fachwerkquerverstrebung, Kastenträger aus Stahlblechen, Kastenträger aus Stahlbeton, Träger aus Betonfertigteilen oder Fachwerkträger.
Über dem *festen Auflager* liegt der Hauptträger fest auf. Das *bewegliche Auflager* ermöglicht dagegen das Ausdehnen und Zusammenziehen des Trägermaterials bei Temperaturschwankungen. Über dem beweglichen Auflager befindet sich die *Dehnungsfuge* der Brücke. Sie ist in der Fahrbahn durch eiserne Deckplatten — über die gesamte Brückenbreite — zu erkennen.
Die *Spannweite* ist die Entfernung, die von Auflager zu Auflager gemessen wird.
Die *Widerlager* tragen im eigentlichen Sinn das Eigengewicht und die Verkehrslast der Brücke.
Balkenbrücken mit großen Spannweiten führen über mehrere *Stützpfeiler*.

HINWEISE ZUR UNTERRICHTSPLANUNG

Aufgabe 1

„Baue für Spielzeugautos eine Brücke über eine vorgegebene Distanz!“
oder
„Baue eine Brücke auf mehreren Stützpfeilern mit Geländer und mit Auf- und Abfahrtsrampen!“

Lernziele für die Erkundung und für die Problemlösung

Die Schüler sollen
— die Bedeutung von Brückenbauten erkennen,
— im freien „Brückenspiel“ mit Bauklötzen konstruktive Erfahrungen gewinnen,
— Konstruktionsmerkmale beschreiben,
— Begriffe (Träger, Stütze, Fahrbahn, Geländer, Rampen, Spannweite) kennenlernen,
— eine Brücke über eine vorgegebene Distanz bauen,
— Brückenbauten im Spiel erproben,
— das Gebaute zeichnerisch darstellen.

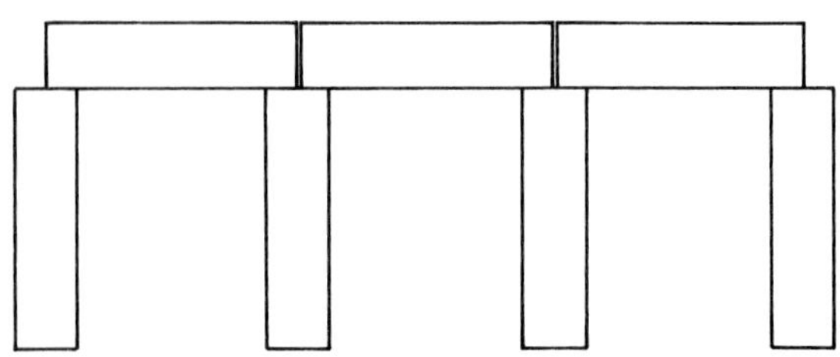

Hinweise zur Erkundung und zur Problemlösung

- Demonstration von Brückendarstellungen (z. B. Dias)
- Unterrichtsgespräch (Beschreibung, Verwendungszweck, Bedeutung usw.)
- Elementare Einführung der Begriffe (Träger, Stütze, Fahrbahn, Geländer, Rampe, Treppe) mit Hilfe eines Tafelbildes (Wortkarten)
- Erkunden des Stütze-Träger-Verbandes (Auflageflächen, Abstände usw.)
- Brückenbauen (Brücke mit vielen Stützen, zwei Fahrbahnen, Geländer, Rampen) über eine „Flußdistanz"
- Gegenüberstellung: Balkenbrücke aus Langhölzern (Vorteil größerer Spannweiten für die Schiffsdurchfahrt)
- Fertiggestellte Brückenbauten beschreiben, vergleichen, verbessern und allenfalls zeichnen

Organisation

Bauklötze (Normal- und Langhölzer, Kartonelemente)

Aufgabe 2

„Wir bauen aus vorgegebenen Materialelementen eine Balkenbrücke (siehe Foto Seite 40) für Spielzeugautos, die über einen Fluß führt. Die Brücke besteht aus Stützen (Widerlagern), Trägern, Fahrbahn, Geländer, Rampen. Die Fahrbahn erhält Bodenmarkierungen (zwei Fahrspuren mit Sperrlinie)!"

Lernziele für die werktechnologische Problemlösung

Die Schüler sollen
- verschiedene Materialien kennenlernen (Homogenholz = Grundbrett; Styropor = Träger, Stützen; Karton = Fahrbahn; Papier = Rampen),
- erfahren, wie Styropor geschnitten (Thermogerät), geklebt (Kaltleim) und bemalt werden kann (Deckfarben, Dispersion, Plaka),
- lernen, mit Hilfe von „Maßhilfen" (Kartonstreifen) Maßmarkierungen anzubringen,
- aus vorgegebenen Materialelementen eine Brücke bauen und sie als Spielobjekt verwenden

Werktechnologische Hinweise

Für die mögliche Erstbegegnung mit Werkmaterial bieten sich methodisch zwei Wege für die Problemauseinandersetzung an, wobei das Raumangebot, das Ausstattungsniveau, die Klassensituation für die Lehrerentscheidung wichtige Faktoren darstellen.

Offene Aufgabensituation
Sie ist im Bereich technischer Problemlösungsprozesse forciert anzustreben.
— Vorgabe eines Grundbrettes (oder starken Kartonelementes)
— Grober Materialzuschnitt (im Sinne von Ausgangsmaterial für jeden Schüler).
— Freie Problemlösung, freier Materialzuschnitt (Feinform) durch die Schüler. Das bedingt die Einführung in den Gebrauch der Thermosäge, der Feinsäge und Schere, um sachgerechtes Ablängen von Styropor, Graukarton und Zeichenpapier und das Kleben der angeführten Materialien zu ermöglichen.
— Die Verwendung von Abfall-Schachtelmaterial (Kleinmaterial) für Brückenpfeiler würde das Bauen erleichtern (Rechtwinkeligkeit!).

Enggeführte Aufgabensituation
Sie stellt eine Ausnahmesituation dar, um organisatorische und werktechnologische Anforderungen besser zu bewältigen.
— Die Fertigungselemente werden im Zuschnitt vorgegeben.
— Nur Teilprobleme (Rampen, Geländer, Markierungen) sind kreativ zu lösen.

Organisation

MATERIAL	Anzahl pro Schüler	Anzahl pro Gruppe (18 Schüler)
Grundbrett (Homogenholz, 0,8x10x30 cm)	1	
Träger (Styropor)	2	
Fahrbahn (Styropor-Untertapete, 3 mm stark oder Karton)	1	
Pfeiler (Styropor oder Schachtelmaterial)	2	
Fahrbahnrampen (Zeichenpapier)	2	
Brückengeländer (Styropor)	2	
WERKZEUG		
Leimpinsel		9
Leimbehälter		9
Wassergläser		9
Deckfarben		9
Schere	1	

KLEINMATERIAL: Bleistift, Klebeband (Farbisolierband), Stecknadeln

MEDIEN: Bilder von Brückenbauten (Dias)

Alternativen

Styroporbrücke mit Styroporstreifengeländer

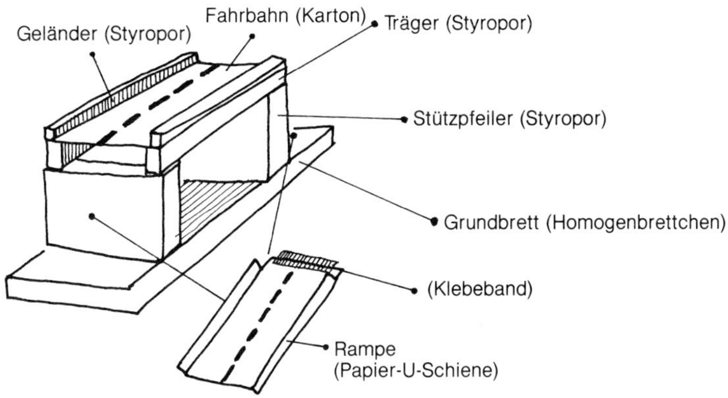

Styroporbrücke mit Kartonstreifengeländer

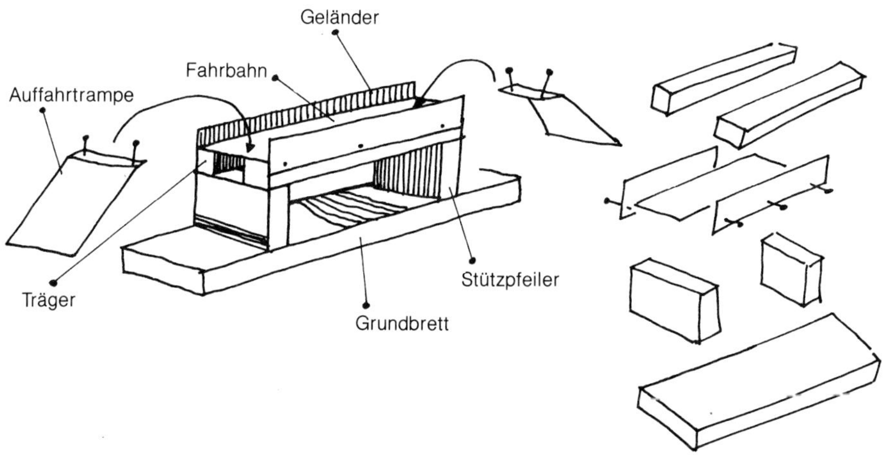

Möglichkeiten der Geländerdarstellung

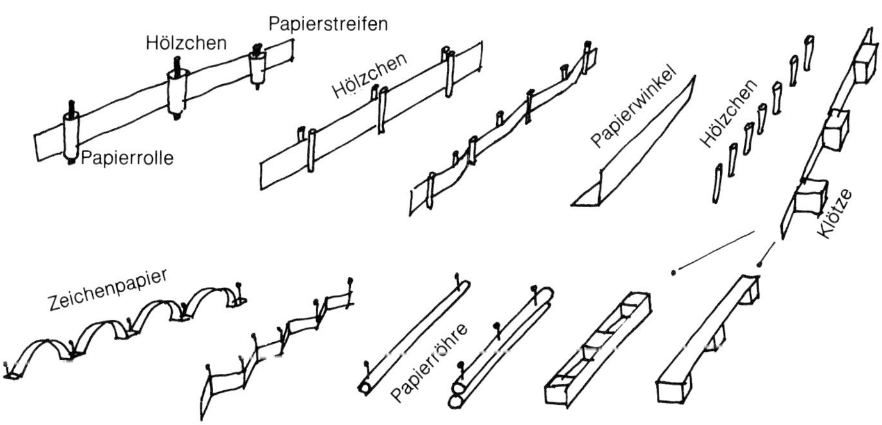

Steg aus Papier-
röhren

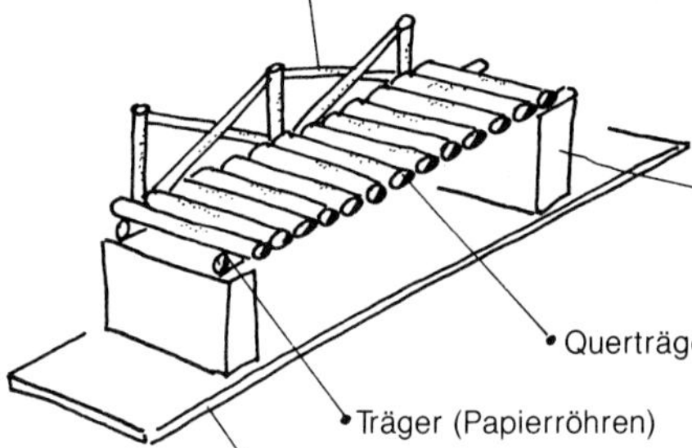

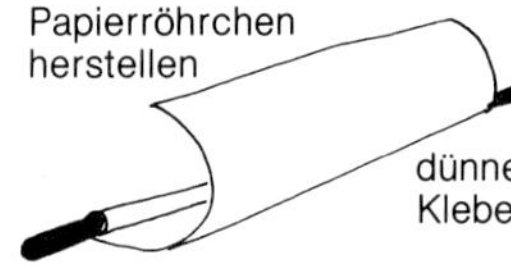

Steg mit Sprengwerk-
verstrebung

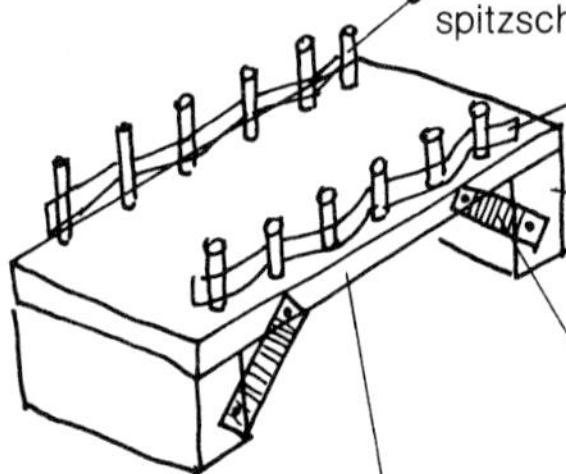

5

Kragbogenbrücke

Iglu

DIDAKTISCHE HINWEISE

Kind und Aufgabe

Die Aufgabenreihe bringt eine Problemerweiterung aller vorangestellten Bauklotz-Aufgaben. Besonders Kragbogen und Kragbogenbrücke erfordern Handgeschicklichkeit, Geduld und konstruktive Überlegungen.
Für große Brückenbauten (über weite Distanzen) nimmt der Bauklotzbedarf erheblich zu, daher ist das Bauen in kleinen Gruppen sowohl für die Entwicklung kooperativer Verhaltensweisen als auch aus organisatorischen Gründen von Bedeutung.
Das Kragbogentor, die Kragbogenbrücke und die Kragbogenwölbung sind mit Bauklötzen gut darstellbar. Dagegen erfordert das Kragkuppel-Bauen den Kreisgrundriß, der auf die Bausteingröße abgestimmt wird.
Wenn Kinder im Bauen mit Bauklötzen genügend Erfahrung besitzen, ist das Bauen mit lederharten Tonbausteinen möglich, da sie gewisse Vorteile bieten und weiterführend die Materialsensibilität fördern.

SACHINFORMATION FÜR DEN LEHRER

Bedeutung für den Menschen

Bei Völkern, die ihre Bauwerke in Massivbauweise errichteten, waren Kragbogen und Kraggewölbe die ursprünglichsten Konstruktionsformen (mykenisches Kuppelgrab, Trulli in Apulien).

Eine Anwendung der Kragkuppel-Bauweise stellt die Winterbehausung der Eskimos dar: der Iglu. Er zeigt als regional bedingte Wohnform ein Konstruktionssystem, das hervorragend den arktischen Bedingungen entspricht.
Die zweifach gekrümmte Halbkugelschale mit dem tiefliegenden Zugang trotzt orkanartigen Schneestürmen. Die Schneebausteine werden, der Kreisform entsprechend, konisch zugeschnitten und nahezu fugendicht zum Kragkuppelbau gefügt. An der Innenwandung werden Felle ausgespannt.

Funktionsweise

Das System des Mauerverbandes und der Kragbauweise wurde in den vorangestellten Aufgaben bereits dargestellt (siehe Seite 31 und 35f.).

HINWEISE ZUR UNTERRICHTSPLANUNG

Aufgabe 1

Erkundung der Kragbauweise

Lernziele für die kognitive Erkundung

Die Schüler sollen
— das Kippen eines vorkragenden Bausteines erkunden und dabei Auflagefläche und Kragfläche vergleichen,
— Überlegungen anstellen, wie das Kippen beim Auskragen verhindert werden kann (Gegengewicht).

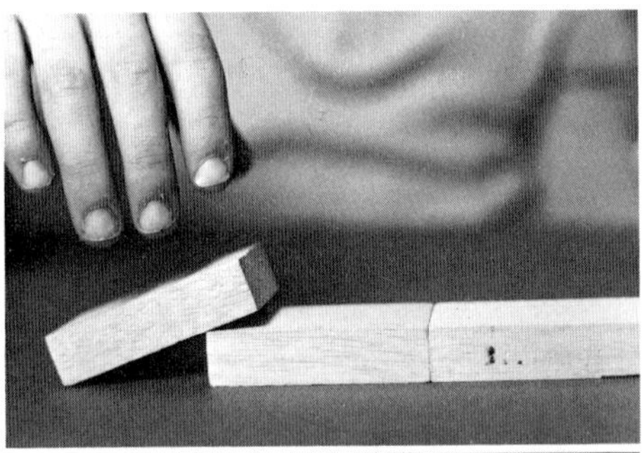

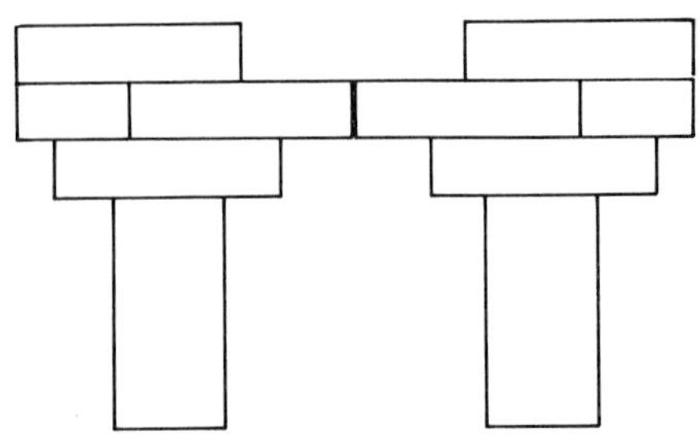

Hinweise für die Problemerkundung	Die Erkundung der statischen Sachverhalte vorkragender Bauteile (Bauklötze) ist als Lehrerdemonstration mit Ziegelsteinen (Organisation!) oder mit Bauklötzen als Einzelerkundung durchführbar.
Aufgabe 2	„Baut eine Brücke ohne Mittelstütze, die für die Durchfahrt eines Spielzeugdampfers geeignet ist!" „Verbindet zwei Tische (Distanz ca. 20—30 cm) mit einer Kragbogenbrücke!"
Lernziele für die Erkundung und für die Problemlösung	Die Schüler sollen — in Partnerarbeit mit Normalklötzen eine Kragbogenbrücke bauen, die hoch genug ist, daß sie für ein vorgegebenes Spielzeugschiff (Bezugsgröße) zur Durchfahrt geeignet ist, — zwei Tische durch eine Kragbogenbrücke so verbinden und so konstruieren, daß sie der „Verkehrslast" eines Spielzeugautos standhält, — dabei die Gesetzmäßigkeiten des Mauerwerkverbandes und der Kragbauweise anwenden (Versetzung, Auskragung, Gegengewicht), — die Brückenbauwerke beschreiben und vergleichen.
Hinweise für die Problemlösung	Die Überbrückung von Tischdistanzen verleiht der Aufgabenstellung großen Anreiz, da sie das Wesen von Brückenbauten (Überwindung von Hindernissen) anschaulich demonstriert.
Organisation	Normalklötze

Aufgabe 3 „Baut einen Iglu aus Bauklötzen!"

Lernziele für die Erkundung und für die Problemlösung

Die Schüler sollen
- eine bestimmte Anzahl von Normalklötzen (ca. 12 Stück) kreisförmig anordnen (Alternative: Kreisvorgabe durch Kartonschablone),
- versuchen, durch kreisförmiges Legen, Schichten, Versetzen und Auskragen eine kreisförmige Grundfläche „einzuwölben".
- allenfalls durch Bilder die Iglubauweise und die Bedingungen arktischen Wohnens kennenlernen.

Werktechnologische Hinweise

Zuerst muß die Kreisgrundfläche für den Grundriß bei vorgegebener Anzahl und Größe der Bausteine konstruktiv ermittelt werden (siehe Skizze!).
Soll z. B. mit 12 Bausteinen ein Kreis gebildet werden (Zwölfeck), sind folgende Überlegungen anzustellen: Das Zwölfeck besteht aus 12 gleichschenkeligen Dreiecken. Von ihnen ist die Seite c (Bausteinlänge, gleichzeitig Sehne des Zwölfecks) bekannt. Der Winkel γ ist der zwölfte Teil von 360° (= 30°).
Auf die gleiche Weise können auch die Grundrisse anderer regelmäßiger Vielecke ermittelt werden.

Alternative „Stellt Styroporziegel selbst her und baut daraus einen Iglu!"

Werktechnologische Hinweise

Der thematische Bezug — weiße Styroporelemente — Eskimobehausung aus Schneeblöcken — wird vor allem die emotionelle Hinwendung der Schüler verstärken. Die dadurch gegebene Verminderung konstruktiver Einsichten ist einzuplanen.
Die Ziegelelemente sind vom Lehrer bereitzustellen (Styroporstärke: 10mm oder 20mm). Oder: „Stangenvorgabe" — das Ablängen mit dem Buchbindermesser erfolgt durch die Schüler. Die Ziegelgröße ist variabel. Der Styroporzuschnitt kann an der Bandsäge (besonders zeitsparend) oder am Thermogerät erfolgen. Das Ergänzungsmaterial kann durch Schüler zugeschnitten werden.

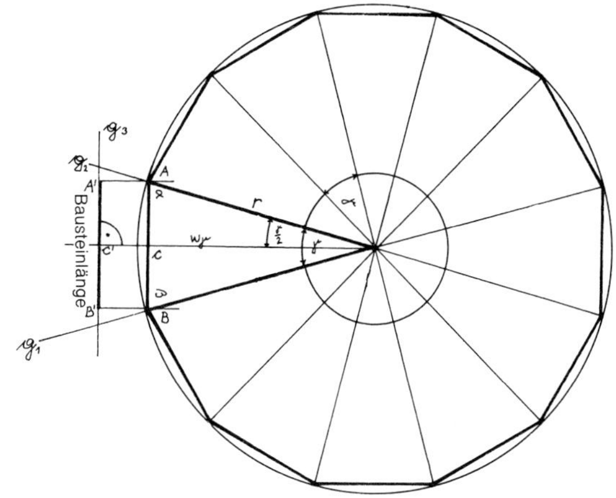

Das Bauen kann mit oder ohne Kreisschablone erfolgen.
Ergänzungssteine (Halb- und Viertelelemente) werden je nach Bedarf mit dem Messer zugeschnitten, eingepaßt und mit PVC-Kaltleim verklebt. Die Bereicherung der Iglus durch Plastilinfiguren (Schlitten, Eskimos, Hunde, Eisbär usw.) gibt im kindlichen Spiel auch Einblicke in die Funktion des Gebauten.

Organisation

MATERIAL	Anzahl pro Schüler	Anzahl pro Gruppe (18 Schüler)
Styroporbausteine (ca. 2x2x3 cm, Zuschnitt aus einer 2 cm starken Platte)	ca. 70	
Grundplatte (Karton oder Styropor, ca. 26x26 cm)	1	
WERKZEUG		
Thermoschneidegerät		4
Leimpinsel	1	
KLEINMATERIAL		
Kaltleim, eventuell Schablone für Kreisgrundriß		

6

Autogarage

Parkplatz

Autoverkaufsplatz

DIDAKTISCHE HINWEISE

Kind und Aufgabe

Im Zeitalter des Individualverkehrs und der Vollmotorisierung ist die vielschichtige Auseinandersetzung mit dem Problemfeld „Auto" ein unumgängliches Anliegen des Werkunterrichtes. Dieses Anliegen könnte falsch interpretiert bedeuten, daß der Unterricht das „Autobewußtsein" in übertriebenem Maße hochspielt. Das kann ein Unterricht, der das Heranführen an die technischen Gegebenheiten zum Ziele hat, in keiner Weise beabsichtigen. Auto, Verkehr, Straße, Gefahr, Umweltverschmutzung sind nicht nur Begriffe, sondern Tatsachen, die tief in unser tägliches Leben, auch in das unserer Kinder, einwirken. Es muß ein Anliegen zeitgemäßer Werkpädagogik sein, als Teilbereich erzieherischer Auseinandersetzung, Verantwortungsbewußtsein, Vorsicht, Rücksicht zu begründen, um den Gefahren der hochtechnisierten Umwelt mit Erfolg zu begegnen und das Leben miteinander zu erleichtern und durch Toleranz zu prägen.

Zur Aufgabe 1, Autogarage

Bedeutung und Vorteil des überdachten Garagierens ist auch für Kinder leicht einzusehen, ebenso die Tatsache, daß Garagenbauten und deren Inanspruchnahme im großstädtischen Bereich sehr teuer sind. Die Einzelgarage ist durch den allgemeinen Trend zum Einfamilien- und Wochenendhaus häufig anzutreffen, ebenso als Zubau bei Baukomplexen für Nutzfahrzeuge.

Materialhinweise: Die Vorerfahrungen mit Bauklötzen erlauben eine Weiterführung des Bauprinzips (Mauerverband) mit anderen Materialien.

Es wird ein Modell verifiziert, das der elementar-technischen Einsicht und dem weiterführenden Spiel dienlich ist.

Werktechnologisch ideal wären Keramiksteine (ungebrannt oder gebrannt — herstellbar mit Hilfe einer Stangenpresse), da sie den Prinzipien der Massivbauweise durch Gewicht und Form besonders entsprechen. Allerdings ist der organisatorische Aufwand nicht unerheblich.

Alternativ bieten sich „Ziegelelemente" aus Styropor an, die vom Lehrer an der Bandsäge mit geringem Aufwand vorbereitet werden können, wenn die erforderliche Maschinenausstattung vorhanden ist. Der Einwand, Massivbauweise könne nur mit massiven Bauelementen, die lastenden Druck bieten, durchgeführt werden, hat seine Berechtigung, doch die Vorteile der Styroporelemente, vor allem für die Grundstufe 1, sind nicht von der Hand zu weisen: rascher Zuschnitt durch den Lehrer, leichtes Trennen, Verändern und Kleben durch die Schüler, Realitätsbezug (Ytong-Baustein) ist durch die Elementgröße und Farbe gegeben, die Bausteingröße verringert die Bauzeit.

Zur Aufgabe 2, Autoparkplatz

Die Begegnung mit parkenden Autos haben Schulkinder täglich. Das aufgabenmäßige Problematisieren erhebt daher einen Teilbereich der Umwelterfahrung zur Unterrichtsthematik. Das elementare Bewußtmachen von Parkordnungen (Parkplätze, Kurzparkzonen, Tiefgaragen, Parkhäuser usw.) gibt Hinweise auf die städtische Kernproblematik des Parkplatzmangels und läßt die daraus resultierenden kommunalen Maßnahmen (Abschleppdienst, Kurzparkzonen, Parkverbote) begreifen. Kinder müssen an bestehende Einrichtungen und Normen, die das gesellschaftliche Leben regulieren, herangeführt werden, ihren Sinn begreifen, um durch Einsicht persönliches Verhalten zu begründen.

Zur Aufgabe 3, Autoverkaufsplatz

Die Aufgabe integriert Sachverhalte der Parkordnung (Stellflächen) und der Massivbauweise (Umgrenzungsmauer, überdachter Verkaufsstand).

Inhaltlich spricht die Aufgabe — in elementarer Form — die Gebrauchtwagenproblematik an (Eintauschwagen).

Autoverkaufsplätze sind zumeist vorübergehende Einrichtungen bei Baulücken (ausgenommen die Stellflächen großer Servicestellen).

Materialhinweise: Das Teilproblem des Umgrenzens ist auch im Sinne von Zaun (Latten- oder Gitterzaun) lösbar (z. B. Styropor mit eingeleimten Rundhölzern).

Bedeutung für den Menschen

Die soziokulturelle Bedeutungsebene der Aufgaben wurde in den didaktischen Hinweisen ausführlich apostrophiert, da die direkte Verzahnung mit erziehlichen und technologischen Überlegungen gegeben war.

Funktionsweise

Bei Parkplätzen ist für langfristiges Parken der Parkraum durch folgende Elemente gekennzeichnet: Parkstände (Länge 5 bis 6 m), Parkstreifen (zur Markierung der Parkstände), Stellflächen (mit genügend Raum zum Aus- und Einsteigen), Fahrgassen und Beschilderung.

Grundsätzlich sind zwei Aufstellvarianten zu unterscheiden: senkrechte und schräge Aufstellung der Parkstände. Schräge Parkstände erlauben bei schmalen Fahrgassen dennoch ein leichtes Einparken.

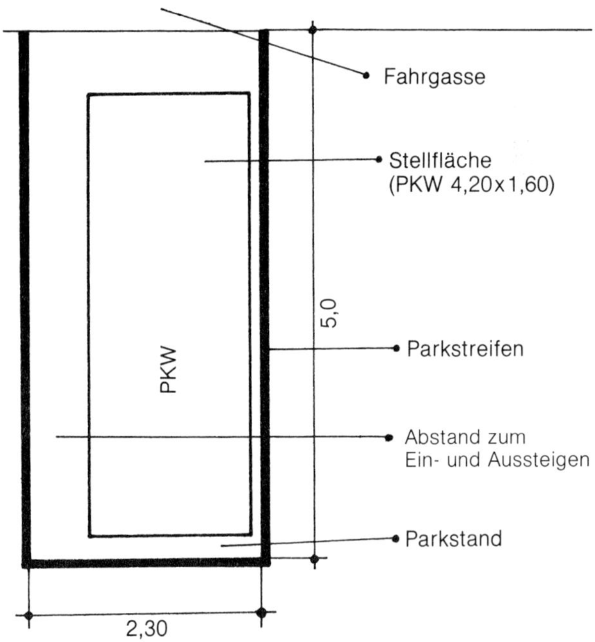

Einige Verkehrszeichen
(Ausschneidebogen)

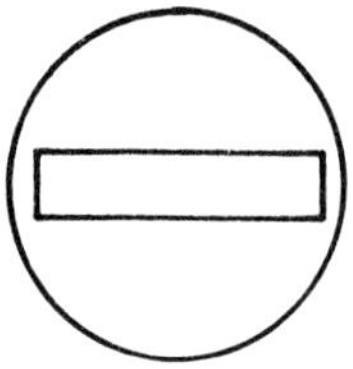

Einfahrt verboten

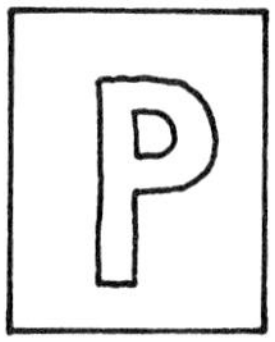

Parkplatz

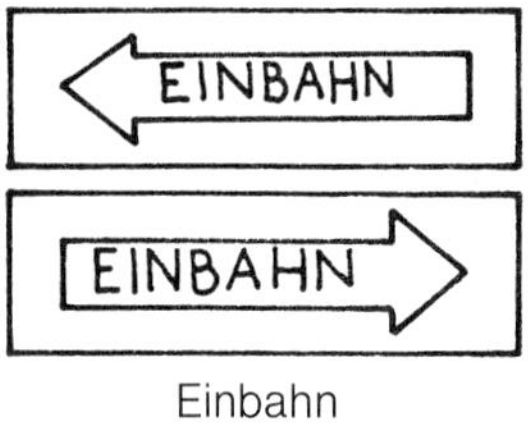

Einbahn

Parkplatz

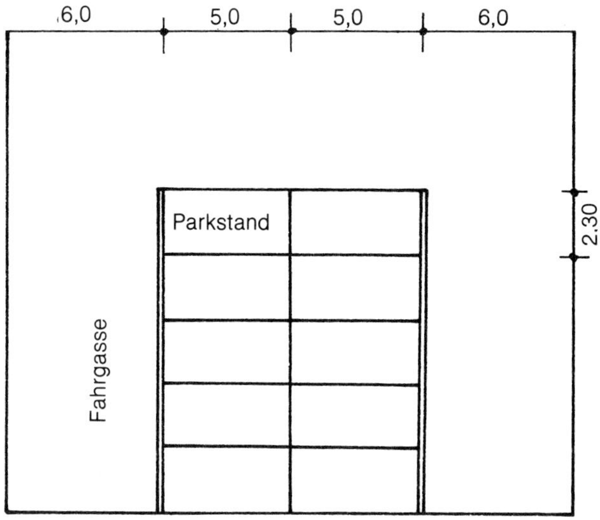

a) senkrechte Aufstellung:
breite Fahrgasse (6,0 m)
schmaler Parkstand (2,3 m)
oder
schmale Fahrgasse (4,5 m)
breiter Parkstand (3,0 m)

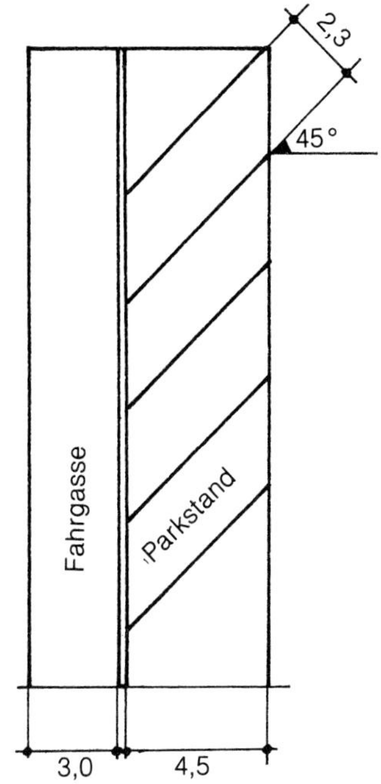

b) Schrägaufstellung

HINWEISE ZUR UNTERRICHTSPLANUNG

Aufgabe 1

„Baue in Massivbauweise eine Garage mit Flachdach (Wellpappe) für ein Spielzeugauto!“ oder
„Baue in Massivbauweise für mehrere kleine Spielzeugautos eine Garage mit Dach!“

Lernziele für die Erkundung und für die Problemlösung

Die Schüler sollen
— auf einer vorgegebenen Grundplatte den Parkraum (Garagenraum) für ein Auto (oder mehrere Spielzeugautos) festlegen,
— vorgegebene Styroporziegelelemente (oder Keramikziegel) zum Mauerverband kleben,
— Halbsteine selbst herstellen (Styropor mit dem Messer teilen, gebrannte Keramiksteine mit der Beißzange teilen),
— Dach und allenfalls Garagentor aus Wellpappe fertigen.

Werktechnologische Hinweise

Styroporziegelelemente werden vom Lehrer im Zuschnitt 2 x 2 x 4 cm vorbereitet (ca. 60 Stück pro Schüler). Das Ablängen der 2 cm starken Styroporplatten geschieht an der Bandsäge mit Anschlagwinkel — ebenso der Zuschnitt der Grundplatten. Die Abmaßung für die Garagengröße wird von den Schülern erkundet. Sie umgrenzen das mitgebrachte Spielzeugauto mit Ziegelelementen. Das Kleben erfolgt mit PVC-Kaltleim oder mit ASSIL-Kleber. Halbsteine fertigen die Schüler mit dem Buchbindermesser (Unterlage!) oder dem Thermoschneidegerät. Die Grundplatte kann vor oder nach der Fertigungsphase mit grauer Dispersionsfarbe gestrichen werden. Eine mögliche Beschilderung (Bezeichnung, Name usw.) erhöht den Individualbezug des Spielobjekts.

Organisation

MATERIAL	Anzahl pro Schüler	Anzahl pro Gruppe (18 Schüler)
Styroporgrundplatte (ca. 20 x 25 x 2 cm)	1	
Ziegelelemente (ca. 2 x 2 x 4 cm)	ca. 60 Stück	
weiße Wellpappe (ca. 20 x 25 cm)	1	
WERKZEUG		
Schere	1	
Buchbindermesser	1	
Unterlagen	1	
Leimpinsel	1	
Leimbecher		9
allenfalls Thermogerät		4
KLEINMATERIAL		
Kaltleim, Dispersionsfarbe, Borstenpinsel		

Aufgabe 2

„Umgrenze eine Fläche für zwei oder mehrere Spielzeugautos und versuche eine Parkordnung anzulegen!“

Lernziele für die Erkundung und für die Problemlösung

Die Schüler sollen
- auf einer vorgegebenen Fläche einen Raum zur Parkfläche umgrenzen und eine Parkordnung mit Stellplätzen anlegen,
- elementare Einsichten in notwendige Parkordnungen gewinnen (Kurzparkzone, Parkhaus),
- durch Versuche mit Spielzeugautos ungeordneten und geordneten Parkraum erfahren und Vergleiche anstellen,
- unterschiedliche Parkraumlösungen im Spiel erproben und Erfahrungen austauschen,
- einige Verkehrszeichen kennenlernen und für die Parkordnungen verwenden.

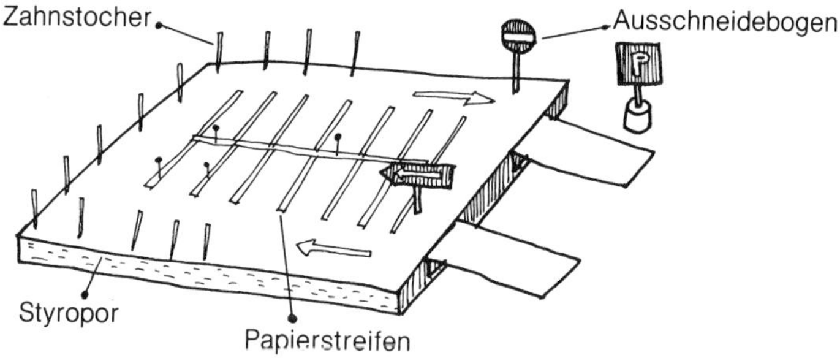

Werktechnologische Hinweise

- Materialvorbereitung: Vorgegebene Styroporgrundplatten werden mit grauer Dispersionsfarbe bestrichen (Trockenprozeß).
- Problemsituation: Ungeordnete Spielautos (ungeordnete Parkfläche), die Schüler sprechen über die Notwendigkeit, Parkräume in Parkflächen zu gliedern.
- Begriffserklärung: Woran sind Parkplätze zu erkennen?
- Problemstellung: Worauf ist beim Anlegen von Parkordnungen zu achten? (Stellflächen, Parkstreifen, Bodenmarkierungen, Fahrgassen, Platz zum Ein- und Ausparken, Platz zum Hin- und Wegfahren, Beschilderung usw.)
- Ordnungsversuche: Mit Papierstreifen und Stecknadeln werden Stellflächen angelegt und erprobt.
- Fertigung: Die gefundene Ordnung wird begründet, allenfalls verbessert und die Stecklösung geklebt.

Organisation

MATERIAL	Anzahl pro Schüler
Grundplatte (Styropor, ca. 25 x 30 cm)	1
Zeichenpapierstreifen (0,5 x 30 cm)	6 Stück
WERKZEUG	
Schere	1
Leimpinsel	1
KLEINMATERIAL	
Kaltleim, Filzstifte, Abdeckpapier, allenfalls Zahnstocher (Umzäunung), Dispersionsfarbe (grau), Stecknadeln, Borstenpinsel	
MEDIEN	
Ausschneidebogen (Verkehrsschilder), Spielzeugautos	

Aufgabe 3

„Baue einen Autoverkaufsplatz für kleine Spielzeugautos mit einem kleinen Haus (Verkäufer, Reparaturen), einer Umgrenzungsmauer, einem Tor und Bodenmarkierungen (Parkplätze) für mindestens vier Autos!“

Lernziele für die Erkundung und für die Problemlösung

Die Schüler sollen
— über die Bedeutung eines Autoverkaufsplatzes für Altautos in Schülerberichten Erfahrungen austauschen,
— über notwendige Einrichtungen eines solchen Platzes (Haus, Zaun, Tor, Beschilderung, Parkmarkierungen usw.) Informationen erhalten,
— Mauer und Haus in Massivbauweise bauen,
— Halbziegel selbst herstellen,
— über die gefertigten Spielobjekte berichten.

Werktechnologische Hinweise

— Schülerberichte über Autoverkaufsplätze (Aussehen, Beschreibung, Einrichtung).
— Erkundung: Auf einer vorgegebenen Kartonfläche ist so ein Platz zu errichten. Mit Spielzeugautos sind Parkflächen zu planen. Styroporziegelelemente dienen als Planungshilfe für Umfassungsmauer und Verkäuferstand. Die angestrebte Lösung wird mit Bleistift auf den Grundplatten-Karton gezeichnet. Beim Bauen des Verkäuferstandes (Haus) werden Fenster, Tür und Dachlösung frei bestimmt.
— Die Notwendigkeit, größere Ziegelelemente als „Überlager“ einzusetzen, wird erkannt.
— Auf einem zentralen „Wellpappe-Zuschnittplatz“ (Bankfläche) längen die Schüler Wellpappestreifen für die Dachlösung ab.
— Parkordnungen können gemalt oder durch Streifen markiert werden.

Organisation

MATERIAL	Anzahl pro Schüler
Grundplatte (weißer Karton, ca. 35 x 25 cm)	1
Ziegelelemente (Styropor)	ca. 60 Stück
Wellpappestreifen (ca. 15 x 30 cm)	1
WERKZEUG	
Schere	1
Buchbindermesser	1
KLEINMATERIAL	
Unterlagen, Kaltleim, Leimpinsel, Haarpinsel, Dispersionsfarbe (weiß, grau), Borstenpinsel, Bleistifte	
MEDIEN:	
Spielzeugautos	

7

Begehbarer Raum

Schachtel-zimmer

DIDAKTISCHE HINWEISE

Kind und Aufgabe

Stellenwert des kindlichen Wohnspiels
Es ist den Kindern urtümlich angelegt, „Wohnen" zu spielen. Schon das Vorschulalter bringt vielfältige Auseinandersetzung. Mit Bauklötzen beginnt das statische Erkunden durch Stellen und Legen, setzt sich fort im Umgrenzen und findet seinen Höhepunkt im blockhaften Bauen.
Mit dem Schulalter werden nach und nach Puppenhaus, Bauernhof, Indianerzelt, Westernfort und Burg, als Relikte der Spielzeugindustrie, zu Fixstationen der Begegnung und zu vorübergehenden Mittelpunkten des kindlichen Spiels. Dem stets wechselnden Anspruch der Spielsituation werden sie allerdings nur durch verändernde Zubauten gerecht.
Kinder brauchen für die Entwicklung flexibler Raumvorstellungen Materialien, die veränderbar sind und hohen Spielwert besitzen. Ebenso brauchen sie verschiedenste Spielgaben (Puppen, Männchen, Bäume, Möbel, Autos, Tiere usw.), um mit dem Gebauten spielen zu können.
Neben dem modellhaften Bauen entwickelt sich gleichrangig das „Wohnspiel in Lebensgröße".
Schon Vierjährige spielen „Besuch" oder „Einkaufen". Das Wohnraumbauen erfolgt mit

Stühlen, Decken und Schachteln. Gespielt wird mit phantasievoller Verkleidung, verstellter Stimme, nachgeahmten Gebärden usw.
Beim Wohnspiel im Naturraum (Garten, Wald, Park) agieren Vorschulaltrige auch im versunkenen Selbstgespräch, wobei Bäume und Sträucher den Raum umgrenzen, Blumen, Gräser, Moos und Astwerk das Spiel naturnah bestimmen.
Das selbstgestaltende Zelt-, Hütte-, Höhle- und Burgbauen darf als Höhepunkt des „Robinsonalters" angesehen werden. Doch den meisten Stadtkindern bleibt die Sehnsucht nach Abenteuerromantik, denn das Ausleben der Bubenträume ist auf Asphaltspielplätzen schwer denkbar!

SACHINFORMATION FÜR DEN LEHRER

Bedeutung für den Menschen

Die Geschichte der Menschheit ist untrennbar auch eine Historie des Wohnens. Bautechnologien und Bedürfnisse haben die Wohnkultur zu allen Epochen geprägt. Ob Windschirm, Felsnische, Höhle, Zelt, Baumhaus, Pfahlbau, Blockhaus oder Fertigteilhaus der Gegenwart, sie weisen selbst über Jahrtausende hinweg ähnliche Grundfunktionen auf: Wunsch nach Sicherheit (Schutz vor den Unbilden der Witterung — früher auch vor Tieren und Menschen), Schlafraum, Platz für die Nahrungszubereitung, Depotraum (Vorräte, Waffen, Kleider). Die Einraumbehausung wurde durch das Seßhaftwerden des Menschen in steter Differenzierung gewandelt.
Die Wohnung der Gegenwart wird allerdings von einem noch nie gekannten Komfortstreben geprägt:
Technisierung im gesamten Wohnbereich — Zunahme des Wohnraumbedarfes — Depotraum — hoher Standard im Sanitär- und Küchenbereich — Klimatisierung — Ausstattungsqualität — Wunsch nach Terrassen — integrierte Tiefgaragen — Aufzug — hauseigene Hobbyräume — Abstellräume für Fahrräder — Lage und Umgebung usw.
Im gegenwärtigen Statusdenken stellen Einfamilienhaus, Reihenhaus und Terrassenwohnung finanziell graduierte Rangstufen mit Symbolwert dar.
Die Sehnsucht des Menschen nach urtümlichem, naturverbundenem Wohnen findet im Hausbauen und Lagerleben der Urlaubszeltstädte ihre Entsprechung.

Funktionsweise

Auf der Grundstufe 1 basieren die Aufgabenstellungen um den Einzelraum.
Die Differenzierung der Wohnung nach Raumfunktionen und ihrer sinnvollen Zuordnung darf daher ausgeklammert werden (Grundstufe 2).
Im Mittelpunkt der Betrachtung befinden sich Wohn- und Kinderzimmer, wobei gerade dem Wohnzimmer erhöhte Bedeutung, auch im kindlichen Denken, zukommt. Es wird mit deutlicher Mehrheit als der zentrale Raum der Familie erkannt und genießt bei Reflexionen (z. B. Umweltbezug in Zeichnungen) den stärksten Hinwendungsgrad.

Wohnzimmer (Hinweise zur Raumfunktion)
Der rein repräsentative Wohnraum früherer Zeiten darf als überholt angesehen werden. Unkonventionelle Vorstellungen prägen mehr und mehr die Innenarchitektur. Die Tendenz zum offenen Wohnen, der Wunsch nach informelleren Wohnraumtypen als Zentren der

Familie mit unterschiedlichen Beschäftigungen (Essen, Spielen, Musikhören, Lesen, Fernsehen usw.) ist unverkennbar.
Der Sitzbereich bleibt nach wie vor Kernstück des Raumes (Kennzeichen gemütlichen Beisammenseins). Der Wohnstil wird auch durch den Bedarf an Büchern, Zeitschriften, Spielen, Schallplatten mitbestimmt. Regalsysteme mit offenen Fächern bilden leicht zugängliche Depoträume. Die Leseecke wird durch bequeme Sitzmöbel nahe den Buchregalen eingerichtet.
Normale Etagenwohnungen mit knappen Grundrissen verfügen selten über eigene Eßräume. Der Eßplatz wird überwiegend in den Wohnraum verlegt. Er dient dadurch vielfältigen Anforderungen (Spielen, Basteln, Aufgabenmachen). Kleine, in Wandverbaue integrierte Schreibplätze dienen der individuellen Entfaltung.
Das Gestalten unterschiedlicher Wohnzonen schafft Spannung und Lebendigkeit. Der einheitliche Charakter des Raumes sollte allerdings gewahrt bleiben.
Auch die Beleuchtung dient der Raumgliederung (Lichtinseln: bei Sitzgruppen gedämpftes Licht, beim Arbeitsplatz Schwenklampen, der Eßplatz wird durch eine niedrig montierte Lampe beleuchtet und Kunstwerke erhalten durch kleine Deckenscheinwerfer wirkungsvolle Beleuchtung).

Kinderzimmer (Hinweise zur Raumfunktion)
Das Kinderzimmer stellt jenes notwendige Refugium dar, in dem freie, ungestörte Entfaltung möglich ist, denn Erwachsene wie Kinder brauchen ihre private Sphäre. Spielecken im Vorzimmer, in der Küche oder im Wohnzimmer sind nur als Notlösungen anzusehen. Wenn mehrere Kinder gemeinsam ein Kinderzimmer bewohnen, sollte jedes Kind zumindest über einen bescheidenen Privatbereich verfügen können (Arbeitsplatz, Spielecke, Regal).
Möbel spielen für Kinder eine besondere Rolle. Klare Formen mit einfachen Flächen entsprechen der kindlichen Aufnahmefähigkeit am besten. Offene Fächer, niedrig angebrachte Regalbretter, große Knöpfe und Grifflöcher an Schranktüren und Laden erleichtern das Ordnunghalten.
Kinder werden von Farben stärker als von Formen angesprochen. Kräftige, helle Töne für Möbel, Vorhänge und Spielsachen machen das Kinderzimmer freundlich.

HINWEISE ZUR UNTERRICHTSPLANUNG

Aufgabe 1 Schaffung eines begehbaren Raums (Das Spielhaus im Schulkeller)

Lernziele für die Erkundung und für die Problemlösung

Die Schüler sollen
— aus großen Schachteln, Dosen, Pappröhren, Styroporelementen und Wellpappe für eine Kleingruppe (ca. 4 Kinder) einen Raum abgrenzen,
— diesen umgrenzten Raum zum Spielhaus ausgestalten,
— Türen und Fenster anlegen,
— über Einrichtungsmöglichkeiten des „Einraumhauses“ Überlegungen anstellen und dabei erkunden, wieviel Raum man zum Sitzen, Stehen und allenfalls Liegen benötigt.

Werktechnologische Hinweise

Um begehbare Räume (z. B. Spielhaus in Lebensgröße) durch Kinder umgrenzen und bauen zu lassen, bedarf es wichtiger Voraussetzungen:

Raum

— Der erforderliche Raum (leeres Klassenzimmer, Turnsaal, Schulkeller usw.) muß genügend groß und zugänglich sein.
— Er darf keine Gefahren in sich bergen.
— Er muß hygienischen Ansprüchen genügen.
— Die Kinder müssen gut zu beaufsichtigen sein.

Baumaterial

— Großbauelemente in genügender Anzahl sollten vorhanden sein.
— Beim Deformieren der Elemente dürfen Kinder weder mit Schere noch mit dem Messer hantieren, um Unfälle auszuschließen.
— Zu empfehlen wäre ein Großschachteldepot direkt im oder nahe dem Aktionsraum.
— Große Schachteln sind fürs Bauen weitaus geeigneter als Styroporplattenelemente, da sie Steck- und Klebeverbindungen benötigen, nicht die notwendige Stabilität besitzen und die Technologie komplizierter und zeitaufwendiger ist.
— Eine Kombination von verschiedenen Elementen ist anzustreben.

Baugruppe

— Die Kinder dürfen in offener Wahl ihre Gruppenmitglieder bestimmen (ca. 4—6).
— Jede Gruppe erhält Platz und Bauelemente zugewiesen.
— Verhaltensweisen können im Sinne von Spielregeln für alle festgelegt werden (kein Schreien, Laufen, Zerstören, Wegnehmen).
— Nach dem Bauen, Spielen, Reflektieren kann lustbetonte Zerstörung und Deponierung der Elemente die Unterrichtseinheit beschließen.

Aufgabe 2 Schachtelzimmer

Lernziele für die Erkundung und für die Problemlösung

Die Schüler sollen
— über Wohnbedürfnisse, Raumfunktionen und Raumeinrichtung sprechen,
— im modellhaften Bauen (maßstabfrei) bestimmte Wohnbedürfnisse durch Möbel veranschaulichen,
— als Raum eine Schachtel verwenden und verändern (Tür, Fenster, Trennwand usw.),
— aus Wegwerfmaterialien (Schachtelelemente, Holz- und Styroporreste usw.) Spielzeugmöbel herstellen,
— beim Herstellen allenfalls eine Puppe als Bezugsgröße verwenden,
— gemeinsam versuchen, eingerichtete „Schachtelzimmer" zur Wohneinheit zu gruppieren und dabei erkennen, daß Raumfunktionen fehlen,
— daher fehlende Räume, Möbel und Vorräume ergänzen (allenfalls auf Packpapier zeichnerisch ergänzen).

Werktechnologische Hinweise

Das Vorhaben ist den Kindern zeitgerecht bekanntzugeben, damit Schachtelabfälle und Schuhschachteln in entsprechender Anzahl vorhanden sind. Holz- und Styroporabfälle hat der Lehrer zu sammeln und bereitzustellen. Ein reiches Angebot von Elementen kann den Erfindungsprozeß und die werkhafte Gestaltung günstig beeinflussen. Beim Herstellungsprozeß kombinieren, verändern und fügen die Kinder die vorhandenen Materialien. Dabei müssen unklare Vorstellungen vom Lehrer korrigiert werden. Auf die Bereitstellung und Anwendung geeigneter Klebstoffe (Alleskleber, Kaltleim, Uhu-hart) ist zu achten. Textilien (Vorhänge, Teppiche) können die beabsichtigte Raumfunktion unterstreichen.

Organisation

Material: Schuhschachteln, Verpackungselemente, Styropor- und Holzabfälle usw.
Werkzeug: Scheren, Messer, Vorstecher
Kleinmaterial: Klebstoff (Kaltleim, Alleskleber), Klebebänder, Schnüre usw.

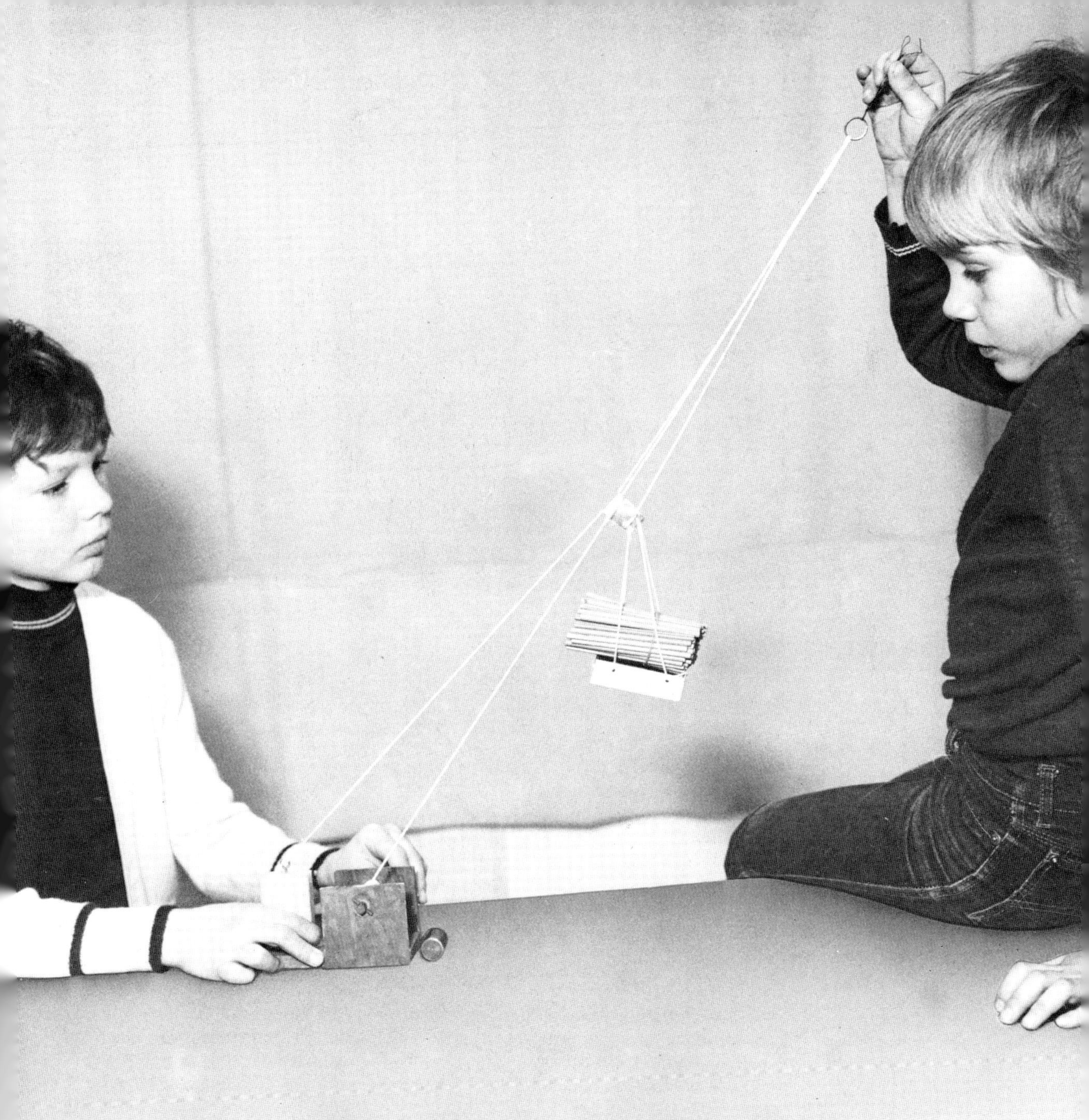

Technik

8

Rutsche

Rollbahn

DIDAKTISCHE HINWEISE

Kind und Aufgabe

Erlebte und beobachtete Spielanlagen der kindlichen Umwelt bilden den Erlebnishintergrund der Aufgabe: Rutschbahnen (Kinderspielplatz, Toboggan, Schwimmbad, Rodelberg usw.) oder Rollbahnen (Kugelbahn in der Sandkiste, Kegelbahn, Minigolfanlage, Rollschuhbahn usw.).
Motorische Aktionen der Kinder, auch wenn sie längere Zeit zurückliegen, erleichtern den Problemeinstieg und die modellhafte Erkundung. Das elementare Aufschließen physikalischer Phänomene muß in spielerischer Form geschehen, um unkindgemäße Versachlichung zu vermeiden.

SACHINFORMATION FÜR DEN LEHRER

Bedeutung für den Menschen

Im Bereich der Technik gehört die Rutsche in die große Gruppe der Förderanlagen. Dies sind Vorrichtungen oder Maschinen, die die Aufgabe des Transportes von Gütern oder Personen innerhalb eines begrenzten Raumes übernehmen (Rutsche, Förderband, Rolltreppe, Schrägaufzug, Aufzug, Seilbahn, Kran usw.).

Rutsche

Rollbahn

geringer Neigungswinkel
bei rollfähigen Gütern

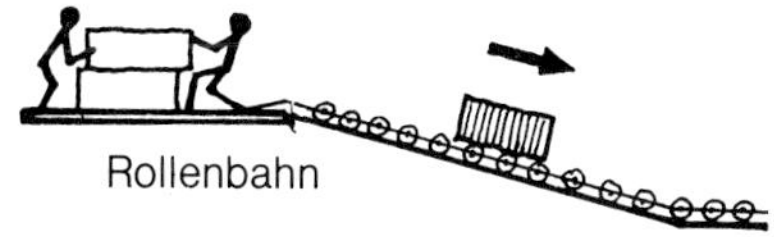

Rollenbahn

geringer Neigungswinkel —
das Stückgut läuft über eine
Vielzahl von Rollen oder Walzen

Die Rutsche ist eine Gleitbahn oder Gleitrinne, auf der Stückgut (Säcke, Kisten, Pakete) oder Schüttgut (Kohle, Getreide) von selbst abwärts gleiten kann. Sie bietet sich dort an, wo Güter von höher gelegenen Orten zu tieferen befördert werden sollen. Beispiele: Entladehilfen bei Fahrzeugen, Transportrutschen für Kellermagazine, Paket- und Briefrutschen einer Sortier- und Verteileranlage der Post, Holzrutschen (Riesen) bei der Holzgewinnung im Gebirge, Kohlenrutschen im Bergbau und auf Lagerhalden. Selbst zur Personenbeförderung findet sie Verwendung. Bei Führungen in unseren Salzbergwerken gehört die Knappenrutsche zu den besonderen Attraktionen. Als Belustigung dient die Rutsche auf Spielplätzen und in Badeanlagen, als Rettungseinrichtung bei der Feuerwehr und bei Passagierflugzeugen (Notrutsche).

Funktionsweise

Auf einer geneigten Bodenfläche können sich Körper durch ihr Eigengewicht in Bewegung setzen. Die Ursache dafür zeigt die Physik an den Gesetzmäßigkeiten der schiefen Ebene auf. Jeder Körper übt durch sein Gewicht eine Kraft in lotrechter Richtung aus. Eine waagrechte Auflagefläche nimmt diese zur Gänze auf. Wird die Auflage geneigt, so beginnt diese Kraft in zwei Richtungen zu wirken: a) in Richtung der Neigung und b) senkrecht auf die geneigte Fläche. Der Körper setzt sich in Bewegung, sobald er den Reibungswiderstand überwindet.

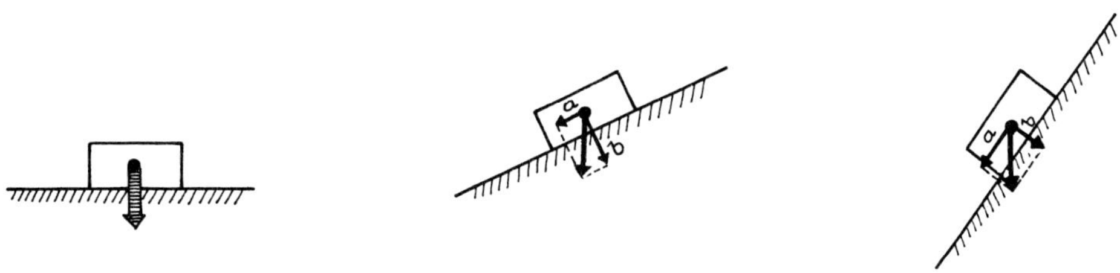

Während eine physikalische Erläuterung der schiefen Ebene verfrüht ist, läßt sich eine erste begriffliche Auslotung aus dem Bereich Reibung durchführen.
Die Reibung wirkt bewegungshemmend. Gleiten die Flächen zweier Körper aufeinander, tritt Gleitreibung auf. Die Stärke der Gleitreibung ist abhängig von der Oberfläche (glatt—rauh) der Berührungsflächen sowie vom Gewicht des Körpers. Legt man zwischen die Berührungsflächen Walzen oder Kugeln, wirkt die Rollreibung. Sie ist wesentlich geringer bewegungshemmend als die Gleitreibung.

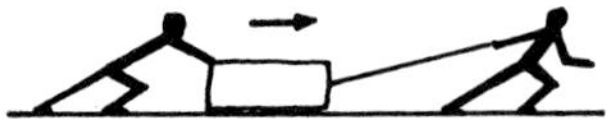

Gleitreibung

Rollreibung

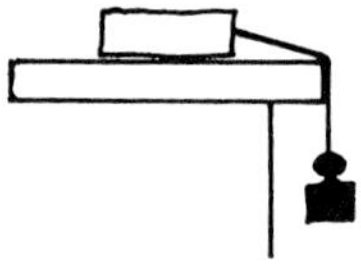

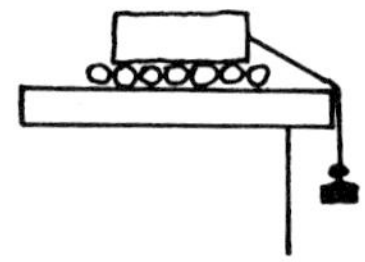

Solange der Körper nicht in Bewegung gerät, haftet er. In diesem Fall spricht man von der Haftreibung.
Gleitreibung und Rollreibung können auf einer schiefen Ebene überzeugend verglichen werden.

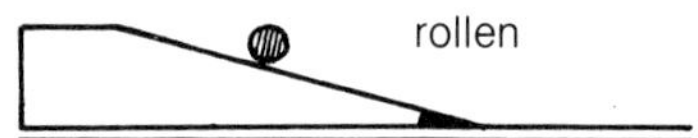

HINWEISE ZUR UNTERRICHTSPLANUNG

Aufgabe „Wir bauen eine Rutsche!"

Lernziele für die kognitive Erkundung

Die Kinder sollen
— erkunden, unter welchen Bedingungen Klötze von einem höheren Ort zu einem tieferen gleiten können,
— diese Bedingungen verbalisieren können,
— die Reibung als Bewegungshemmung erkennen können,
— Reibung und Materialoberfläche in Beziehung setzen können,
— Gleitreibung und Rollreibung unterscheiden können,
— Verhaltensunterschiede gleitender Klötze, rollender Walzen und Kugeln verbalisieren können,
— Rutsche und Rollbahn unterscheiden können,
— Rutsche und Rollbahn als ein Transportmittel erkennen können.

Hinweise zur Problemerkundung

Vorgegebenes Demonstrationsmaterial:
Rutschbretter, ca. 5x25 cm, mit verschiedener Oberfläche (Pappe, Faserplatte — rauhe/glatte Seite —, ein Brettchen mit Stoff oder Schleifpapier beklebt).
Bauklötze auf einer geeignet hohen Schachtel. Sie könnte ein Transportproblem simulieren.
Styroporplatte, mit Papier abgedeckt, als Unterlage. Mit Stecknadeln kann ein eventuelles Wegrutschen der Bretter verhindert werden.

Gesucht werden das Brett mit den besten Gleiteigenschaften und das Brett mit den schlechtesten Gleiteigenschaften.

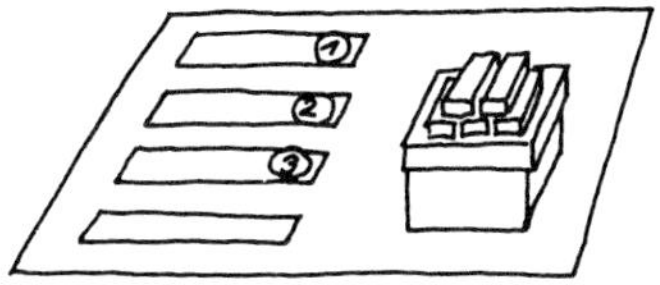

Partnerarbeit:
Jedes Paar hat einen Satz Bauklötze (ca. 18 Stück) und ein Gleitbrett. Es kommen Gleitbretter mit verschiedener Oberfläche zur Verteilung. Jede Gruppe untersucht, wie viele Klötze es türmen muß, bis es eine funktionierende Klotzrutsche hat.

	TURMHÖHE Anzahl d. Schichten	Rutschbrett
Toni u. Franz	5	sehr glatt
Helga u. Fritz	8	sehr rauh
Susi u. Hermi	7	rauh
Peter u. Hans	6	glatt

Auf der entstandenen Rutsche wird erprobt, wie sich auf ihr Walzen und Kugeln verhalten. Anschließend untersuchen die Kinder, ab welcher Höhe die Walzen und Kugeln zu rollen beginnen (Rutsche—Rollbahn).

Materialhinweise: Walzen: ca. 3,5 cm lange Rundhölzer verschiedenen Durchmessers; eine Walze könnte auch mit Stoff überzogen sein.
Kugeln: Perlen, Holzkugeln, Styroporkugeln, Papierkugeln.

Untersuchen, ob ein Streifen festeren Zeichenpapiers auch der Aufgabe einer Rutschbahn oder Rollbahn gerecht wird.

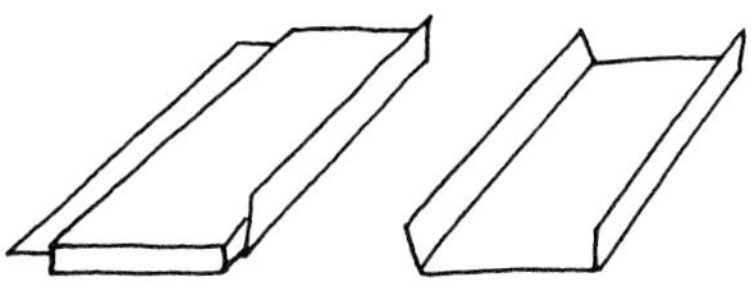

Papierstreifen um die Kanten eines zugerichteten Pappestreifens oder Brettes biegen

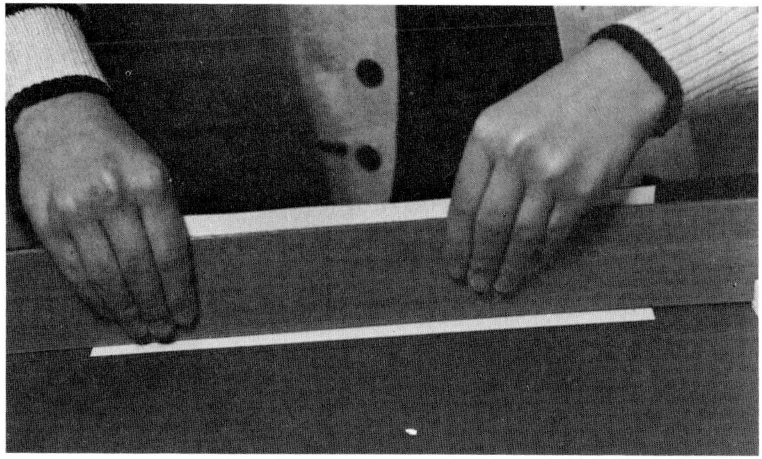

Im Zuge der Versuchsarbeit könnte sich die Notwendigkeit ergeben, auf dem Rutschbrett Seitenführungen, „Leitschienen", ein Geländer anzubringen, um das Herabfallen der Kugeln zu verhindern.

Lernziele für die werktechnologische Problemlösung

Die Kinder sollen
- die Bauelemente erkennen und benennen können,
- das bereitgestellte Material den Bauelementen zuordnen können,
- die Bauelemente durch Messen, Falten, Schneiden, Anspitzen usw. zurichten können,
- Klebeverbindungen herstellen können, gegebenenfalls die richtige Klebstoffwahl treffen können,
- die Montagearbeit überprüfen und nötigenfalls verbessern können,
- eine Klettervorrichtung herstellen können,
- die Gleitfähigkeit der Rutschkörper überprüfen und gegebenenfalls verbessern können.

Werktechnologische Hinweise

(1) Bodenplatte
(2) Turm
(3) Gleitbahn
(4) Klettervorrichtung

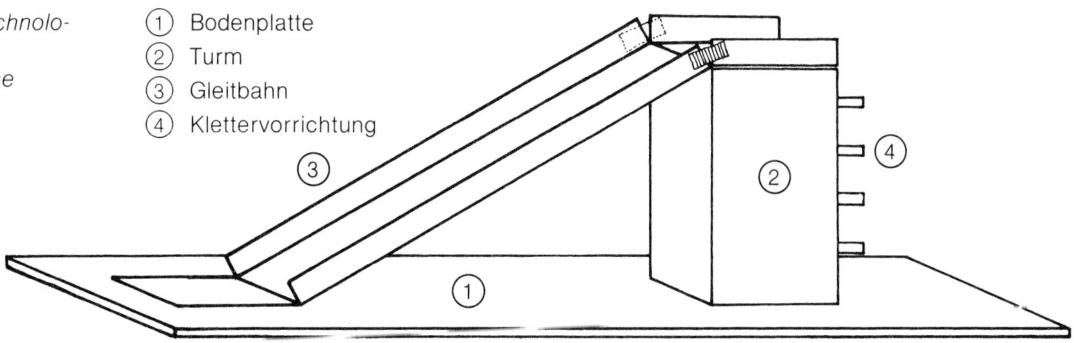

Grundplatte

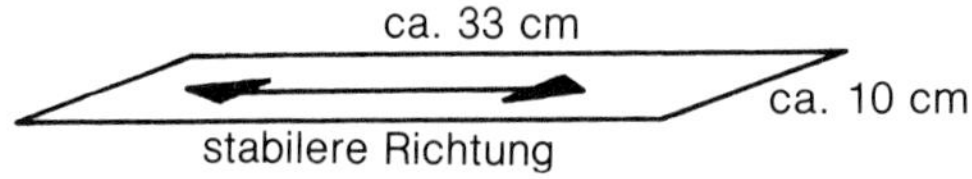

Pappe ca. 1,5 mm stark

Alternativmaterial:
Steife Wellpappe, Schachteldeckel, Styropor mit Papier abgedeckt

Turm

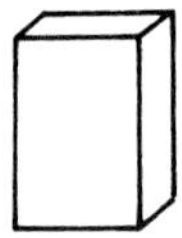

Alternativmaterial:
Verpackungsmaterial

Turmhöhe und Länge der schrägen Gleitbahn müssen aufeinander abgestimmt sein. Der Steigungswinkel der Bahn soll nicht unter 30° betragen.

Gleitbahn

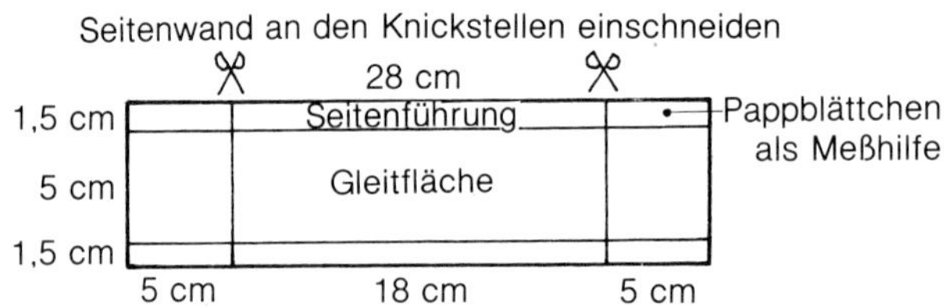

Biegehilfe für die Seitenwände — siehe Problemerkundung S. 71; weitere Lösungsmöglichkeiten — siehe Alternativen.

Klettervorrichtung

Rundholz ∅ 4 mm, 4 cm lang

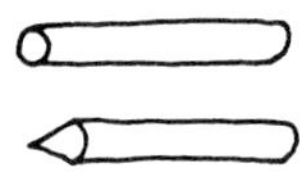

anspitzen (Bleistiftspitzer)
Spitze mit Weißleim betupfen und in den Styroporklotz eindrehen

Die Klettervorrichtung kann auch im Anschluß an die Montage der Gleitbahn als selbständige Problemlösung durchgeführt werden.

Montage	Turm und Gleitbahn probeweise auf die Bodenplatte stellen, günstigste Plazierung auswählen, den Raumbedarf einer Klettereinrichtung einbeziehen; dann erst kleben. Klebstoff: Bei Verwendung von Styropor keinen Alleskleber, sondern UHU-stic, Weißleim, oder UHU-por verwenden.	
Rutschkörper	Würfel Bausteinklötze Holzscheiben möglichst viele Materialien erproben	Gestaltungsmöglichkeiten: 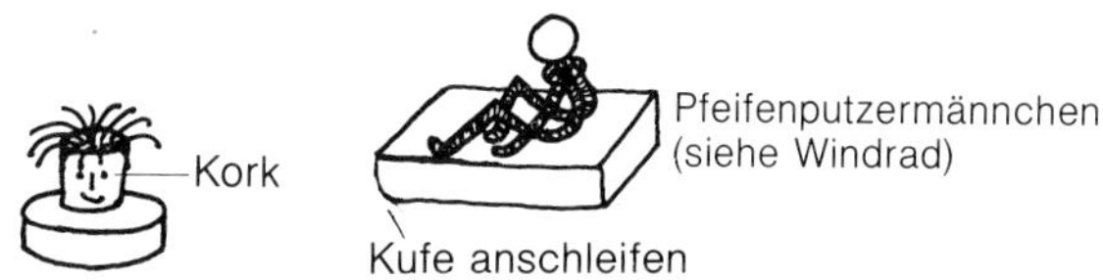

Hinweise zur Erprobung

Die Kinder werden alles mögliche über die Rutsche schicken. Sehr bald wird sie zur Rollbahn für Walzen, für Kugeln und zur Rampe für Matchboxautos. Als Kugelbahn kann sie z. B. die Funktion einer Zielanlage für ein Kegelspiel übernehmen und nach Veränderung des Auslaufes zur „Kugelspringbahn" werden.
Die starken Knickstellen am Anfang und vor allem am Ende der Gleitbahn wirken störend und können entschärft werden, indem man über die gesamte Gleitfläche einen ungeknickten Papierstreifen legt, der nur auf der Plattform des Turmes befestigt wird (Stecknadeln). Dadurch erhält die Gleitbahn einen geschwungenen Auslauf. Verschiedene Materialien könnten dabei erprobt werden.
Die Gleitreibung der Holzklötze kann verringert werden, indem man ihre Gleitflächen wachst und mit einem Lappen poliert (Kerze, Bodenwachs, Schiwachs, Schuhpaste, Möbelputzmittel).

Organisation

MATERIAL	Anzahl pro Schüler
30er-Pappe (Bodenplatte) ca. 10x35 cm	1
Styroporklotz (Turm) ca. 5x5x9 cm	1
Zeichenpapier (Gleitbahn) ca. 8x28 cm	1
Rundhölzer (Klettervorr.) ∅ 4—6 mm, 4 cm lang	4
kleine Papierstreifen zum Verkleben der Spalte in der oberen Seitenführung der Gleitbahn	2
diverse Klötze als Rutschmaterial	
Material für Gestaltung eines „Rutschmännchens" nach Wahl	
Material zur Verbesserung der Gleiteigenschaften — siehe Hinweise zur Erprobung	
WERKZEUG	
Schere	1
Vorstecher	Partner
KLEINMATERIAL	
Klebstoff — UHU-stic o.ä.	Partner
Biegeschablonen für die Gleitbahn	Partner
Maßhilfen für die Gleitbahn	Partner
Bleistiftspitzer	Partner
Schleifpapier oder Schleifbrettchen	Partner
MEDIEN	
siehe Problemerkundung	

Alternativen

Gleitbahn aus Einzelteilen

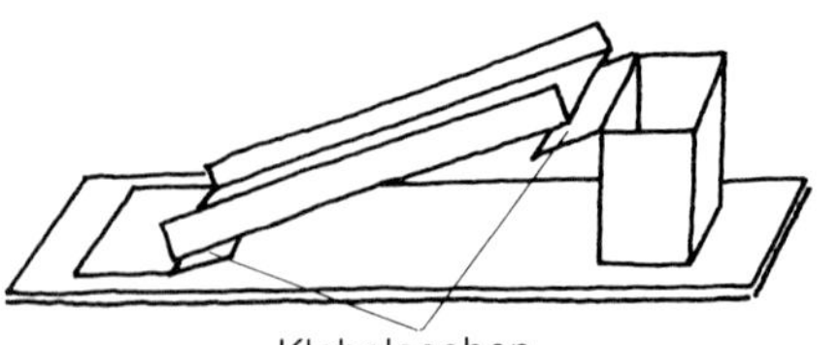

Gleitbahnvarianten

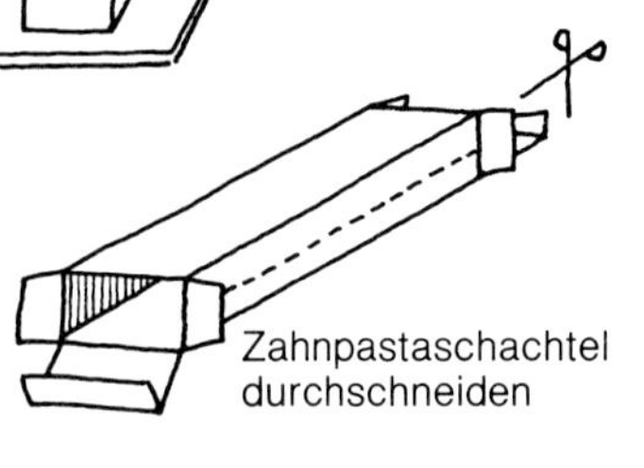

Klettereinrichtungen

Rollbahn — Kugelbahn

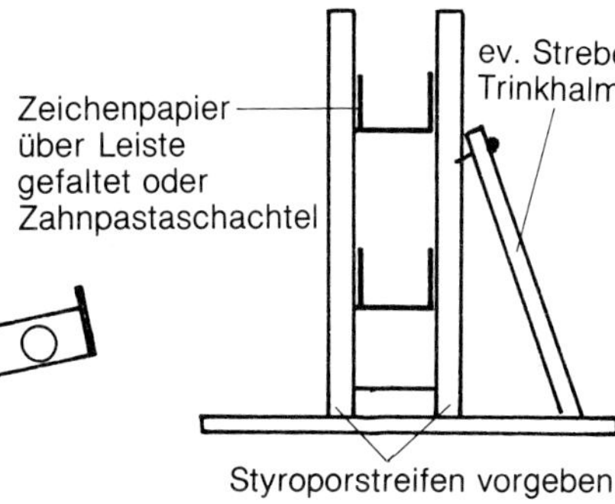

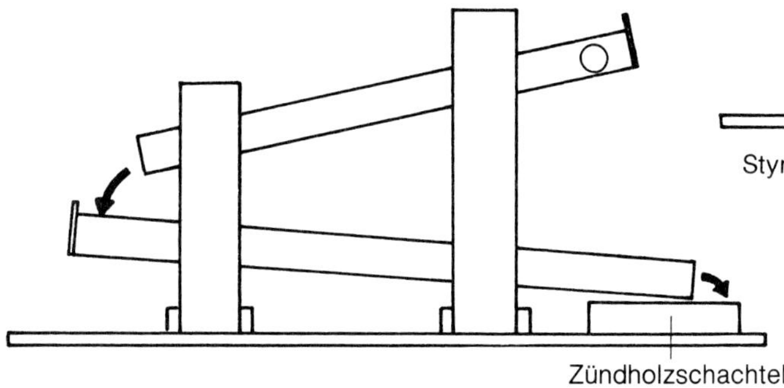

Gestaltungsalternativen:

a) Durchbrüche in geeigneten Styroporplatten herstellen und die Rollrinnen durchführen.

b) Die Rollrinnen über verschieden hohe Klötze führen. Diese Variante kann auch als Partner-, Gruppen- oder Gemeinschaftsarbeit (bei größerer Dimensionierung) durchgeführt werden.

Papprohre (Küchenrolle, Toilettepapierrolle) ergeben auch geeignete Rollrinnen.

9

Fahrzeug

DIDAKTISCHE HINWEISE

Kind und Aufgabe

Schon seit dem 4. Lebensjahr haben Kinder Ersterfahrungen mit Räderfahrzeugen gesammelt. Dreirad, Kinderfahrrad mit seitlichen Radstützen, Roller, Rollschuhe, Schubkarren, Puppenwagen, Leiterwagen, Spielzeugautos usw. sind die zahlreichen Erlebnisstationen. Ebenso ist das Erleben beim Autofahren mit den Eltern von nachhaltiger Wirkung für die Kinder.

Weiterführend kann die werkpädagogische Bedeutung in folgender Weise akzentuiert werden:

— Räderfahrzeuge aller Art sind als Verkehrs- und Transportmittel von eminenter Wichtigkeit.

— Kraftfahrzeuge werden jedoch in immer größerem Ausmaß leider auch zur Umweltplage — besonders für den Städter (Lärmbelästigung, Luftverpestung, Parkraumnot, Verbetonierung der Landschaft durch zunehmenden Straßenbedarf usw.).

— Straße und Verkehr sind in besonderer Weise Gefahrenquellen für die Kinder.

— Durch Umkehr der Werte wird dem Auto nahezu kultähnliche Verehrung zuteil.

Die bewußte Auseinandersetzung mit dem Sachbereich führt zum anbahnenden technischen Verständnis, zu Einsichten und zum Aufbau einer kritisch distanzierten Haltung.

Auf der 2. Schulstufe wird vor allem durch den Bau von einfachen Räderfahrzeugen das technische Problem des Fahrens problematisiert. Einsichten in die Funktionszusammenhänge von Rad — Lager — Achse — Radsicherung und der Fahrzeugteile Fahrgestell — Karosserieaufbau werden durch das Herstellen und Erproben gewonnen. Ebenso werden die Faktoren der Rollfähigkeit erkundet (Reibung, Gewicht, Radgröße).

Problemlösung mit technischen Baukästen
Zweifelsohne bietet der technische Baukasten durch seine genormten und exakt passenden Funktionselemente (Achsen, Muffen, Räder, Radnaben usw.) viele Voraussetzungen für eine ertragreiche Auseinandersetzung, besonders für die Problemerkundung.

Werkhafte Problemlösung
Der Einsatz technischer Baukästen sollte die werkhafte Begegnung nicht ersetzen. Die Pflege einer aufbauenden Werkgrammatik muß früh beginnen und muß systematisch erfolgen. Darüber hinaus besitzt der gefertigte Gegenstand für die Kinder erhöhten Spielwert. Er kann verändert, bemalt und muß nicht demontiert werden.
Ebenso darf nicht übersehen werden, daß das Fahrbarmachen mit werkhaften Mitteln höhere Effizienz besitzt, da Achsen, Lager, Radsicherungen usw. gerade durch ihre geringe Präzision die Problemlösungsansprüche erhöhen und die gewonnenen Einsichten vertiefen.

SACHINFORMATION FÜR DEN LEHRER

Bedeutung für den Menschen

Historischer Aspekt
Die Erfindung des Rades stellt die folgenreichste Erfindung des Menschen dar. Sie entstammt dem Bedürfnis, schwere Lasten heben und auch fortbewegen zu können. Alle Bereiche des menschlichen Daseins wurden dadurch nachhaltig verändert.

Zum Entwicklungsverlauf der Raderfindung
Die älteste Raddarstellung stammt aus dem Vorderen Orient. Wagenräder mit Speichen gab es schon bei ägyptischen Streitwagen.
Die Menschen der Urzeit bedienten sich unterlegter Walzen, um schwere Lasten durch Schieben und Ziehen weiterzubefördern.

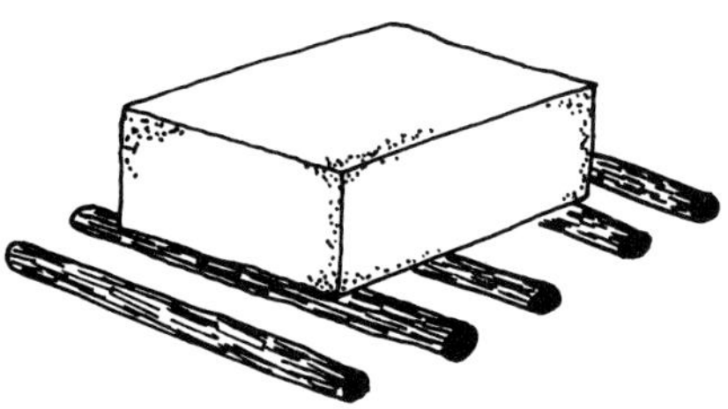

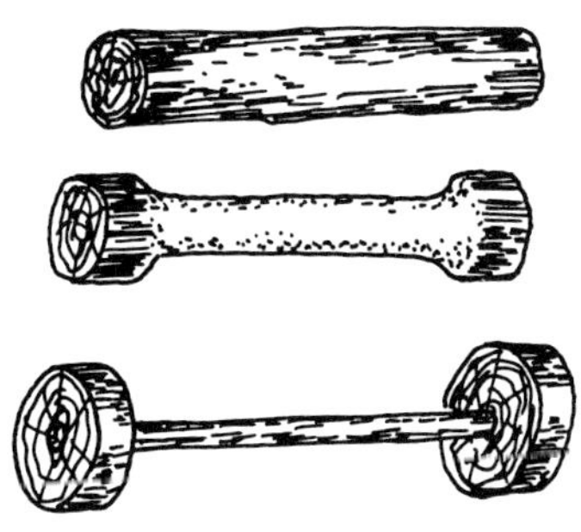

Die ersten Räder waren abgetrennte Baumscheiben, die mit einem Rundholz (Achse) fest zusammengefügt waren.
Beim Kurvenfahren blockierte das kurveninnere Rad, außerdem hielten die Baumscheiben dem Lastdruck nicht stand.
Erst die Ägypter und Griechen entwickelten das Speichenrad. Dadurch konnten leichtere und größere Räder hergestellt werden. Die Fahrgeschwindigkeit nahm zu.
Den Kelten gelang die wesentliche Verbesserung der Radlagerung. Durch kleine Hartholzwalzen in der Radnabe wurde die Gleitreibung der Achse in eine rollende Reibung umgesetzt.
Die Technik der Gegenwart verwendet für die Radlagerung Kugel- oder Walzlager. Glattpolierte Achsen und ölige Schmierstoffe verbessern die Rolleistung.
Das eisenbereifte Wagenrad ist der luftgefüllten Gummibereifung gewichen.
Die Autos der Gegenwart sind vielfach mit schlauchlosen Stahlgürtelreifen ausgerüstet.

Hinweise zur Lenkung
Beim Schubkarren und Sackkarren wird die Lenkung durch einfaches Schwenken der Radachse bewerkstelligt. Diese einfache Form der Lenkung mag als Grund gelten, warum jahrhundertelang der zweirädrige Wagen vorherrschte, da die angeschirrten Zugtiere den Wagen zogen und lenkten.
Die *Deichsel* (fest verbunden mit dem Wagenboden oder der starren Radachse) besitzt beim Lenken Hebelwirkung.
Der vierrädrige Wagen fuhr ruhiger und konnte stärker beladen werden. Eine dafür geeignete Lenkung (*Drehschemellenkung*) zu ersinnen, gelang den Kelten, indem sie eine der beiden Achsen über einen *Drehzapfen* beweglich machten. Bei engen Kurven kommt der Wagen bei einseitiger Belastung in Kippgefahr.

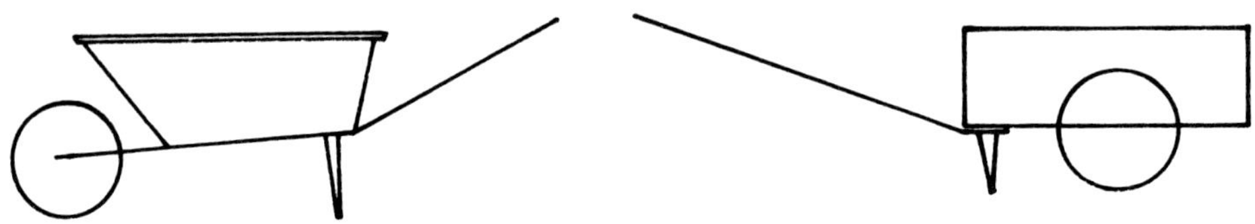

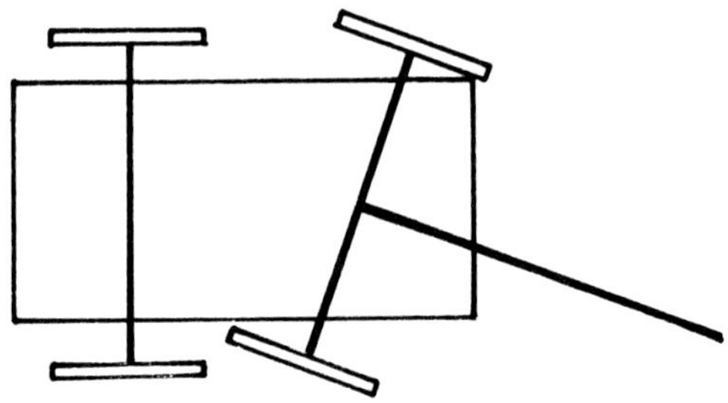

Funktionsweise

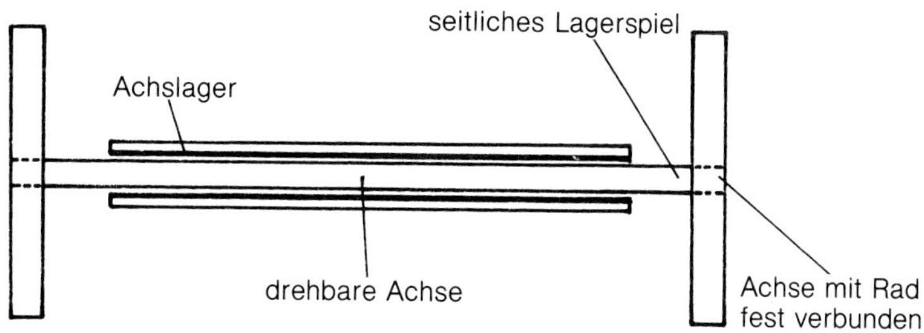

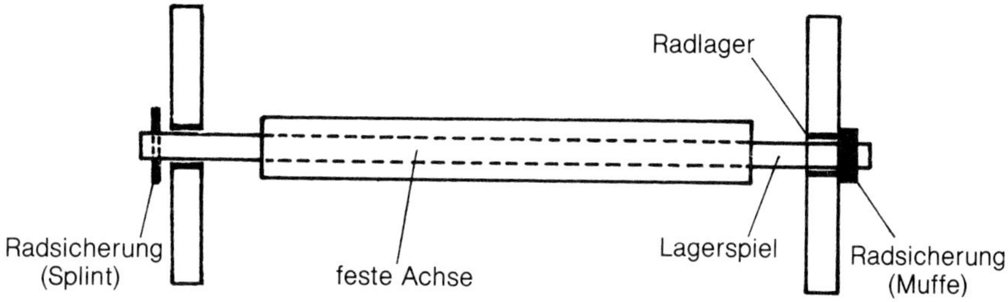

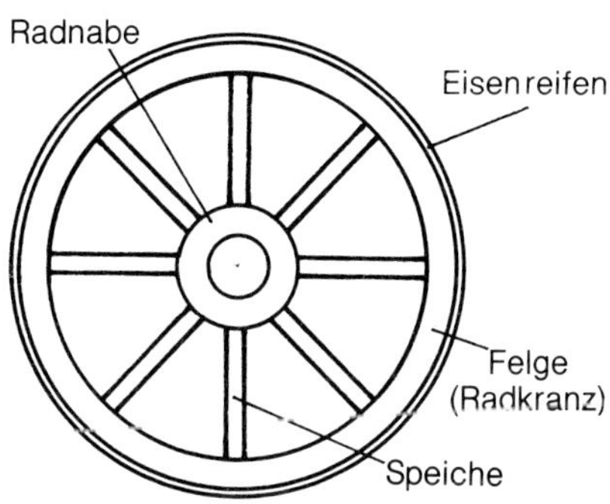

Speichenrad

HINWEISE ZUR UNTERRICHTSPLANUNG

Aufgabe 1 „Wir bauen verschiedene Testfahrzeuge (Ut 1) und erkunden, vergleichen und begründen ihre Fahreigenschaften!“

Lernziele für die kognitive Erkundung

Die Schüler sollen
— mit Testfahrzeugen (Selbstbau oder vorgegeben) Rollfähigkeit, Rollweiten und das Fahren über Hindernisse erkunden,

— an einem Go-Kart (oder Spielzeugauto) Funktionselemente, die für das Fahrbarmachen wichtig sind (Räder, Achsen, Radsicherungen, Radlager, Achslager), kennenlernen,

— die Erkundungsergebnisse allenfalls in Tabellen (Tafelbild) festhalten, sie vergleichen und versuchen, sie zu begründen.

Hinweise für die Problemerkundung

a) Begriffsklärung mit Hilfe von Baukastenelementen (Ut 1) und Spielzeugautos: Achse, Achslager, Rad (Reifen, Felge, Nabe, Lagerspiel, Steckmuffe, drehende und feste Achse)

b) Fahrzeugvergleich (Rollfähigkeit, Rollweiten):
Drei „Testfahrzeuge" (F 1, F 2, F 3) sollen auf der Versuchsbahn (schiefe Ebene mit Auslauf) Einsicht in Zusammenhänge der Rollfähigkeit geben.
F1: kleine Räder
F2: große Räder
F3: große Räder (beladen)

1. Erkundung: Welches Fahrzeug rollt am weitesten?
Die erreichten Weiten werden in einer Tabelle an der Tafel eingetragen.
Vergleich, Aussprache, Begründung
2. Erkundung: Welches Fahrzeug fährt am schnellsten?
Gleichzeitiges Ablassen aller drei Fahrzeuge auf der Versuchsbahn (Startleiste!).
Mehrere Testfahrten durchführen, Ergebnisse festhalten.
3. Erkundung: Welches Fahrzeug überrollt Hindernisse am besten?
Einzelfahrt, Hindernisleiste quer über der Auslaufbahn usw.,
Aussprache.

c) Fahrzeuge und Verwendungszweck (Medien: Lichtbilder)
Freie Aussprache über verschiedene Fahrzeuge (Lastwagen, Personenwagen, Rennwagen, Kranwagen, Tankwagen, Fernlaster, Autobus, Feuerwehrwagen usw.)

Aufgabe 2

„Wir bauen einen Lastwagen aus Homogenholz, Karton, Styropor und Wellpapperädern!" (Siehe Foto Seite 83)

Lernziele für die werktechnologische Problemlösung

Die Schüler sollen
— für ein vorgegebenes Homogenholz Fahrzeugteile teilweise selbst fertigen und montieren,
— aus Wellpappestreifen Räder fertigen und zum drehbaren Rad-Achse-Verband montieren,
— aus Kartonstreifen eine Bordwand zupassen, ablängen und nageln (Bodenplatte),
— Karosserieaufbauten (Fahrerhaus und Motorhaube usw.) aus Styropor zuschneiden (Thermogerät) oder aus Schachtelmaterial montieren und kleben,
— das Fahrzeug allenfalls bezeichnen und bemalen.

Werktechnologische Hinweise

Teilelemente:

① Motorhaube
② Fahrerhaus
③ Ladeteil
④ Bordwand
⑤ Bordwandbefestigung
⑥ Räder
⑦ Bodenplatte
⑧ Achslager (Abdeckelement)
⑨ Achse
⑩ Achslager

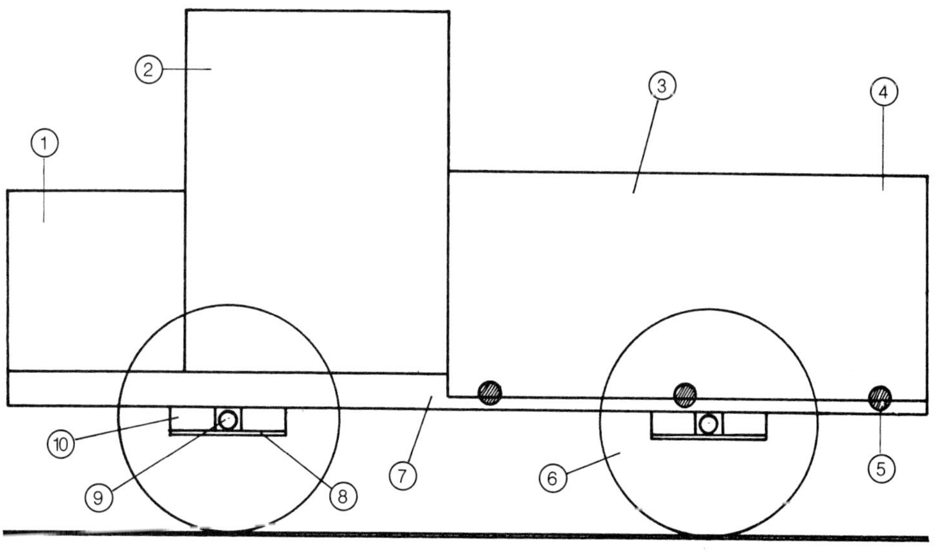

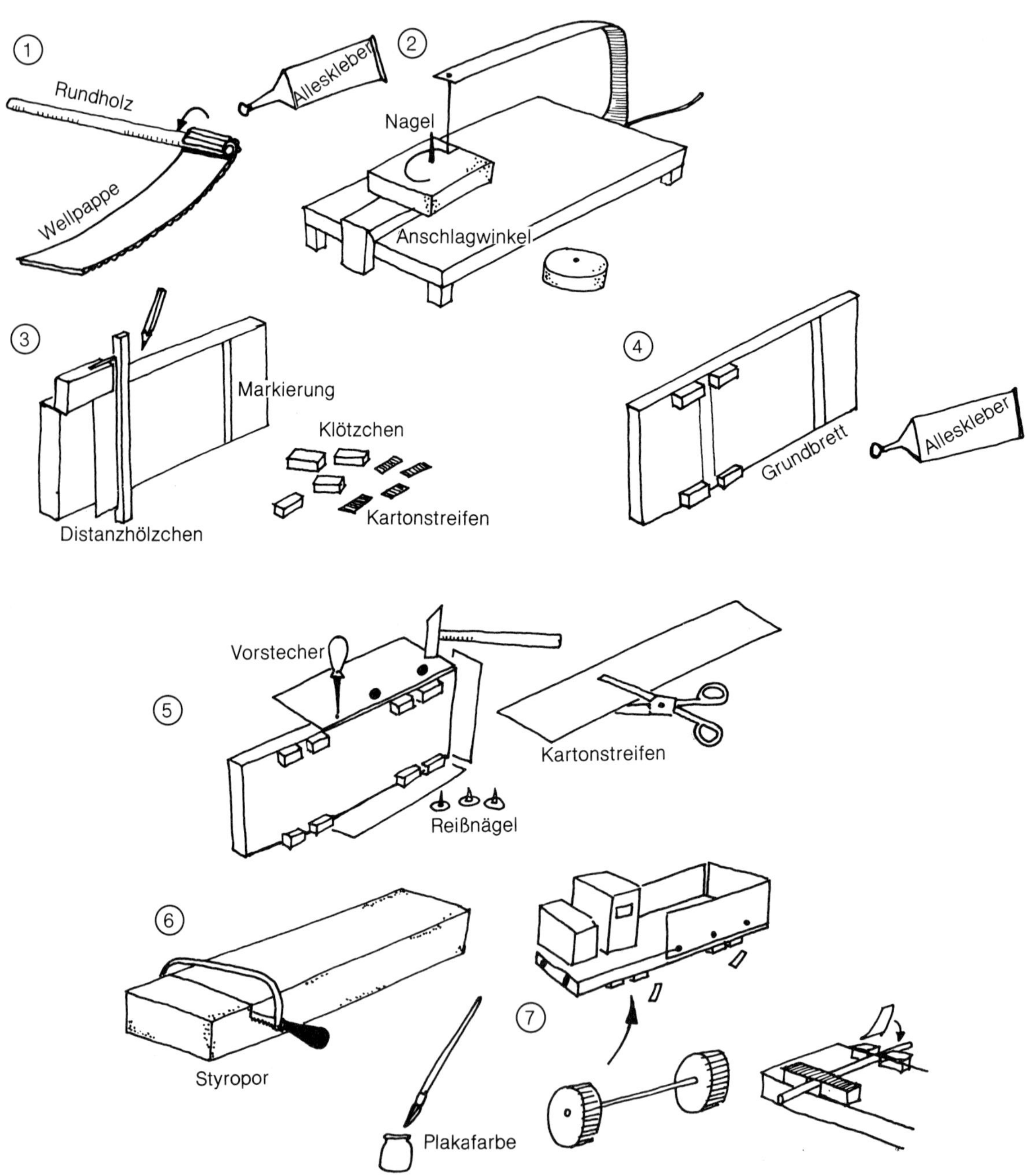
1
Rundholz
Alleskleber
Wellpappe
2
Nagel
Anschlagwinkel
3
Markierung
Klötzchen
Kartonstreifen
Distanzhölzchen
4
Grundbrett
Alleskleber
5
Vorstecher
Kartonstreifen
Reißnägel
6
Styropor
Plakafarbe
7

Fertigungsphasen

① Herstellen der Räder
An den Endpunkten der Rundhölzer (umlaufende Achsen) werden Wellpappestreifen festgeklebt. Radfertigung durch Runddrehen und Verkleben der Streifen, Plandrücken auf der Unterlage, „Lagerspiel" ca. 3 mm.

② Alternative Radfertigung
Runddrehen von Styropor über einem „Nageldorn" am Thermoschneidegerät.

③ Markierung der Radachsenführung an der Bodenplatte, Radstand festlegen (Abstand der Radachsen).

④ Montage der Achsführung

⑤ Zuschnitt und Montage der Bordwand

⑥ Zuschnitt und Montage der Karosserieaufbauten (Styropor — Thermogerät, Schachtelelemente — kleben)

⑦ Einbau der umdrehenden Achsen,
Klebestellen dürfen die Achslager nicht verunreinigen.

Organisation

MATERIAL	Anzahl pro Schüler	Anzahl pro Gruppe (18 Schüler)
Motorhaube (Styropor, 10 cm breit, ca. 4 cm stark)	1	
Fahrerhaus (Styropor, ca. 8x6x10 cm)	1	
Bordwand (Graukarton, Streifen, ca. 5x40 cm)	1	
Räder (weiße Wellpappestreifen, ca. 2,5x136 cm)	4	
Bodenplatte (Homogenbrett, 0,8x10x21 cm)	1	
Achslager-Teilelement (Kartonstreifen, ca. 0,5x3 cm)	4	
Achsen (Rundholz, ∅ = 4 mm, Länge = 17 cm)	2	
Achslager-Teilelement (Kantholz, s = 0,5 cm, Länge = 1 cm)	8	
Anmerkung: Die Karosserieaufbauten können durch andere Bemaßung und durch andere Materialien frei verändert werden.		
WERKZEUG		
Styroporschneidegerät		4
Schere	1	
Hammer	1	
Vorstecher	1	
Tischlerwinkel		9
KLEINMATERIAL		
Alleskleber, Reißnägel, Glaspapier, Kaltleim, Leimpinsel, Unterlagen, Deckfarben (Plaka), Malgläser, Borstenpinsel, Bleistift		
MEDIEN		
Technische Baukästen (Ut 1), Spielzeugauto		

Alternative 1

„Wir bauen einen Kipplaster aus Schachtelmaterial!"
(Siehe Foto Seite 76)

Achslagerung:

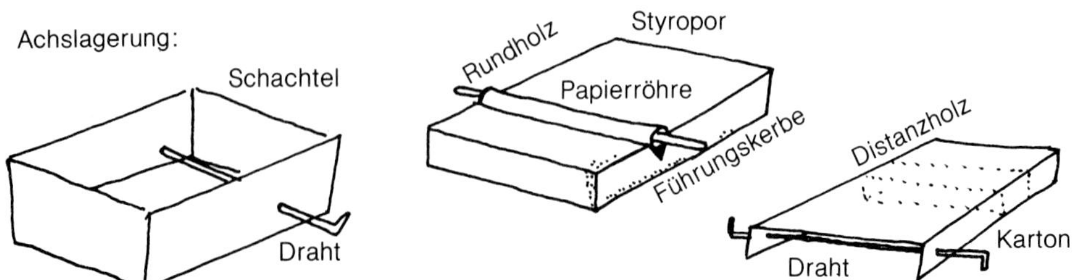

Verschiedene Möglichkeiten der Achslagerung

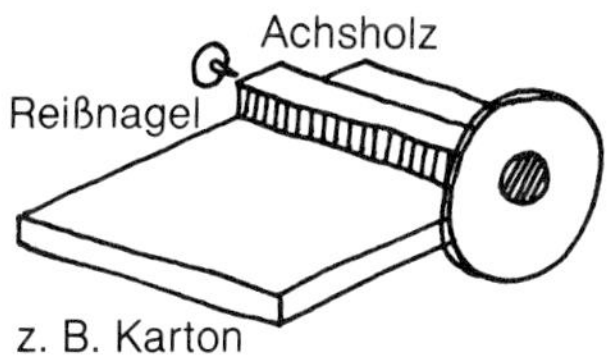

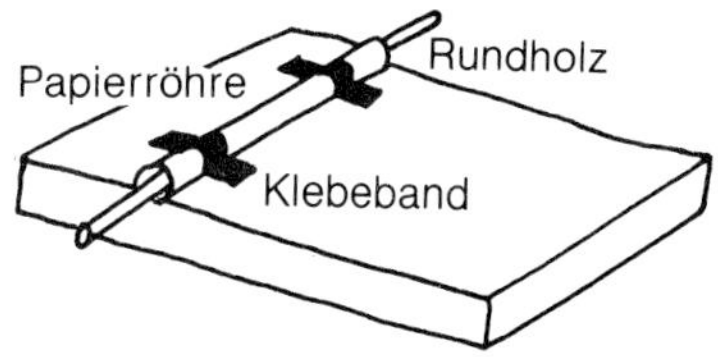

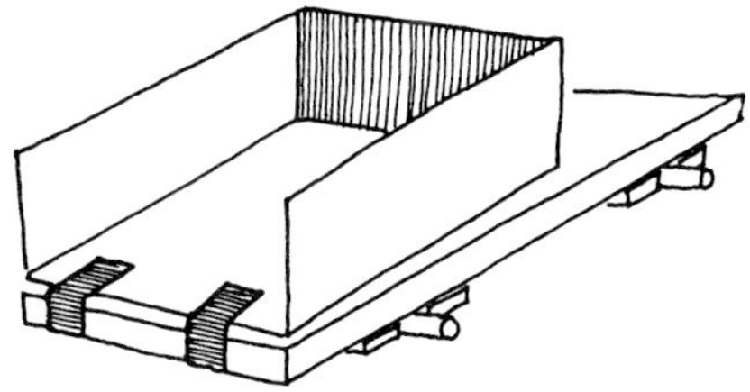

Ein Spielgefährt (fahrbar und kippbar!) aus Wellpappe (Räder), Graukarton (Bodenplatte), Schachtelmaterial (Fahrerhaus), deformierter Schachtel (kippbarer Ladeteil) kann als „Billigauto" bezeichnet werden.
Nach Abklärung der Fahrzeugteile und Funktionselemente kann es von Grundschülern selbst „entwickelt" werden. Nachträgliches Bemalen (Plaka, Deckfarbe oder Dispersion) vereinheitlicht die Formbezüge.

Alternative 2 „Wir machen ein Brett fahrbar!"

Materialhinweise Weichholzgrundbrett (ca. 3 x 8 x 15 cm),
gekaufte Holzräder (∅ 45 mm),
Radachsen (Schweißdraht — ∅ ca. 2 mm),
Achsführungen (U-Haken),
Lagerspiel (Beilagscheiben)

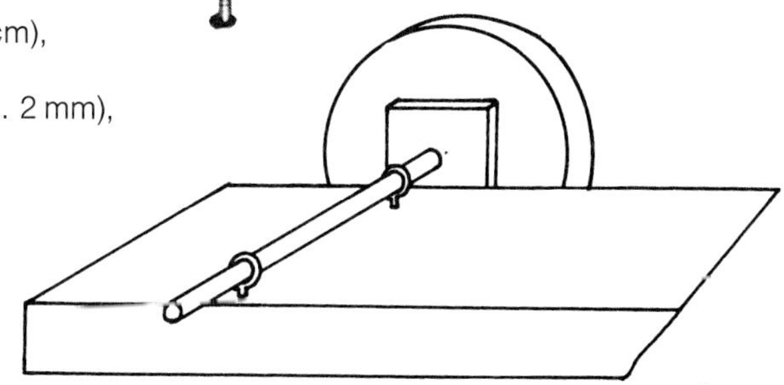

Material-alternativen

Achsen (Rundhölzer — ∅ 4—6 mm), Achslager (Ringschrauben)
Für das „Radlagerspiel" werden Kartonelemente (oder Dünnstyroporteile, 3 mm stark) zugeschnitten, durchbohrt und an den Radinnenseiten montiert. Achsen und Räder werden fest miteinander verbunden (verklebt).

Alternative 3

„Wir bauen ein Räderfahrzeug (technischer Baukasten Ut 1)!"

Für je 2 Schüler muß ein Baukasten vorhanden sein.
Sinnvoll ist die einschränkende Vorgabe am Beginn der einführenden Baukastenarbeit. Das allmähliche Einordnenlernen nach dem Demontieren muß gewissenhaft erfolgen, da die zahllosen kleinen Elemente leicht verlorengehen und dadurch den Baukasten wertlos machen. Ebenso bedarf es elementarer Begegnung beim Kennenlernen des Baukastens. Viele Kinder verfügen bereits über Vorerfahrungen — aber nicht alle! Steck- und Fügemechanismen müssen erkannt werden, um den Weg für die freie Konstruktion zu öffnen. Das Bauen nach Lehreranleitung, nach Vorlagen, das freie Bauen und das Konstruktionieren mit eingeschränkten Bauelementen erweitert die Erfahrungsgrundlagen.

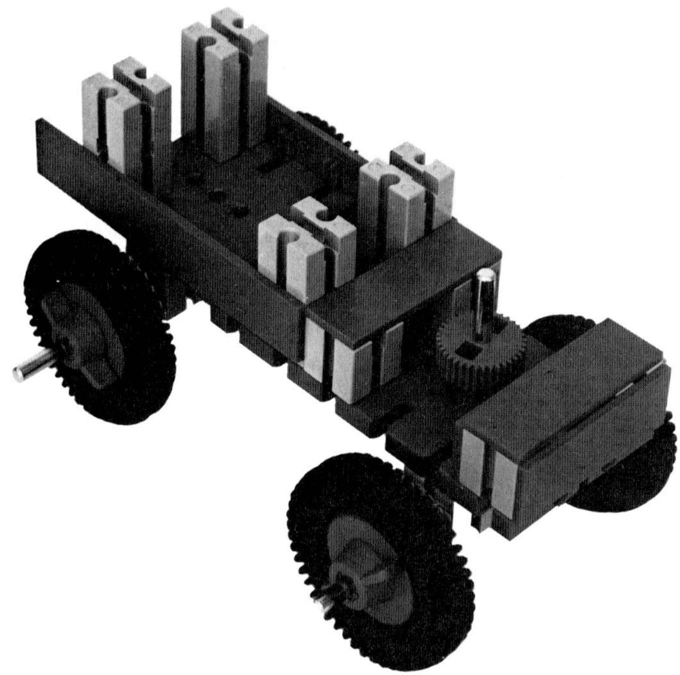

10

Hebelspiele

Schranken

Signal

„Styropixi“ oder Roboter

Schaukel

DIDAKTISCHE HINWEISE

Kind und Aufgabe

Hebel gehören zu den ältesten Maschinen der Technikgeschichte.
In elementarer Form sind Hebel auch Bestandteil des Kinderspiels und der kindlichen Umweltbegegnung (z. B. Eßwerkzeuge, Sandspielgerät und Spielzeug wie Schranken, Signal, Hampelmann, Autolenkung usw.). Von besonderer Bedeutung für den Schüler ist das Erkennen der vielfältigen Anwendung und Wirkungsweise von Hebeln an Geräten, Handwerkzeugen und Maschinen.
Die Problematisierung der Sachverhalte sollte problemansteigend in Teilaufgaben erfolgen:
a) Freies Hebelspiel
Erkundung mit vorgegebenen Materialien wie Nägel, Pappstreifen, Holz, Styropor, freie Thematisierung und Erkennen der Bedeutungs- und Spielfunktion der Hebel (z. B. Spielzeugarmaturenbrett für ein Sesselauto in Lebensgröße).
b) Zweiarmige Hebel, Pendel (Schaukel)
c) Gleichgewichtsspiel (Wippe)
d) Hebel und Hebelbedienung durch Seilzug (z. B. Schranken, Signal, Hebelpuppe)
Für das Aufschließen der Unterrichtsinhalte ist das praktische Erkunden, Verbalisieren, praktische Tun, zeichnerische Darstellen und Betrachten von Objekten der Spiel- und Umwelt von Bedeutung.

Bedeutung für den Menschen

Ein Schranken*) ist eine Vorrichtung, der einen Weg, eine Zufahrt, eine Straße sperren oder freigeben kann.

Drei Konstruktionsarten können unterschieden werden:

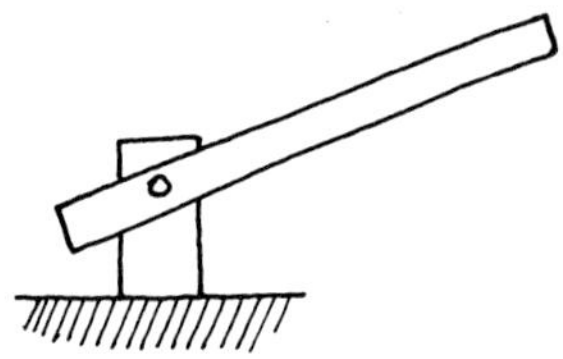

Der Schlagbaumschranken
Der Schlagbaum ist auf einem Bock (Stütze) gelagert und wird um eine waagrechte Achse nach oben geschwenkt.

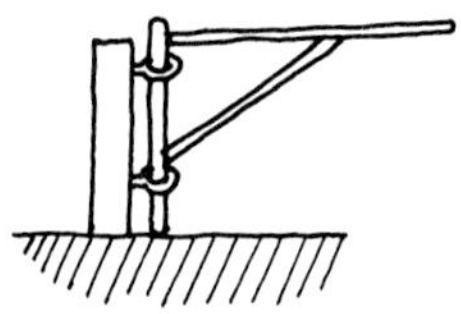

Der Drehschranken
Der Schlagbaum wird um eine senkrechte Achse wie ein Torflügel seitwärts geschwenkt. Der Platzbedarf im Radiusbereich des Balkens muß freigehalten werden.

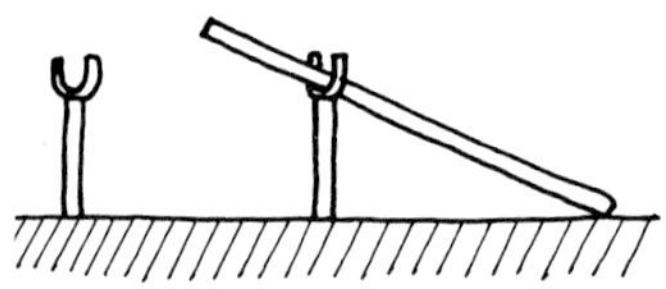

Der Schiebeschranken
Der Schlagbaum wird in seiner Längsrichtung über den Weg geschoben.

Auf frequentierten und allgemein zugänglichen Verkehrsflächen erweist sich der Schlagbaumschranken am geeignetsten.

Funktionsweise

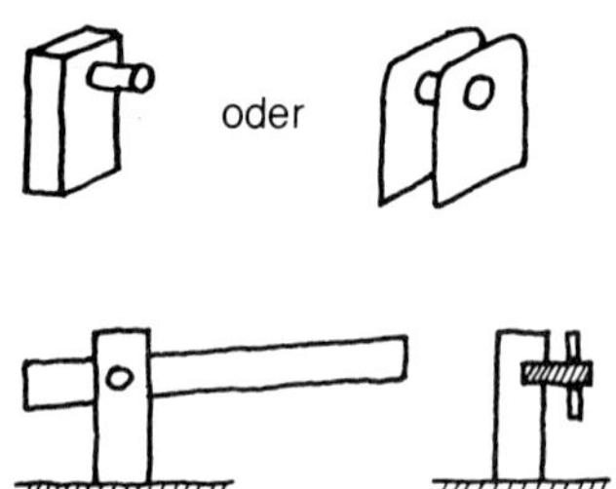

Die tragende Stütze, auf der der Schlagbaum drehbar gelagert ist, wird Bock genannt. Er ist im Boden fest verankert und trägt eine Achse waagrecht (Drehpunkt des Balkens).
Die Achse wiederum trägt bzw. hält den Schlagbaum. Gleichzeitig bildet sie den Drehpunkt des Balkens (Hebels). Um dies bewerkstelligen zu können, ist die Achse mit einem der beiden Bauelemente — Bock oder Schlagbaum fest verbunden, mit dem jeweiligen anderen Bauelement „locker" — drehbar. Die Drehbarkeit ermöglicht eine runde Öffnung — das Lager. Es nimmt die Achse auf und umschließt sie. Die Differenz zwischen Achsdurchmesser und Lagerdurchmesser ist äußerst gering.

* österr. Sprachgebrauch: der Schranken, deutscher Sprachgebrauch: die Schranke

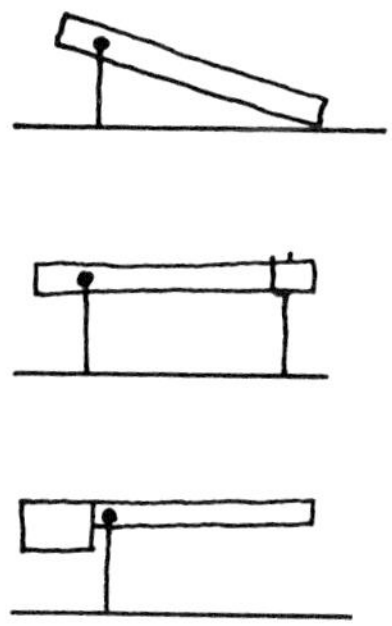

Als zweiseitiger Hebel mit ungleichen Armen bleibt der Schlagbaumbalken nicht von selbst in der Waagrechten. In der Sperrstellung wird der längere und schwerere Balken an seinem Ende meist in einer gabelförmigen Stütze gehalten. Wird zur Wegfreigabe der Schlagbaum um seine Achse nach oben geschwenkt, muß ein Teil seines Gewichtes gehoben werden und in geöffneter Stellung mit entsprechendem Kraftaufwand gehalten werden. Ein Gegengewicht am kurzen Hebelarm schafft Hilfe. Es kann den ungleicharmig gelagerten Balken im Gleichgewicht halten.

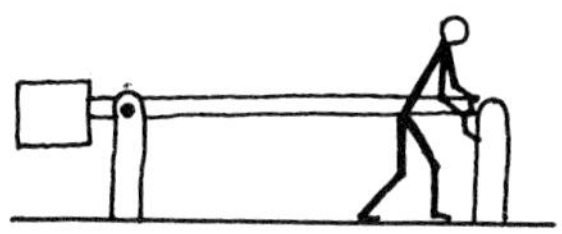

Der Schlagbaum einer Parkplatzsperre ist so ausbalanciert, daß er sich in jeder Schräglage im Gleichgewicht halten kann, oder von selbst langsam nach oben schwenkt, sobald man den Schranken öffnet. Keinesfalls darf er sich ohne Zutun senken. Dies gilt aus begreiflichen Sicherheitsgründen für alle Schranken.

Solcherart ausbalancierte Schlagbaumbalken können auch mit geringem Kraftaufwand durch mechanische Vorrichtungen fernbedient werden. Durch umlaufende Seilzüge können Schranken entlang einer Bahnstrecke von der nächstgelegenen Station aus bedient werden.

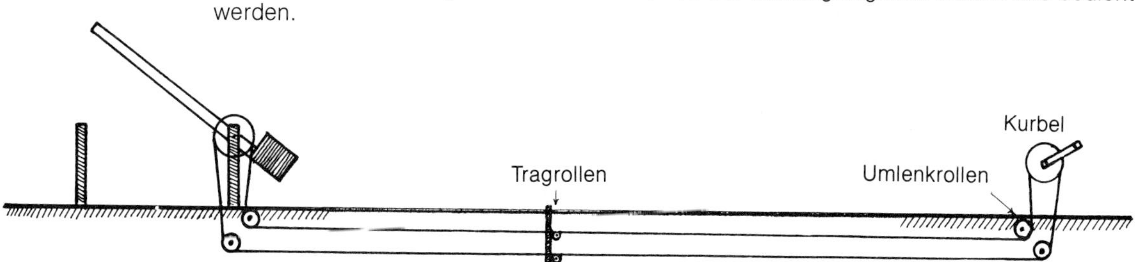

Diese mechanischen Fernbedienungsanlagen werden heute immer mehr durch elektrisch betriebene Anlagen ersetzt. Schranken für Spitals-, Fabriks- und Garageneinfahrten sowie die Halbschranken bei Bahnübergängen werden über einen Elektromotor und über ein Getriebe betrieben, die im Bock des Schrankens eingebaut sind. Ihre Balken sind meist in Leichtbauweise ausgeführt, ein Gegengewicht ist nicht sichtbar, und die Stütze für den längeren Balkenarm fehlt.

Aufgabe

„Wir bauen einen Schranken, den man öffnen und schließen kann!"
Von der Erkundungsphase abgesehen, könnte diese Aufgabe bewußt in zwei Abschnitten durchgeführt werden.
a) Schrittweises Bauen mit vorgegebenem Material und nach Anweisung, um Fertigungstechniken exemplarisch abzudecken (z. B. Achsenmontage, Lager, Haltescheiben, Klebeverbindungen usw.).
b) Erfinden einer Vorrichtung zum Heben, Halten und Senken des Schlagbaumes.

Lernziele für die kognitive Erkundung

Die Kinder sollen
— die Bedeutung und Aufgabe eines Schrankens an konkreten Beispielen erkennen und verbalisieren können,
— die Funktionsweise eines Schrankens an Hand der Medien (Bild, Skizze, Modell) deuten können,
— die Bauelemente mit Hilfe des geplanten Materialangebotes oder an Hand von Matadorbauteilen erkennen, benennen und deren Funktion verbalisieren können (a),
— das Verhalten eines in einer Achse gelagerten Balkens erkunden (Matador) oder Pappestreifen, jedoch mit mehreren Löchern) (b),
— Gleichgewichtsbedingungen erkunden (b),
— zu folgendem Sachverhalt Stellung nehmen: Sehr oft wird ein Schranken von einem Haus aus geöffnet und geschlossen, z. B. Portierloge, Schrankenwärterhaus, Bahnhofsstellwerk (c).

Hinweise zur Problemerkundung

Bildmaterial:
Bahnschranken
Parkplatzschranken
Garageneinfahrt mit Schranken usw.

Modellsituation:
eine Bahnübersetzung
Modellbahn, Straße,
Spielzeugautos

Mit Hilfe ausgewählter Matadorbauteile oder mit Hilfe des vorgesehenen Materialangebotes Lösungsversuche durchführen.

a)

b)

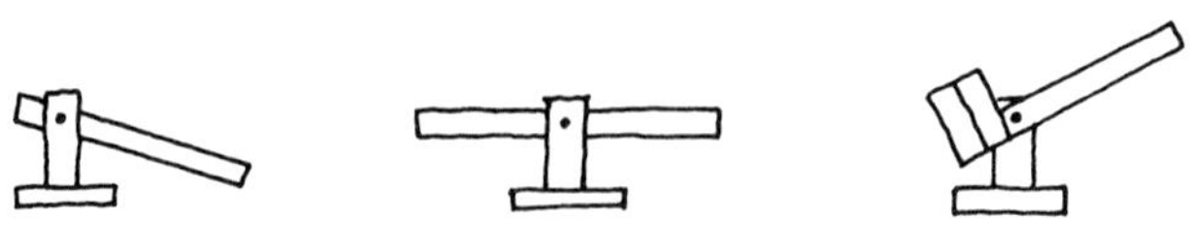

c)

Lernziele für die werktechnologische Problemlösung

Die Kinder sollen
— die Bauelemente des Schrankens erkennen und benennen können,
— die Aufgabe und die Funktion der Bauelemente verbalisieren können,
— mit Hilfe eines Schnurzuges eine Vorrichtung zum Heben, Halten und Senken des Schlagbaumes erfinden und realisieren können,
— Klebstoffe unterscheiden und für den jeweiligen Zweck auswählen können,
— feste Klebeverbindungen herstellen können,
— Achsenstab und Auflagestab in Styropor eindrehen und verkleben können,
— Pappe mit Hilfe des Locheisens lochen können,
— ein Lager einschließlich der Seitenführung herstellen können.

Werktechnologische Hinweise

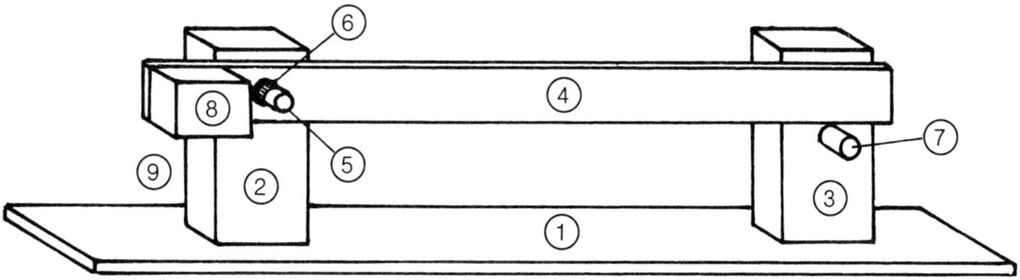

① Grundplatte
② Bock
③ Stütze
④ Schlagbaumbalken
⑤ Achse
⑥ Lager
⑦ Balkenabstützung
⑧ Gegengewicht
⑨ Freiraum für Hebevorrichtung

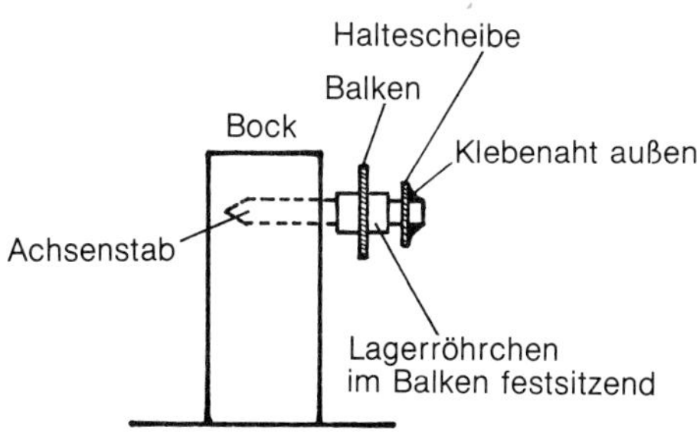

Lagerröhrchen und Achsenstab unterscheiden sich im ø um 1 mm

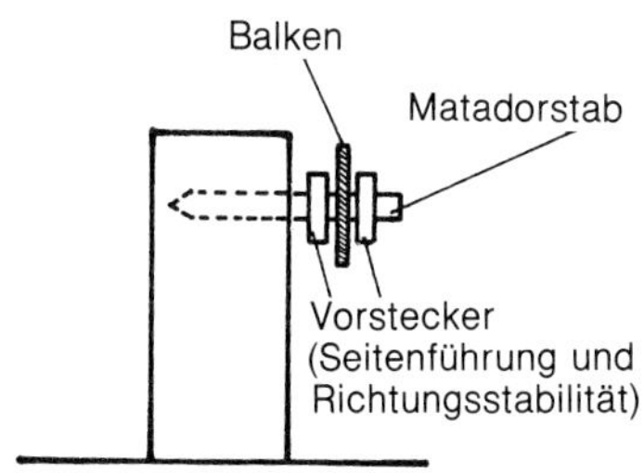

Lösung mit Matadorbestandteilen

Grundplatte	Pappe (30er-Pappe — ca. 1,5 mm stark) ca. 8x35 cm 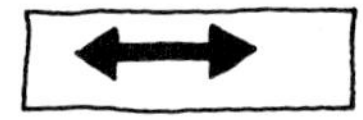 Laufrichtung — stabilere Richtung
Bock mit festsitzender Achse 	Styroporklotz 3x3,5x7 cm 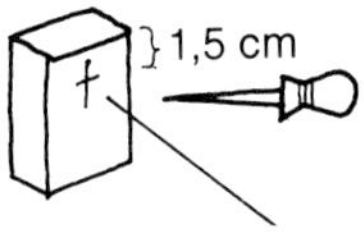 1,5 cm Achsaufnahme vorstechen (eventuell Schablone) 5 cm Achse 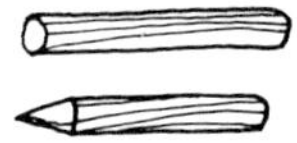 ∅5 mm Rundholz anspitzen  Achsstab an der Spitze mit Leim bestreichen und in das Styropor möglichst tief eindrehen, antrocknen lassen.
Balken und Lagerröhrchen 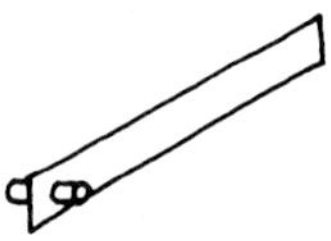	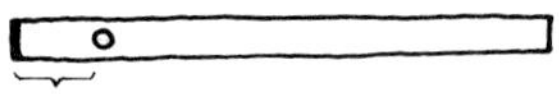 4 cm eventuell mit Schablone einzeichnen Pappestreifen 2x27 cm, Längsrichtung — stabilere Papperichtung  Lochen mit Locheisen, ∅ auf Plastik- oder Papierröhrchen abstimmen; ca. 1,5 cm lange Röhrchen bis zur Hälfte einschieben. 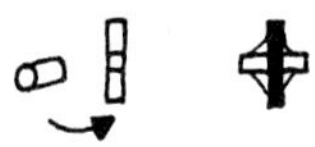 Klebenaht — antrocknen lassen
Bock und Stütze auf die Grundplatte kleben	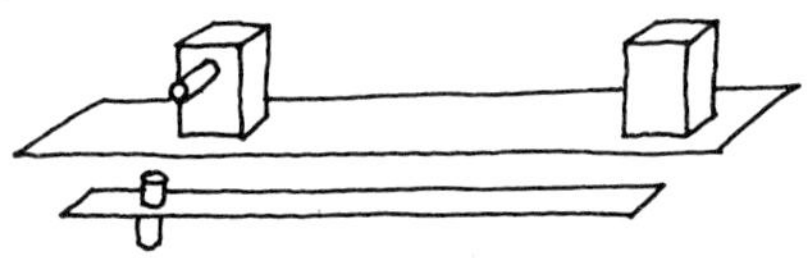 Abstand zwischen Bock und Stütze mit Hilfe des Balkens ausmachen; Grundfläche der Styroporklötze mit UHU-por satt bestreichen, aufsetzen, noch einmal abheben und den Kleber antrocknen lassen.
Haltescheiben für das Achsenende und den Auflagebalken	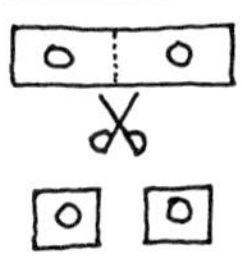 Während des Antrocknens des Klebers einen ca. 1,5 cm breiten Streifen mit einem Locheisen lochen (∅ etwas geringer als die verwendeten Rundhölzer) und so abschneiden, daß kleine Quadrate entstehen.
Montage	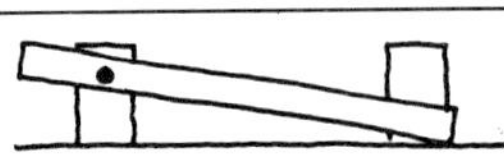 Bock und Stütze auf den vorgesehenen Stellen wieder aufsetzen — kleben sofort. Balken auf der Achse einhängen.

Balkenauflage auf der Stütze	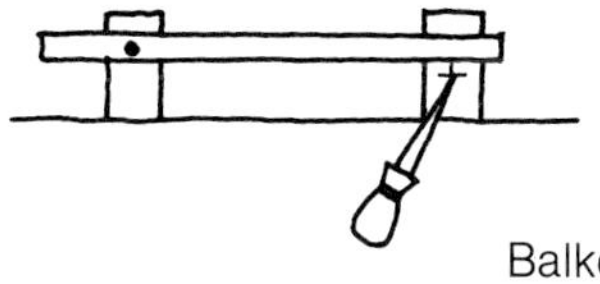 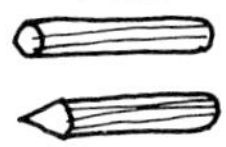 Balken waagrecht stellen und Loch für die Balkenauflage stechen. Rundholz wie beim zweiten Arbeitsgang einkleben.
Haltescheiben montieren	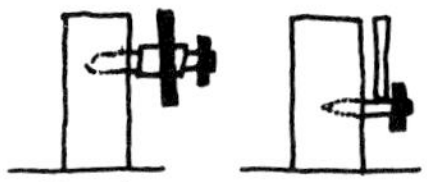 Haltescheiben auf die Stabenden aufstecken und außen mit einer Klebenaht versehen. Sie verhindern ein seitliches Abgleiten des Balkens.
Erproben	Schranken auf seine Funktionstüchtigkeit überprüfen.
Gegengewicht	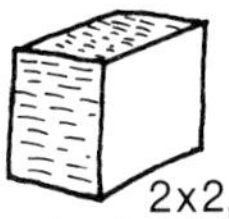 Einen Klotz aus Spanplattenmaterial (12 mm oder 16 mm) auf den kürzeren Balkenarm kleben. Ein Ausbalancieren im Sinne der Sachinformation ist für die Aufgabe nicht unbedingt nötig.
Dekor- bzw. Signalfarben	Plakafarben oder farbige Tixobänder

Organisation

MATERIAL	Anzahl pro Schüler	Anzahl pro Gruppe (18 Schüler)
a) für den Schranken: 30er-Pappe (Bodenplatte) 8x33 cm	1	
30er-Pappe (Balken) 2x27 cm	1	
30er-Pappe (Haltescheiben) 1,6x5 cm	1	
Styroporklotz (Bock und Stütze) 3x3,5x7 cm	2	
Papierröhrchen oder Trinkhalm (Lager) ∅ 6 mm, 1,5 cm lang	1	
Rundholz (Achse und Balkenauflage) ∅ 5 mm, 5 cm lang	2	
Spanplatte 12 oder 16 mm (Gegengewicht) 2x2,5 cm oder 2,5x2,5 cm	1	
b) für die Hebevorrichtung: weiche Schnur (Zugmittel) ca. 50 cm lang	1	

In der Stückzahl erweitertes Materialangebot aus a) einschließlich geeigneter Reste von anderen Arbeiten auf einem Materialtisch anbieten.

WERKZEUG		
Schere	1	
Schleifpapier oder Schleifbrettchen	1	
Vorstecher		6
Locheisen ∅ 5 mm (oder ∅ 6 mm) — festen Sitz des Lagerröhrchens erproben		6
Hirnholzunterlage		6
Hammer		6

KLEINMATERIAL	
Alleskleber	Partner
Weißleim	Partner
Uhupor	Partner
Plakafarben	Partner
Pinsel	1
oder	
Tixo- oder Isolierbänder in entsprechenden Farben	Partner

MEDIEN: siehe Problemerkundung

Lösungen von Kindern, den Balken in Bewegung zu setzen

Ein Verschieben des Holzklotzes bewirkt das Heben, Halten und Senken des Balkens.

Eigenständige Lagerung des Balkens. Die runden Haltescheiben werden zuerst mit Hilfe eines großen Locheisens (16 mm) herausgestanzt und dann gelocht.

Reich ausgestaltete, originelle Lösung mit ausgeklügeltem, funktionstüchtigem Schnurverlauf

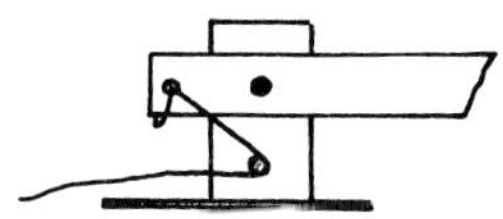

Schnurverlauf über ein am Fuße des Bockes zugestecktes Rundholz

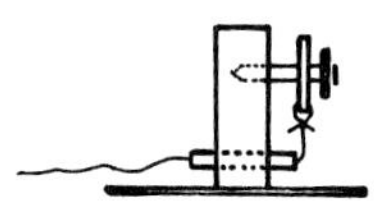

Ähnliche Lösung auf Seite 87, Schnurverlauf in einem am Fuße des Bockes durchgesteckten Strohhalm

Weitere Lösungsmöglichkeiten

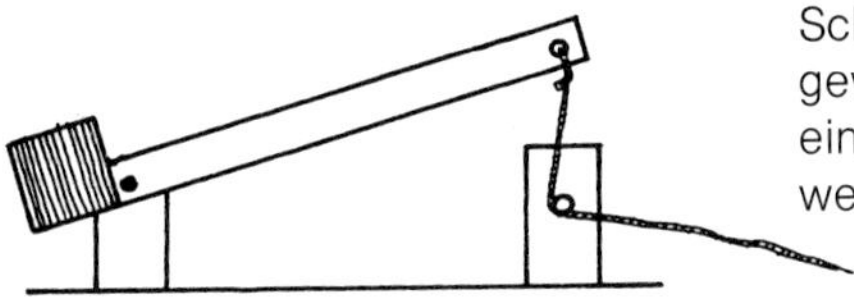

Schnurverlauf bei schwererem Gegengewicht. Das Schnurende könnte auf einer einfachen Seilwinde aufgerollt werden.

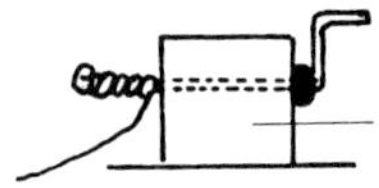

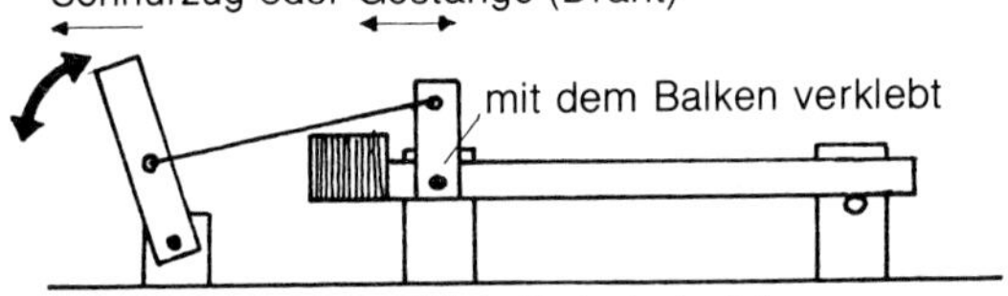

(Winkelhebelprinzip)

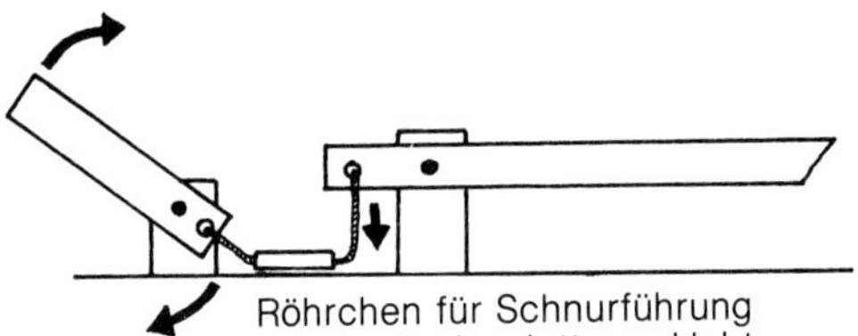

Röhrchen für Schnurführung mit der Bodenplatte verklebt

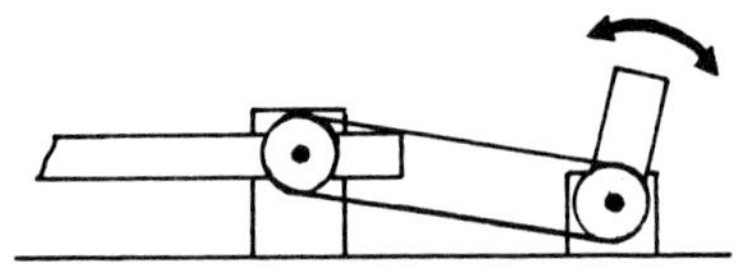

Gummiring über Kork- oder Holzscheiben laufend

Einfacher Lösungsvorschlag für einen Schranken

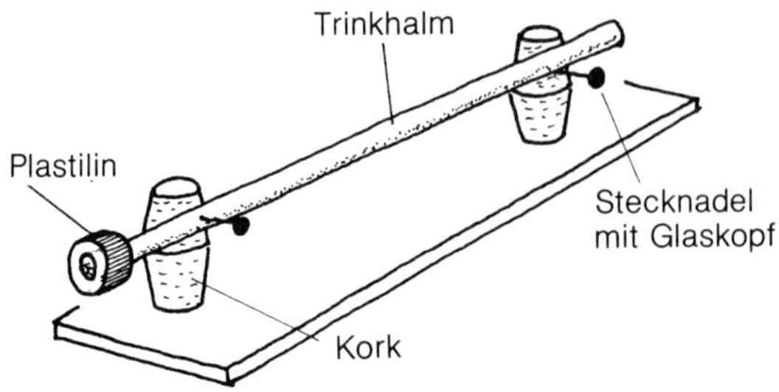

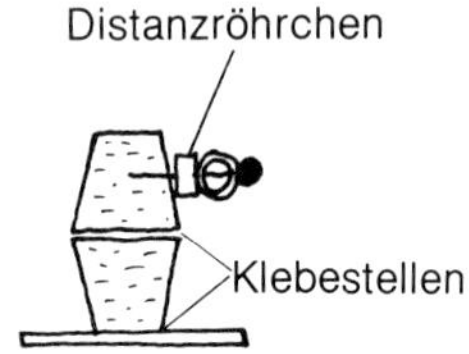

Alternative 1 „Wir bauen ein Signal!"

Sachinformation

Signale sind Informationsvermittler und bedienen sich eines bestimmten Codes, einer streng reglementierten Zeichensprache.
Allgemein bekannt sind die Zeichen, die Verkehrsabläufe regeln. Armzeichen des Polizisten können ein Anhalten oder Weiterfahren signalisieren, die Lichtsignale der Ampel regeln die Verkehrsabfolge im Kreuzungsbereich.
Im Bahnbereich sorgen Streckensignale für die Sicherheit des Bahnbetriebes. Ist ein Streckenabschnitt durch einen fahrenden oder anhaltenden Zug (im Bahnhof) besetzt, so wird dieser Abschnitt gesperrt und dem folgenden Zug ein „Halt" signalisiert.
Um Signale gut wahrnehmen zu können, sind sie erhöht auf einem Mast angebracht. Neben immer häufiger eingesetzten Lichtsignalen sind die sogenannten Formsignale (Flügelsignale) bekannt.
Ein drehbar gelagerter Balken (Flügel), nahe der Mastspitze montiert, zeigt in waagrechter Stellung Fahrverbot an, in schräger Stellung Fahrerlaubnis.
Zweiflügelige Signale können zusätzlich Fahrerlaubnis mit verminderter Geschwindigkeit anzeigen.

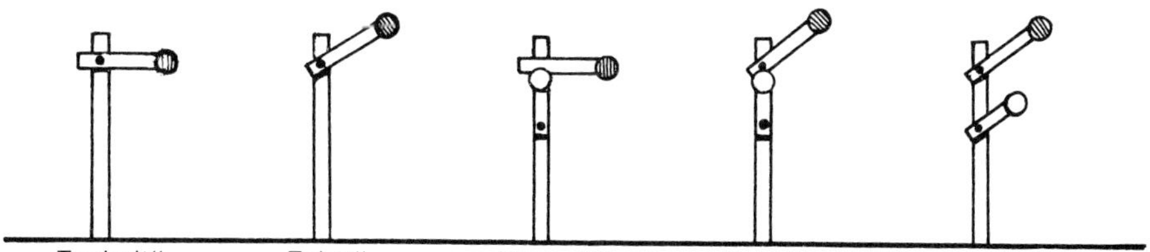

Hinweise zur Unterrichts planung

Ähnlich dem Schranken läßt sich ein Flügelsignal als Spielgerät herstellen und auch einsetzen.
Problembegegnungen im funktionalen Bereich sind: der bewegliche Flügel — ein Zeichengeber, seine Bedienung vom Fuße des Mastes aus, seine Bedienung aus einiger Entfernung und seine Fixierung in einer bestimmten Stellung

Werktechnologische Hinweise

Einfaches Signal

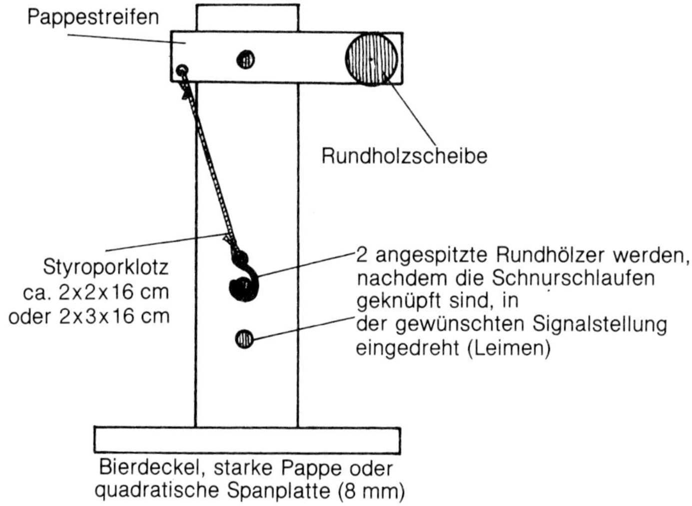

Montage samt Details analog zum Schranken

Signal — zu bedienen aus einiger Entfernung

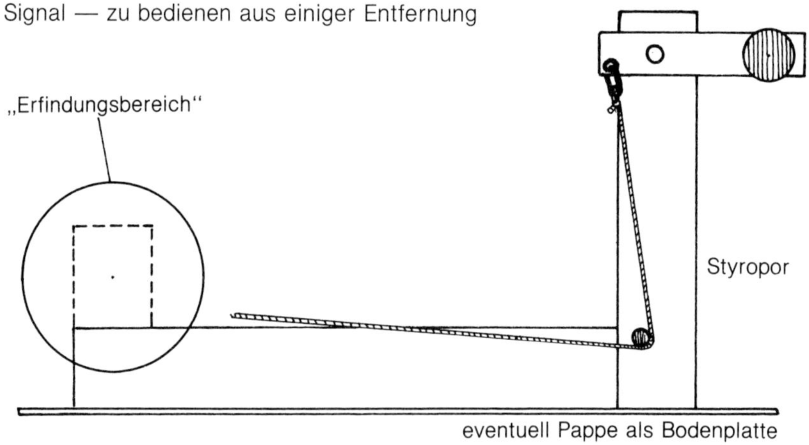

Alternative 2 „Styropixi“ oder Roboter

Sachinformation

Bewegliche Gliederpuppen, vom Hampelmann bis zur kunstvollen Marionette, faszinieren immer wieder, sei es durch ihre funktionale Bereicherung des Rollenspieles, sei es durch den Effekt des „Lebendig-Machens“ der Spielfigur.

Die „Styropixi“ oder der Roboter erhält die Beweglichkeit der Arme über einen Schnurzug ähnlich dem Hampelmann. Die Arme sind zweiseitige, ungleicharmige Hebel aus Pappestreifen und werden wie der Schlagbaumbalken des Schrankens gelagert und montiert. Der Zugpunkt der Schnur befindet sich auf dem kürzeren Hebelarm außerhalb der Mittellinie des Pappestreifens.

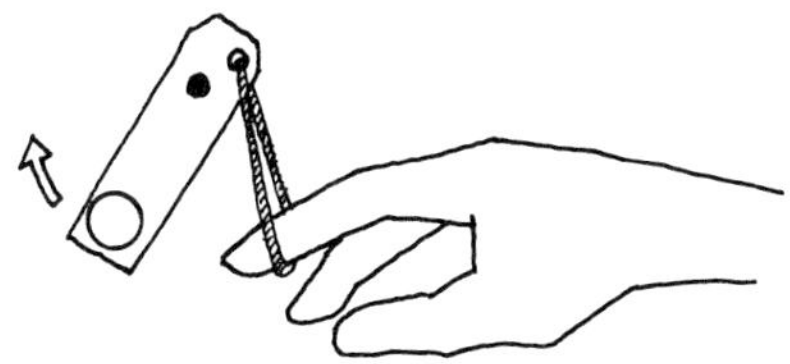

Der Kopf sitzt auf einer senkrechten Achse. Diese steckt im Körperklotz fest, im Kopfteil drehbar. „Styropixi“ kann also den Kopf nach rechts und nach links drehen. Eine leichtgängige Drehbewegung des Kopfes wird erreicht, indem man in den Kopfteil ein Röhrchen („Hals“) mit Hilfe des Vorstechers möglichst tief einführt. Röhrchen (Trinkhalm) und Achse müssen aufeinander abgestimmt sein.
Die Drehung des Kopfes wird vom Fußbereich aus mit Hilfe eines Hebels gesteuert, der in seinem Mittelpunkt gelagert ist. Die Bewegungsübertragung vom Hebel zum Kopfteil übernimmt ein Stab, der im Kopfteil festsitzt und weit genug nach hinten ragt. Er ist in einem Loch im Endbereich des Hebels locker eingehängt (Gelenk).

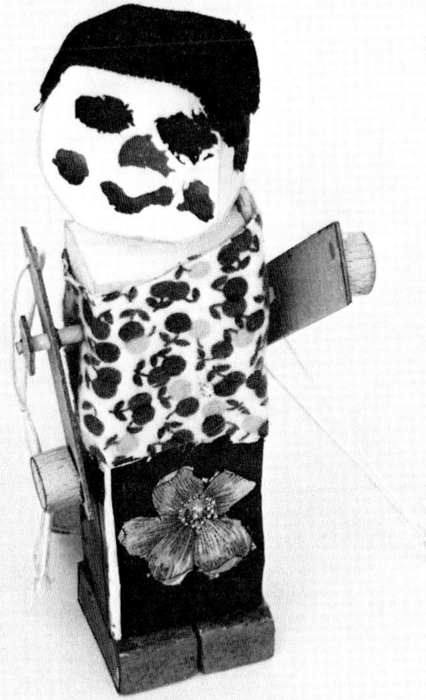

Die Bedienung der Puppe erfordert etwas Übung. Zeigefinger und Mittelfinger betätigen die Zugschnüre der Arme, Daumen und Ringfinger drücken den Kopfhebel.
Dekor: Die Figur kann mit textilem Material oder mit Teilen aus Bastelfolie beklebt werden, die mit Hilfe der Drücktechnik strukturiert werden.

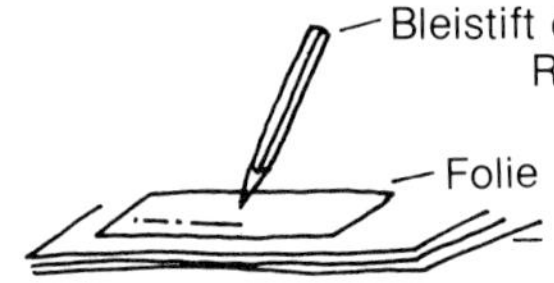

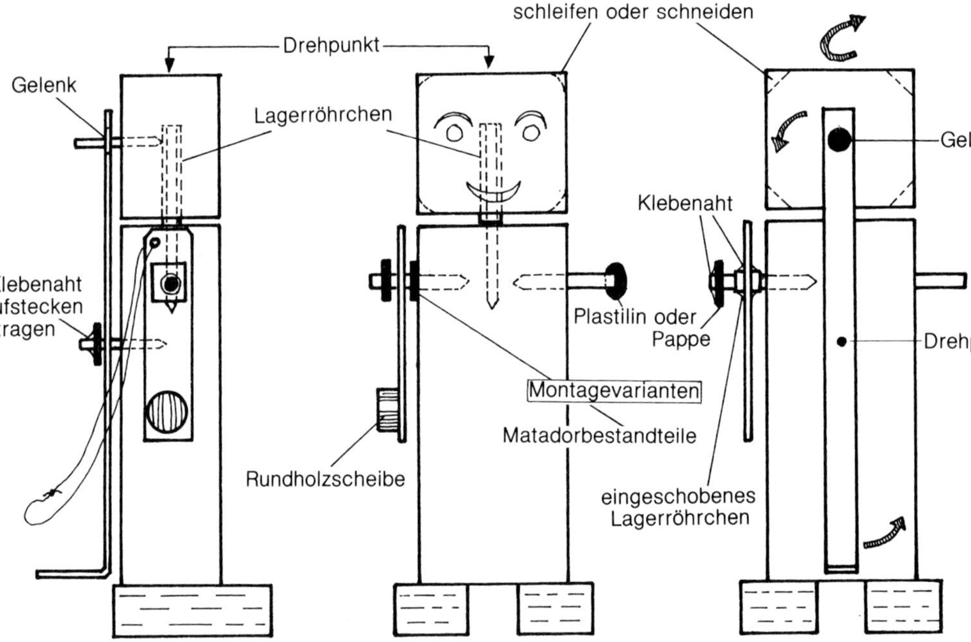

Fußteile: Spanplatte 12 mm, ca. 2x4,5 cm (Standfestigkeit)
Kopfteil: Styropor, 3x4,5x4,5 cm
Körperteil: Styropor, 3x4,5x11,5 cm
Klebestellen an den Drehpunkten müssen überlegt und mit Sorgfalt hergestellt werden (vgl. Schranken).

Vereinfachung: Auf die Drehbarkeit des Kopfes verzichten.

Alternative 3 Schaukel

Sachinformation für den Lehrer

Als Spielgerät, gelegentlich als Turngerät, ist die Schaukel den Kindern bereits aus dem Vorschulalter bekannt (Gartenschaukel, Spielplatzschaukel, Schiffsschaukel mit Brettbremse auf Rummelplätzen eines Jahrmarktes, Schwebereck oder Trapez der Artisten).

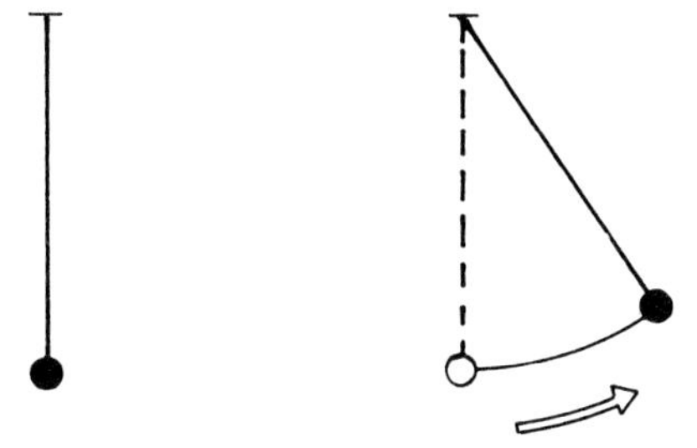

Die Funktionsweise der Schaukel entspricht der eines Pendels. Wird das hängende Schaukelbrett durch Stoß aus seiner Ruhelage gebracht, vollführt es Pendelschwingungen, deren Ausschlag sich durch den Luftwiderstand und durch die Reibung im Drehpunkt der Seilaufhängung allmählich verringert. Will man die Pendelschwingungen erhalten oder vergrößern, muß Energie zugeführt werden, sei es durch regelmäßiges Nachstoßen oder durch rhythmische Bewegung des Schaukelnden, die der Pendelschwingung angepaßt ist. Letzteres verschafft dem Schaukelanfänger erhebliche Probleme.

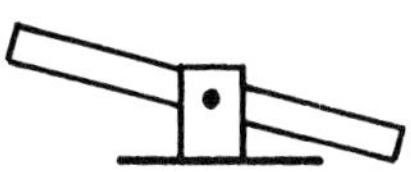

Zu unterscheiden ist die Schaukel von der Wippe oder Balkenschaukel. Sie ist ein zweiseitiger, gleicharmiger Hebel, der in seinem Mittelpunkt drehbar gelagert ist. Er bleibt in jeder Stellung im Gleichgewicht (indifferentes Gleichgewicht). Um ein gleichmäßiges Schaukeln durch Abstoßen zu gewährleisten, muß der durch Kinder belastete Schaukelbalken im indifferenten Gleichgewicht bleiben. Dies geschieht problemlos, wenn beide Kinder annähernd gleich schwer sind. Ist dies nicht der Fall, muß erst durch entsprechende Lageveränderung des schwereren Partners indifferentes Gleichgewicht wiederhergestellt werden. Ein zweiseitiger, ungleicharmiger Hebel entsteht (vgl. Schranken).

Werktechnologische Hinweise

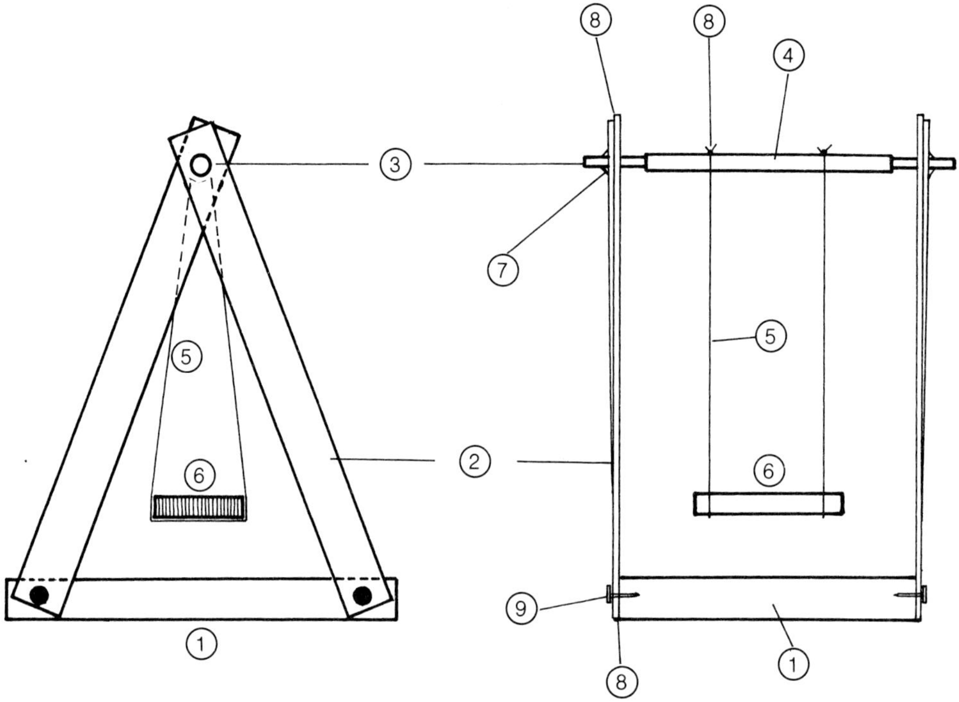

① Standplatte ⎫ Dreiecks-
② Stützen ⎭ verband
③ Tragbalken
④ Gleitrohr (Lager, Drehpunkt)
⑤ Tragschnur
⑥ Schaukelbrett
⑦ Klebenaht
⑧ Klebestellen
⑨ Reißnagel

Standplatte	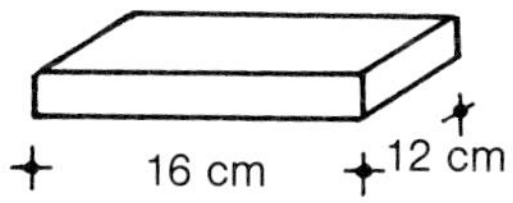 Spanplatte, 12 oder 16 mm stark, zugeschnitten vorgeben. Kanten und Seitenflächen schleifen.
Stützen	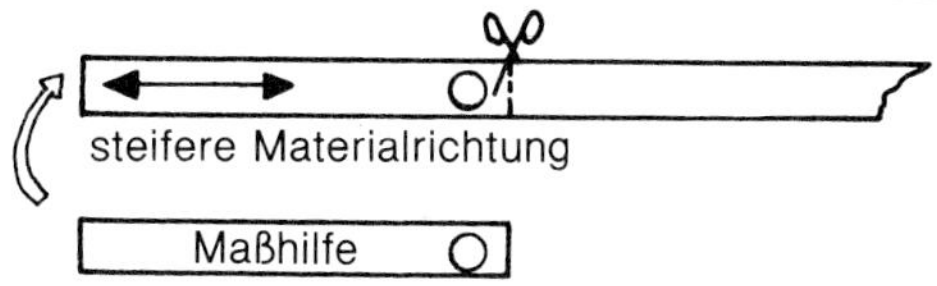 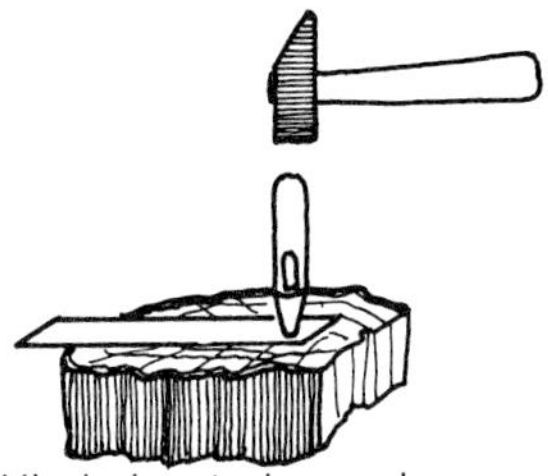 Hirnholzunterlage oder mehrere Lagen Pappe Maßhilfen (Schablonen) für die Länge und Lochung der Stützen vorgeben (l = 20 cm, Lochabstand von der Kante ca. 1,5 cm). Aus 2 cm breiten Pappstreifen 4 Stützen mit Hilfe der Schablone ablängen und die Löcher zur Aufnahme des Tragbalkens einzeichnen. Lochungsdurchmesser auf der Maßhilfe im Durchmesser des Tragbalkens wählen und die Lochung in den Stützen mit einem Locheisen durchführen, das im Durchmesser um 1 mm geringer ist.
Tragbalken	 Rundholz mit der Puksäge auf 14 cm ablängen (Einspannvorrichtung), entgraten und glätten. ∅ ca. 5 mm (∅ um 1 mm geringer als der ∅ des Gleitrohres)
Gleitrohr	 Trinkhalm, Bastelhalm, l = ca. 10 cm, ∅ 6 mm
Teilmontage 1 (Partnerarbeit)	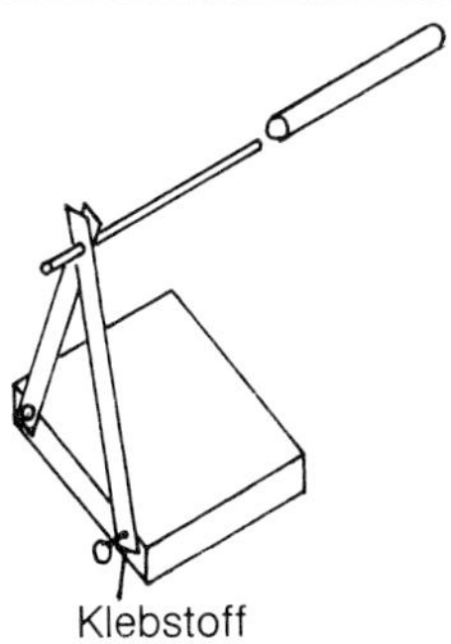 2 Stützen auf den Tragbalken stecken und A-förmig spreizen. Klebestellen zur Verbindung der Stützen mit der Standplatte ausfindig machen. Alleskleber auf beiden Materialien auftragen, kurz antrocknen lassen und kleben. Die Klebestelle wird mit Hilfe von Reißnägeln verstärkt (Hammer). Das Gleitrohr über den Tragbalken stecken.

Teilmontage 2 (Partnerarbeit)	Die beiden anderen Stützen auf den Tragbalken stecken und nach dem selben Montageverfahren befestigen. Jedoch muß vor der endgültigen Fixierung mit der Standplatte überprüft werden, ob der Tragbalken gerade ausgerichtet ist. Korrektur: Eine Stütze an der Klebestelle etwas versetzen.
Schaukelbrett	Spanplatte, 8 mm stark, 3,5x6 cm, vorgeben (Alternative: Innenteil einer Zündholzschachtel)
Tragschnur (Partnerarbeit)	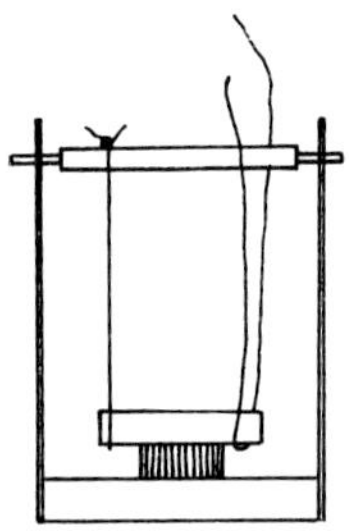 Das Schaukelbrett auf einen Distanzklotz setzen (Rechenwürfel, Holzabfall). Die Entscheidung über die Höhe des Schaukelbrettes den Kindern überlassen. Während ein Kind das Schaukelbrett festhält, führt ein anderes eine ca. 35 cm lange, weiche Schnur unter das Schaukelbrett und verknotet sie über dem Gleitrohr. Mit einigen Tropfen Alleskleber verklebt man die Schnur mit dem Gleitrohr und mit dem Schaukelbrett.
Fixierung des Tragbalkens mit den Stützen	Nach der 1. Erprobung verklebt man an der Spitze des Gestells die beiden Berührungsflächen der Stützen und legt am Tragbalken, jedoch nur an der Außenseite, eine Klebenaht (siehe Seite 102).

Dekor:
- Deckfarben, Plakafarben, sofern nicht zu naß gearbeitet wird,
- Lackspray, Verkleben des Gleitrohres vermeiden,
- färbige Tixostreifen,
- färbige, runde Klebeetiketten.

Hinweise zur Erprobung

Beim Erprobungsspiel sollen die Kinder auch gezielte Beobachtungen durchführen:
- Feststellen, welche Schaukel am längsten schwingt (geringe Reibung im Drehpunkt — saubere Verarbeitung).
- Pendelschwingungen bei belasteten und unbelasteten Schaukelbrettern beobachten.
- Anzahl der Pendelschwingungen feststellen.
- Feststellen, ob alle Schaukeln gleich schnell schwingen (die Pendellänge ist dafür maßgeblich).
- Erkunden, welche Belastungen das Gestell der Schaukel tragen bzw. aufnehmen muß (Gewicht der Schaukel und seitliche Zugkräfte beim Schwingen). Unterlegt man die Standplatte in der Mitte mit einem Rundholz, so kippt das Schaukelgestell in Richtung des Pendelausschlages. Ein Vergleichsmodell mit bloßen senkrechten Stützen kann die Stärke der seitwärts ziehenden Kräfte veranschaulichen. In Ruhelage tragen die Stützen das Gewicht der Schaukel. Beim Schwingen der Schaukel stürzen die Stützen. Sie halten erst dann, wenn sie Verstrebungen erhalten oder mit einer Schnur verspannt werden.

11

Seilwinde

Seilbahn

DIDAKTISCHE HINWEISE

Kind und Aufgabe

Seilwinde
Der Handkurbelmechanismus (mit und ohne Getriebe) ist als einfachste Maschinenform in der direkten Umwelt der Kinder vielfältig anzutreffen: Bröselmaschine, Fleischmaschine, Brotschneidemaschine, Filmrückspulkurbel bei Fotoapparaten, Handbohrmaschine, Spielzeugkran mit Seilwinde usw. Die Bedeutung der Handkraft für den Antrieb einer einfachen Maschine und das Verständnis für elementare Maschinenelemente (Kurbel, Welle, Lagerung, Arbeitsteil, Lagerbock) stehen im Zentrum der Begegnung.

Seilbahn
Der Sachbereich „Seilbahn" bringt eine Weiterführung dieser Auseinandersetzung. Die Anschauungsgrundlage bei Kindern kann vielfältiger Art sein. Fahrten mit Aufzug, Schilift, Seilbahn stellen Technikerfahrungen dar, die der unterrichtlichen Begegnung als Basis dienen. Die elementare Problemerweiterung Seilwinde—Seilbahn erfolgt durch Integration der Maschinenelemente von Tragseil, Zugseil und Lastkabine zum funktionstüchtigen Spielobjekt.

Die Maschinenkunde ordnet die Seilwinde den Hebezeugen zu. Diese sind Vorrichtungen oder Maschinen, mit deren Hilfe der Mensch Lasten heben und senken kann, auch solche, die seine Muskelkraft weit übersteigen. Zu dieser Gruppe gehören zum Beispiel: Wagenheber aller Art (geringe Hubhöhe), Flaschenzüge, Seilwinden (große Hubhöhe, abhängig von der Seillänge), Aufzüge und Kräne, deren Hubmaschinen vorwiegend Seilwinden sind.

Funktionsweise

Mit der Seilwinde kann man Lasten hochheben oder herbeiziehen.
Das Zugseil ist an einer Welle mit fest sitzender Kurbel befestigt. Durch Drehen der Welle mit Hilfe der Kurbel wird das Seil auf- oder abgerollt. Um Zugkräfte entwickeln zu können, ist die Welle mit Kurbel in einem Gestell drehbar abgestützt. Das Gestell selbst wird auf dem jeweiligen Arbeitsplatz rutschfest und kippsicher verankert.
Damit sich das Seil beim Aufrollen nicht an den Gestellflächen verklemmt, wird bei industriell hergestellten Winden das Seil in einer Seiltrommel mit Begrenzungsflächen aufgewickelt bzw. gespeichert. Die Seiltrommel ist mit der Welle fest verbunden. Im Arbeitseinsatz ist es erforderlich, daß ein unkontrolliertes Absenken der Last verhindert wird. Sperrvorrichtungen halten die Last automatisch. Bremsvorrichtungen können die Absenkgeschwindigkeit regeln.

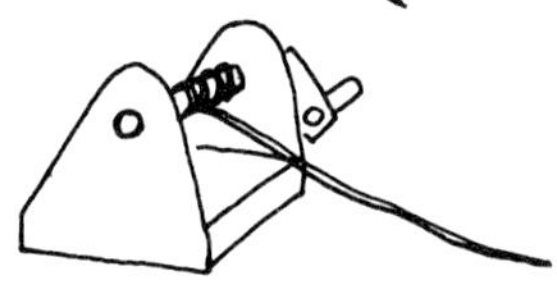

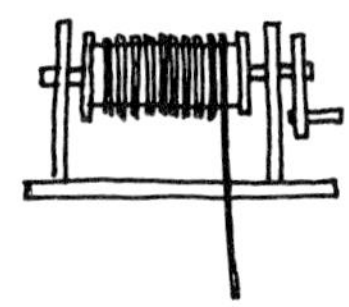

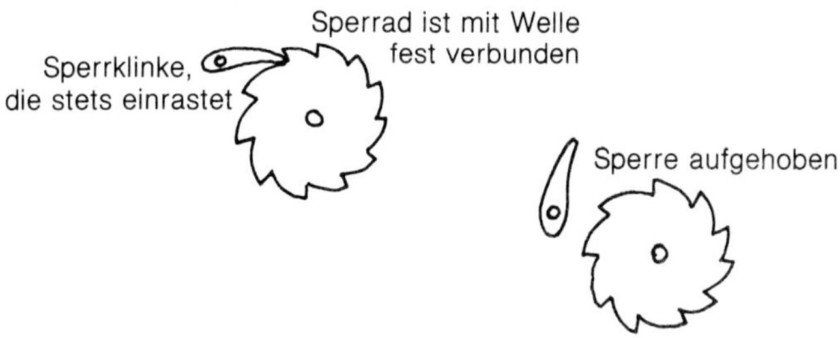

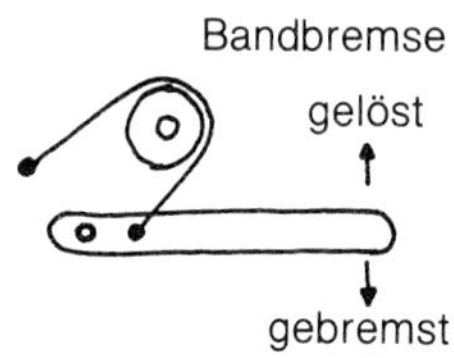

Daß die Kurbel bereits einen Kraftgewinn bringt, wird bei den Schülerarbeiten kaum erkennbar und nachweisbar sein. Dieser physikalische Sachverhalt ist auf dieser Schulstufe auch irrelevant.
Seilwinden, die als Hubmaschinen für schwere Lasten eingesetzt werden, haben zwischen Kurbel und Welle mit Seiltrommel ein Übersetzungsgetriebe.
Die Handkurbel und somit die Muskelkraft kann durch einen Motor ersetzt werden.

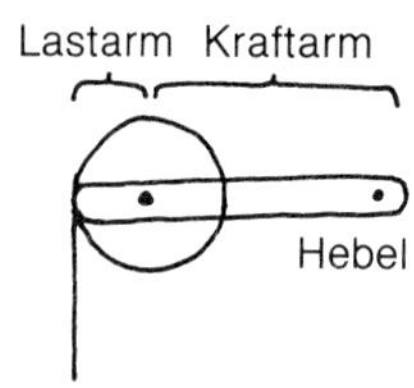

Aufgabe

„Wir bauen eine Maschine, mit der man Lasten herbeiziehen, heben und senken kann!"

Lernziele für die kognitive Erkundung

Die Kinder sollen
- erfahren, daß Gegenstände (Lasten) mit Hilfe einer Schnur (eines Seiles) nachgezogen, herbeigezogen, gehoben und gesenkt werden können,
- die Schnur (das Seil) als Zugmittel erkennen, das die Muskelkraft als Zugkraft von einem Ende der Schnur zum anderen weiterleitet bzw. überträgt,
- den Lasthaken oder die Verknotung mit der Last als Angriffspunkt oder Wirkstelle der Zugkraft erkennen,
- erfahren, daß durch Aufwickeln des Zugmittels auch Zugkräfte gebildet werden können,
- erkennen, daß eine Kurbel am Wickelkörper das Aufrollen, Spannen und Bewegen des Zugmittels erleichtert,
- die beiden Hauptbauteile einer Seilwinde erkennen und deren Aufgabe verbalisieren können:
  a) Gestell mit Lager — Stützfunktion;
  b) Welle mit Kurbel und Zugmittel — die Drehbewegung wird zur Zugbewegung.

Hinweise zur Problemerkundung

Ausgangspunkt der Erkundung wird der Bauteil sein, der das Heben oder Herbeiholen einer Last in erster Linie ermöglicht: die Schnur bzw. das Seil als Zugmittel.

Mögliche Problembegegnungen
- Für ein Seil, eine Wäscheleine oder eine Schnur sind möglichst viele Verwendungszwecke zu finden.
- Eine skizzierte Arbeitssituation: ein Maurer auf einem Gerüst. Er braucht immer wieder Kübel mit Mörtel. Muß er jedesmal heruntersteigen?

Die Ergebnisse werden inhaltlich geordnet und erprobt.

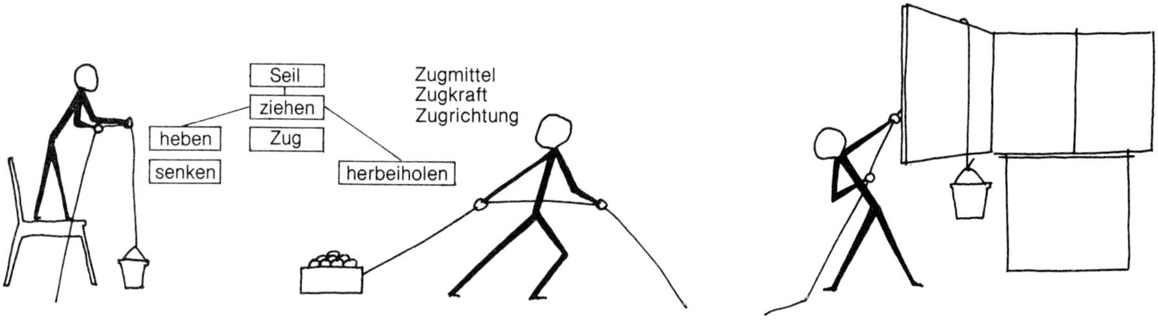

Weiterführung
Beim Herbeiholen einer Last wird die frei umherliegende Schnur immer länger, sie kann sich verheddern. Zudem muß die Schnur mit der Hand gehalten werden, sie läuft durch die Hand und über die Finger.
Verbesserungsvorschläge sollen zum Aufwickeln führen. Mit bereitgehaltenen Rundhölzern, eventuell verschiedener Dimension (auch Dosen wären möglich), können die Kinder Versuche durchführen. Der Vorteil des Aufwickelns wird aber mit einem Nachteil erkauft: Das Heben und Senken, das Herbeiziehen geht langsamer, der Wickelstab kann aus den Händen gleiten.
Um das Aufwickeln zu verbessern, haben Techniker eine Aufwickelmaschine erfunden, mit der man Lasten heben oder herbeiziehen kann.
Ungeachtet des eingeschlagenen Weges soll jedoch erkannt werden, daß das Zugmittel (Schnur, Seil) an einem Drehkörper (Welle, Seiltrommel) befestigt ist, daß der Drehkörper in einem Gestell drehbar gehalten wird, und daß eine Drehvorrichtung — die Kurbel — das Aufwickeln erleichtert und für die Entstehung von Zugkräften zuständig ist.

Lernziele für die werktechnologische Problemlösung

Die Schüler sollen
— die Bauelemente (Einzelteile) erkennen und benennen können,
— die Bauelemente den beiden Bauteilen (Gestell und Kurbel mit Welle) zuordnen können,
— Montageverfahren des Gestells und der Kurbel verbalisieren können,
— die Plazierung der Lochungen sowie deren Übereinstimmung auf gegengleichen Einzelteilen erkennen können,
— feste Verbindungen und drehbare Lagerungen erkennen, herstellen und überprüfen können,
— die Notwendigkeit einer Sperre der Kurbel erkennen und eventuell eine Sperrvorrichtung erfinden können,
— die hergestellte Seilwinde skizzieren können,
— Holzkanten entgraten bzw. schleifen können,
— mit dem Locheisen Löcher in die Pappe stanzen können, Vorteile für die Herstellung gegengleicher Lochungen erkennen und anwenden können,
— feste Klebestellen unter Einbeziehung von Hilfsmitteln herstellen können,
— die Festigkeit der Klebestellen am Windenkasten durch Nageln mit Reißnägeln erhöhen,
— die Kurbel mit Welle gegen seitliches Verschieben sichern können und das Schleifen der Handkurbel am Kasten durch geeignete Distanzhalterung vermeiden können,
— die Schnur als Zugmittel rutschfest befestigen können (Knoten),
— einen Drahthaken biegen und befestigen können,
— eine Ringschraube montieren können.

Werktechnologische Hinweise

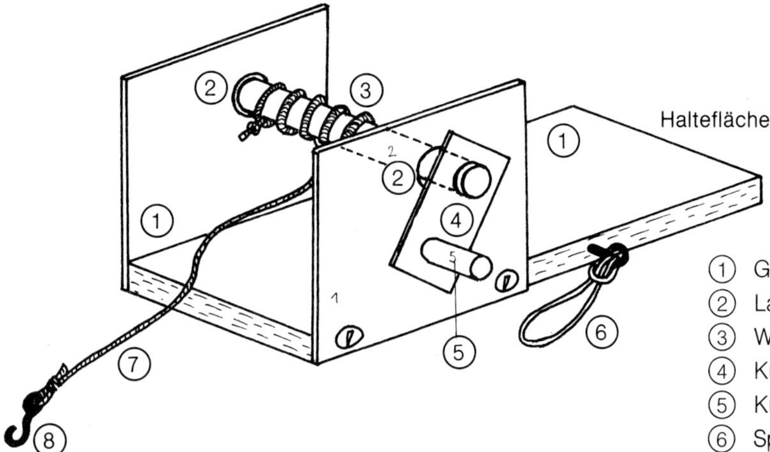

1. Gestell
2. Lager
3. Welle und „Seiltrommel“
4. Kurbel
5. Kurbelgriff
6. Sperrvorrichtung
7. Zugmittel
8. Haken

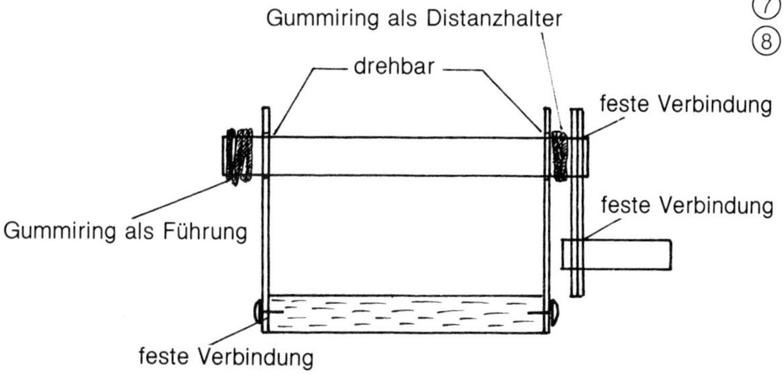

Grundplatte des Gestells 	Spanplatte 8 mm, ca. 5x12 (14) cm, zugeschnitten vorgeben. Kanten und Seitenflächen schleifen.	
Seitenteile des Gestells 	Pappe, ca. 1,5 mm stark, 6x7 cm, zugeschnitten vorgeben. Lagerlochung mit Hilfe einer Schablone festlegen, einige vorgelochte Seitenteile dienen dafür. Die Kinder 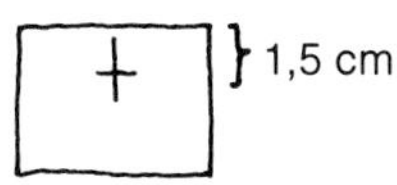 legen die Schablone kantenrichtig auf einen Seitenteil, stellen das Locheisen (8 mm) in die Lochöffnung der Schablone und lochen (Unterlage!).	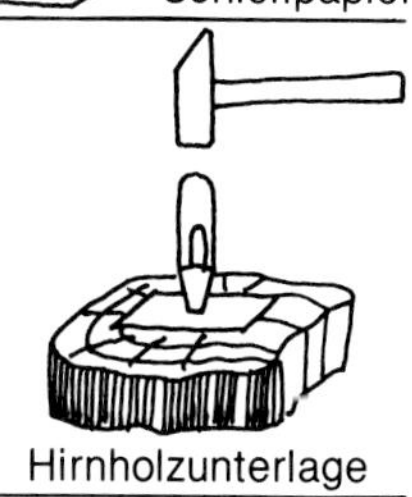

Montage 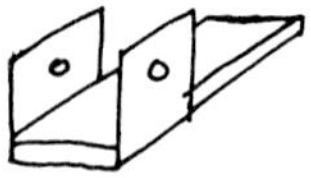	Die Klebestelle erkennen, den Alleskleber satt auftragen,  den Seitenteil jeweils kantenrichtig anpressen und mit 2 Reißnägeln fixieren. Den Wellenstab probeweise einführen und seine gerade Lagerung überprüfen. Klebestellen nachpressen und das Gestell ruhen lassen. 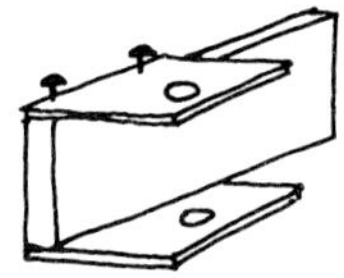
Kurbel mit Welle 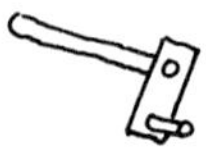	Rundholz, ∅ 8 mm, Welle 7 cm lang, Griff 2 cm lang, 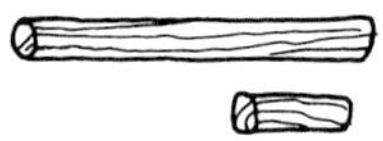 zugeschnitten vorgeben oder mit der Puksäge ablängen (Einspannvorrichtung). 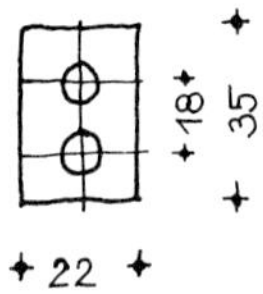 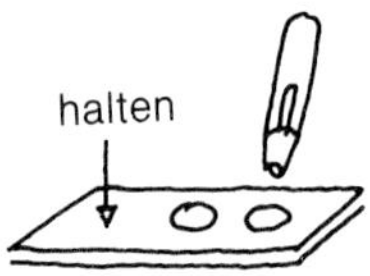 Die Kurbel aus doppelten Pappestreifen: 2 Pappestreifen überlang vorgeben, die Lochungen mit Schablone markieren. Beide Streifen werden gleichzeitig mit dem Locheisen (7 mm!) gelocht. Vor der 2. Lochung wird als Arretierungshilfe der Griff (entgratet) lose in die 1. Lochung gesteckt. Die Kurbelblätter auf die vorgesehene Länge zuschneiden. 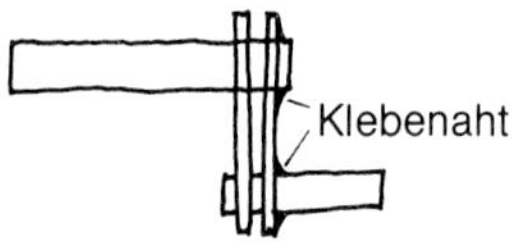 Welle, Griff und beide Kurbelblätter satt verkleben und zusätzlich eine Klebenaht legen. Das Werkstück mindestens 10 Minuten ruhen lassen, gelegentlich nachpressen.
Sperrvorrichtung 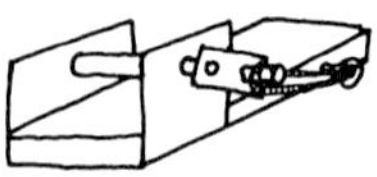	mit Vorstecher vorstechen oder mit Drillbohrer vorbohren 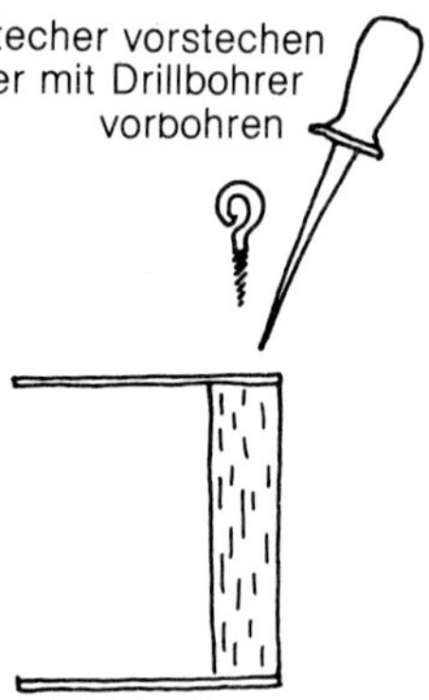 Seitlich im Grundbrett wird eine Ringschraube eingedreht, deren Gewinde ca. 1 cm lang ist. Sie nimmt einen Gummiring auf, der unter mäßiger Spannung den Griffteil der Kurbel festhält. Die Notwendigkeit einer Sperre könnte man auch erst beim Erproben erkennen lassen. Vorschläge für eine Kurbelsperre werden besprochen, brauchbare „Erfindungen" könnten verwirklicht werden.
Welle einbauen	Distanzhalter und Seitenführung — siehe Werkskizze Seite 109
Zugseil und Zughaken	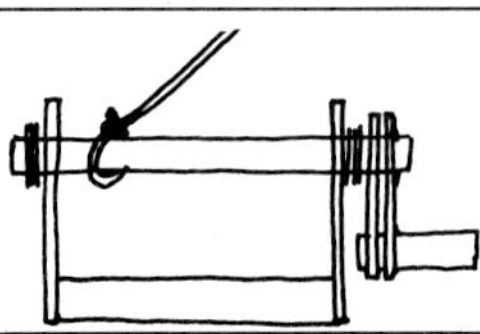 Nylon- oder Perlonschnur auf der Welle verknüpfen und mit Alleskleber fixieren. Öse und Haken mit der Rundzange biegen. Schnur mit Haken verknüpfen. 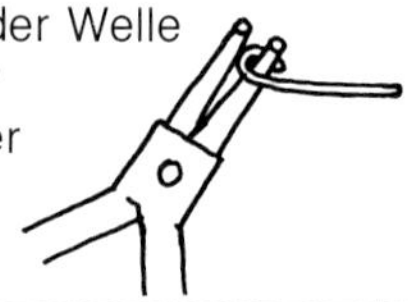 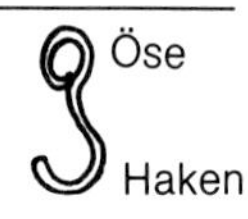

Erprobung

Grundsätzlich erst nach sicherem Antrocknen des Klebers durchführen.

Zündholzschachteln
Faltschachteln

Lasten auf waagrechter oder schiefer Ebene heranziehen (Schachteln verschiedenen Inhaltes und Gewichtes, Klötze, Spielzeug).

Lasten heben und senken. An dieser Stelle kann bei funktionstüchtigen Modellen erfahren werden, daß Lasten bei Loslassen der Kurbel abwärts gleiten und auf dem Boden aufschlagen. Sofern eine Sperre in der Fertigungsphase nicht einbezogen worden ist, könnten hier die Kinder den Auftrag erhalten, eine Kurbelsperre zu erfinden, damit die Last schwebend gehalten werden kann.

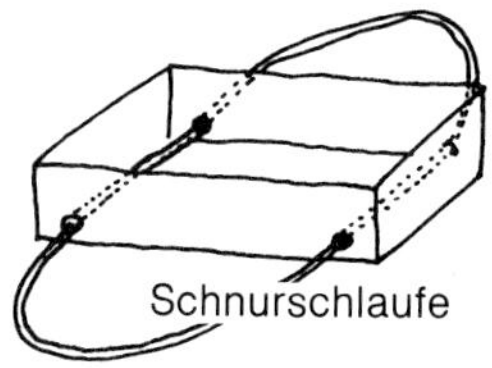

Schnurschlaufe

Auch durch ein Umlenken des Zugmittels kann eine Last gehoben werden.

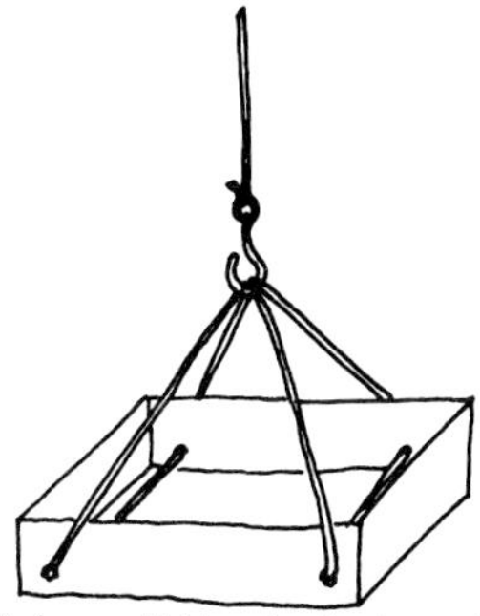

Löcher mit Vorstecher stechen

Hebeversuch

Kurbel gesperrt, die Last kann schwebend gehalten werden.

Zugversuch

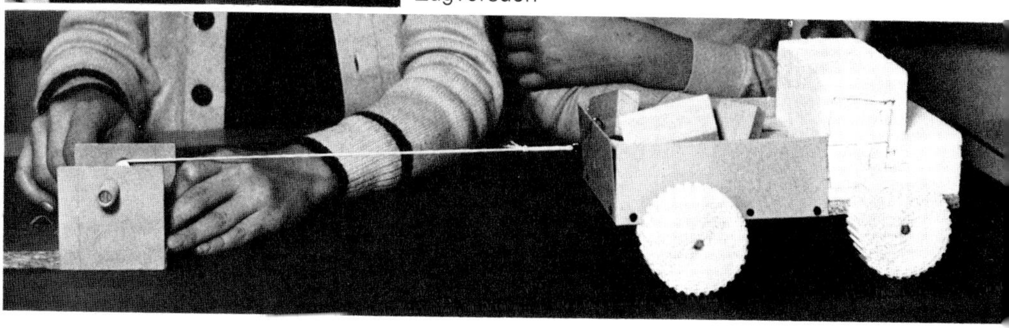

Organisation

MATERIAL	Anzahl pro Schüler	Anzahl pro Gruppe (18 Schüler)
Spanplatte 8 mm (Grundplatte) 5x12 cm	1	
30er-Pappe (Seitenteile) 6x7 cm	2	
30er-Pappe (Kurbelarm) 2,2x7 cm (überlang)	2	
Rundholz (Welle) ∅ 8 mm, 7 cm lang	1	
Rundholz (Griff) ∅ 8 mm, 2 cm lang	1	
Draht (Haken): Eisen ∅ 1—1,5 mm, 4 cm lang oder Alu ∅ 2 mm, 4 cm lang	1	
Ringschraube	1	
Gummiring ∅ 40 mm	1	
Reißnägel	4	
Nylonschnur ca. 1,5 m	1	
WERKZEUG		
Locheisen ∅ 8 mm (Lager)		6
Locheisen ∅ 7 mm (Griff und Welle)		6
Lochschablonen (Lager und Kurbel)		6
Hirnholzunterlage (oder Pappe, mehrschichtig)		6
Hammer	1	
Vorstecher (Reißnägel)		6
Drillbohrer (Ringschraube)		6
Puksäge (bei Rundholzzuschnitt)		6
Einspannvorrichtung		6
Rundzange	1	
Beißzange (bei selbst. Drahtablängen)		6
KLEINMATERIAL		
Alleskleber	1	
Schleifpapier oder Schleifpapierfeile	1	
Farbe: keine wasserhältigen Farben, Lackspray		3
Kerze: die Enden einer Nylonschnur verschmilzt man		3
MEDIEN: siehe Problemerkundung		

Alternativen

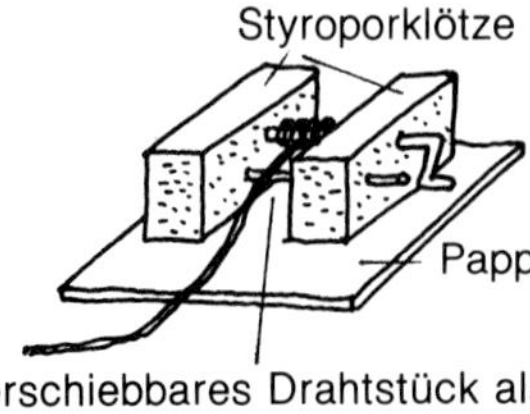

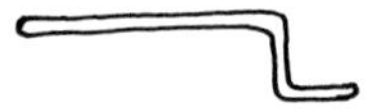

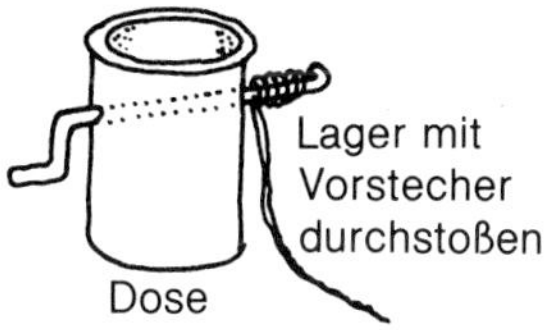

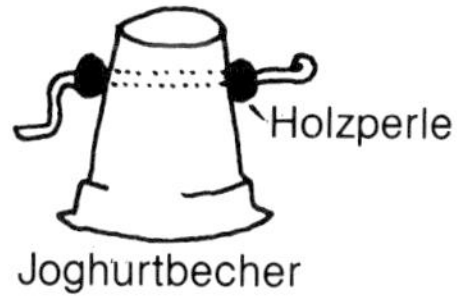

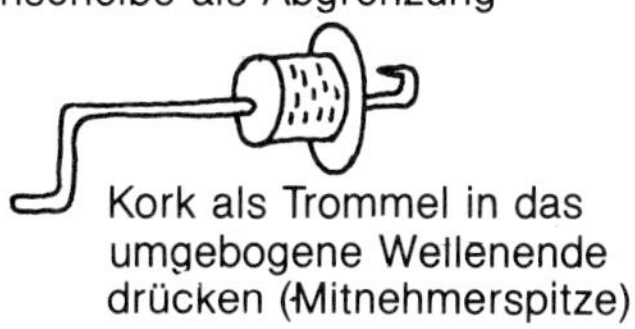

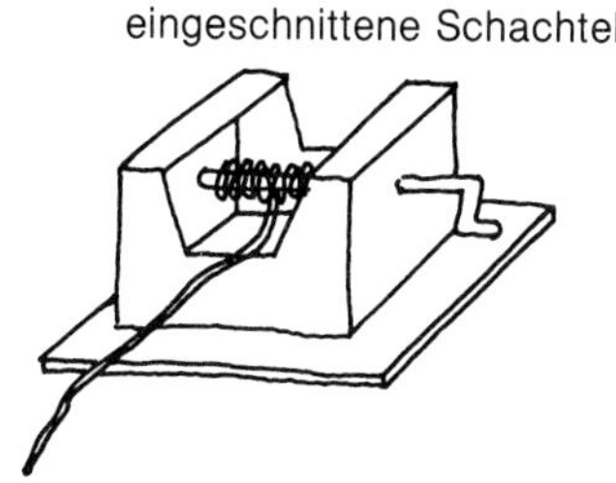

Kurbelwellen aus Draht können mit Hilfe der Flachzange relativ leicht hergestellt werden. Ihr Nachteil: langsames Aufrollen der Schnur, schlechte Schnurbefestigung, aufgesteckte Trommeln rutschen bald durch.

Wie beschrieben, Welle und Lagerlochung auf Spulenlochung abstimmen.

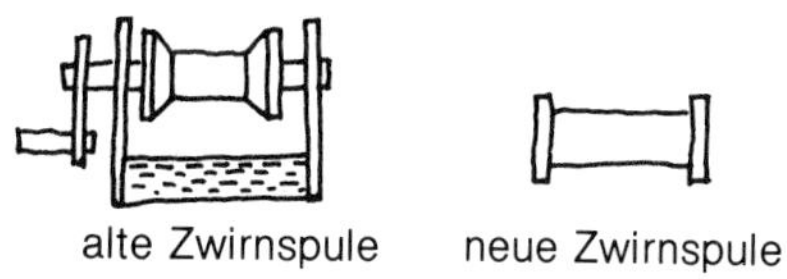

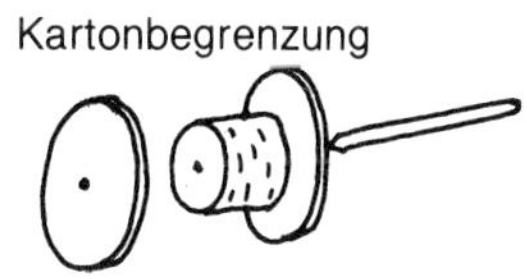

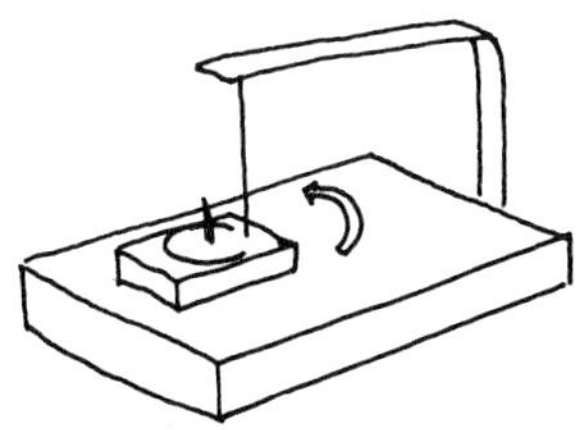

Aus Styropor können Trommeln verschiedenster Durchmesser hergestellt werden. (Aufrollgeschwindigkeit beachten)

Erweiterungsaufgabe
Sachinformation

„Wir bauen eine Seilbahn!“

Seilbahnen sind Transportanlagen (Fördermittel) für Personen und Güter innerhalb einer begrenzten Wegstrecke. Ihr bekanntester Einsatzbereich dient der raschen und ökonomischen Überwindung von Höhenunterschieden im unwegsamen Bergland.
Der jeweilige Transportwagen (Kabine, Gondel, Förderkorb) wird stets mit Hilfe eines Seiles gezogen (Zugseil).

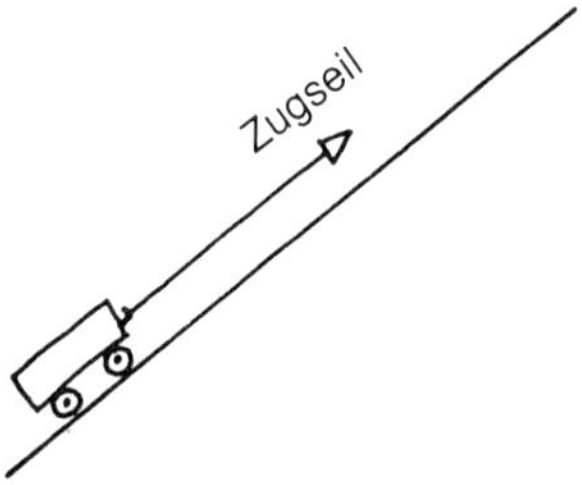

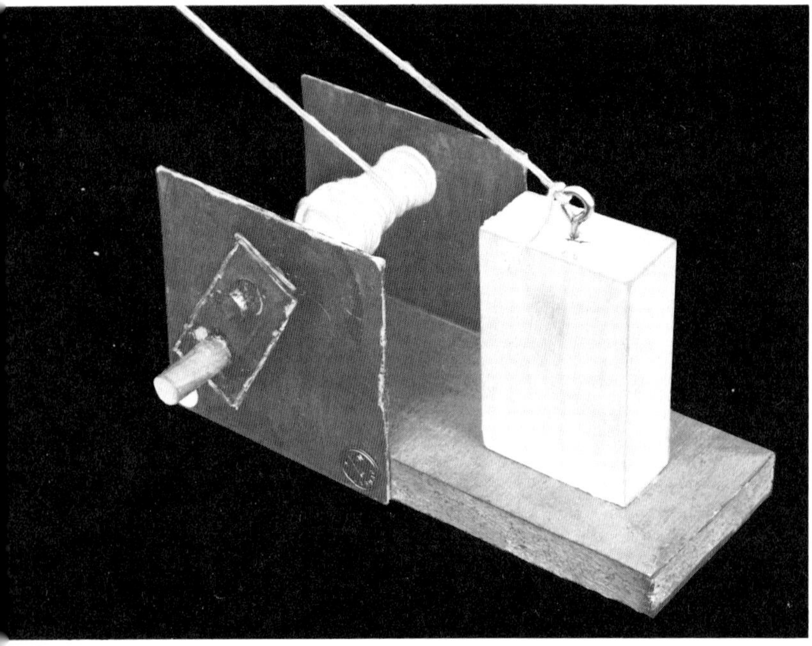

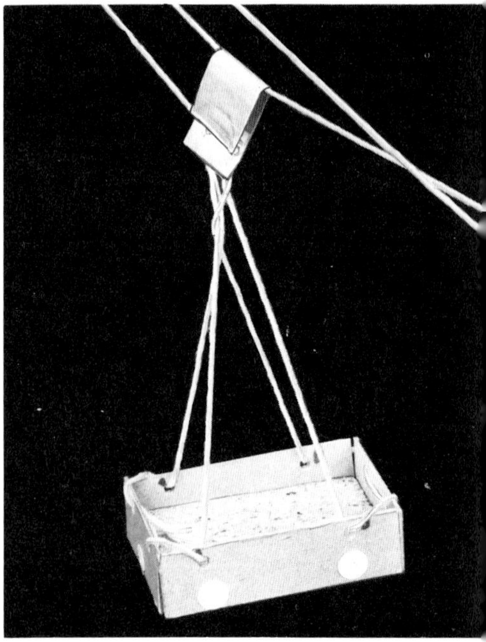

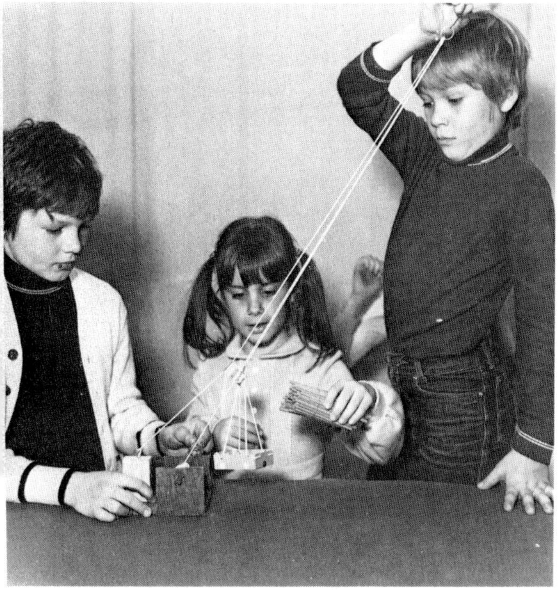

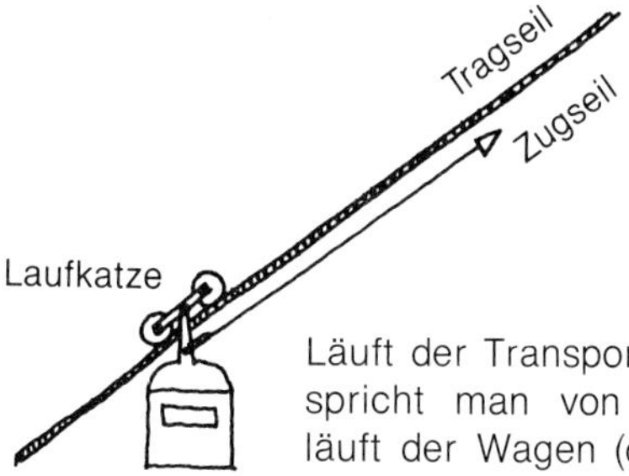

Läuft der Transportwagen auf Schienen, spricht man von einer Standseilbahn, läuft der Wagen (die Kabine) auf einem Tragseil hängend, von einer Seilschwebebahn. Meist sind sie so ausgeführt, daß eine zweite Kabine auf einem zweiten Tragseil zu Tal gleitet, während die andere bergwärts fährt. Ein umlaufendes Zugseil zieht beide Kabinen gleichzeitig. Bei Liftanlagen ist das Zugseil zugleich Tragseil. Es wird zwischen zwei Umlenkrollen als endloses Förderseil geführt. Eine Umlenkrolle wird mit Motor und Getriebe angetrieben.

Werktechnologische Hinweise

Die Seilwinde läßt sich zu einer einfachen Seilschwebebahn umfunktionieren. Dazu wird auf der Grundplatte der Winde ein Tragseil befestigt (ca. 1 m), das an seinem anderen Ende mit Hilfe eines größeren Vorhangringes z. B. in einem Türgriff eingehängt wird.
Spannt man das Tragseil (glatte Nylonschnur) steil genug, so kann die Zugschnur (dünne Nylonschnur), die durch den Vorhangring geführt wird, einen Förderkorb hochziehen. Durch das Eigengewicht gleitet der Förderkorb auf dem Tragseil zurück, wenn die Schnur auf der Seiltrommel der Winde abgewickelt wird.

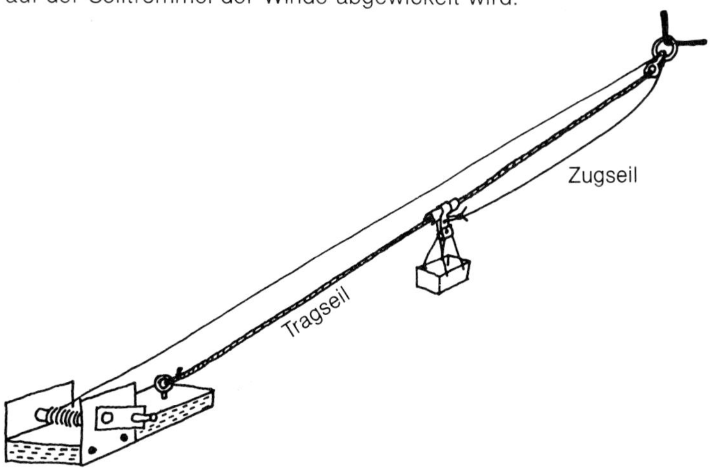

Förderkorb: Wegen des selbständigen Abwärtsgleitens des Förderkorbes soll sein Leergewicht möglichst günstig gehalten werden.

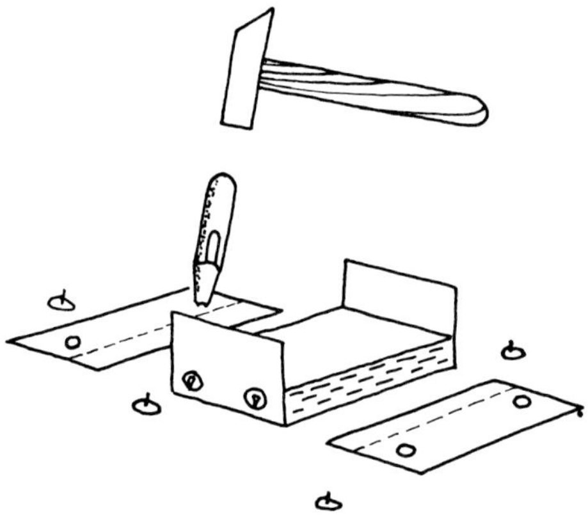

Eine kleine Spanplatte (5 x 7 cm, 8 mm stark) erhält Seitenteile aus 2 cm breiten Pappestreifen. Mit Maßhilfen können die Kinder die Streifen ablängen. Die 4 Mantelteile werden mit der Platte verklebt, Reißnägel erhöhen die Festigkeit.
Vor der Montage der Seitenteile sollte die Führung der 4 Hängeschnüre des Korbes abgeklärt sein. Da die Schnüre einzeln nicht gleichmäßig miteinander verbunden werden können, wähle man als Ausgangsbasis eine Schnurschlaufe (Schnurlänge ca. 45 cm). Die Schnur kann durch Löcher in den Seitenteilen oder durch zwei an die Unterseite der Platte geklebte Trinkhalme geführt werden. Zuletzt werden die Schnurenden verknüpft, die 4 Hängeschnüre sind stets gespannt (siehe auch Gleitvorrichtung).

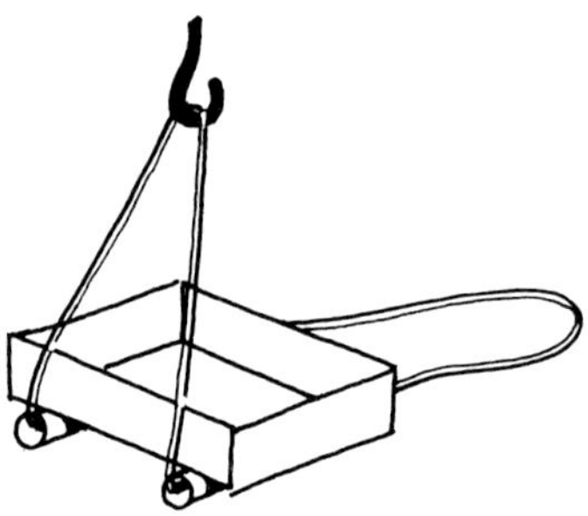

oder

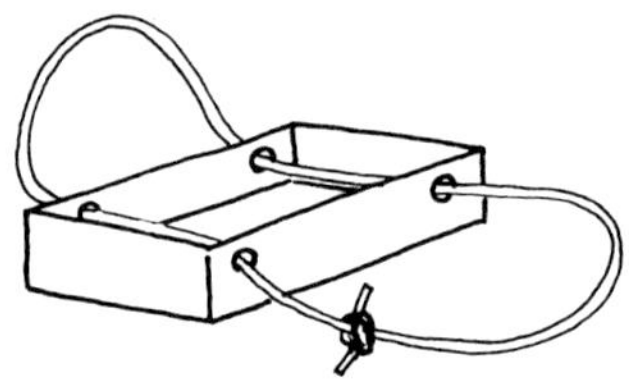

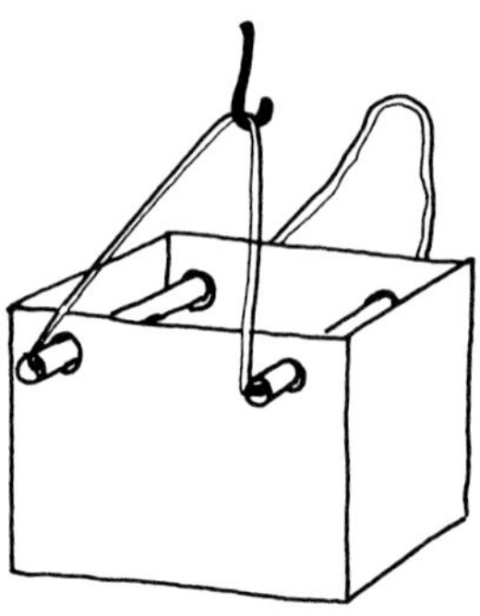

Auch eine geeignete Seifenschachtel kann zu einer Kabine werden. Sie erhält in ihren oberen Eckbereichen 4 Löcher (Vorstecher). Um die Schnur besser durchfädeln zu können, schiebt man vorerst zwei Trinkhalme durch die Löcher, längt sie etwas vorstehend ab und sichert sie mit Klebstoff gegen Verschieben.
Um das Leergewicht zu erhöhen, steckt man Spanplattenreste in die Schachtel, die man mit Klebstoff so befestigt, daß die Kabine nicht einseitig hängt.

Gleit- und Laufvorrichtung („Laufkatze“)

a) Aus einem Aluminiumblechstreifen (2 x 6 cm, ca. 0,3 mm stark, halbhart,) wird ein Gleithaken gebogen. Diese dünnen Alubleche können mit einer guten Bastelschere, einer Goldarbeiterschere und auch auf einer guten Papierschneidemaschine zugeschnitten werden.

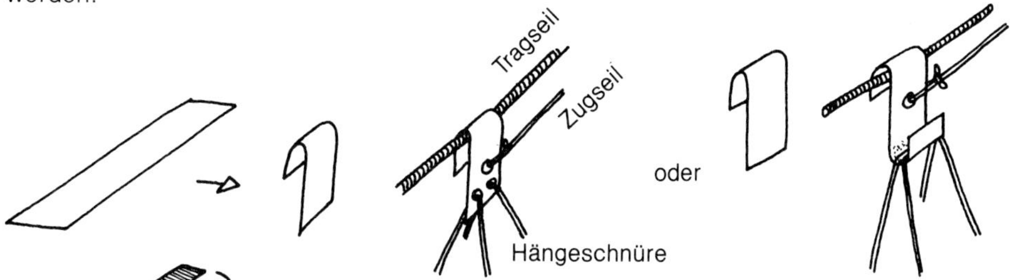

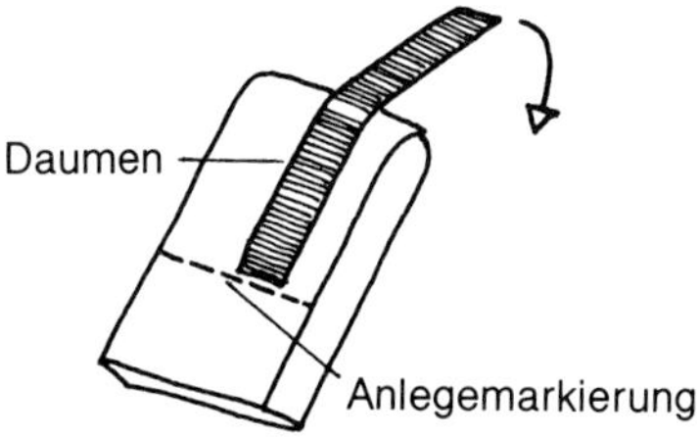

Um den Streifen leicht und im Winkel biegen zu können, bedient man sich einer Biegehilfe in Form eines kleinen Brettchens (4 mm stark), das an der Biegekante abgerundet ist. Auch aus Matador läßt sich eine Biegevorrichtung herstellen.

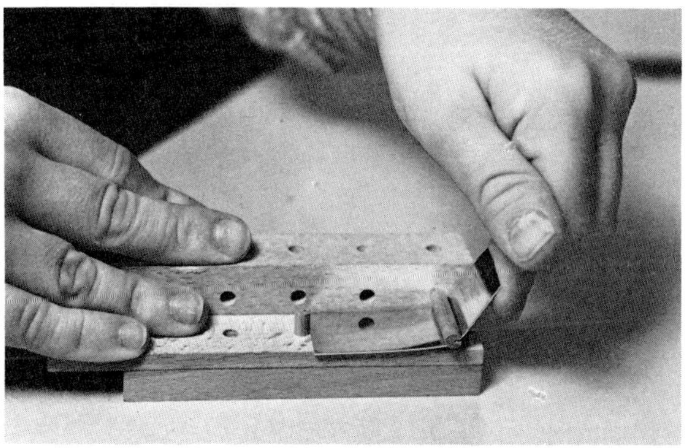

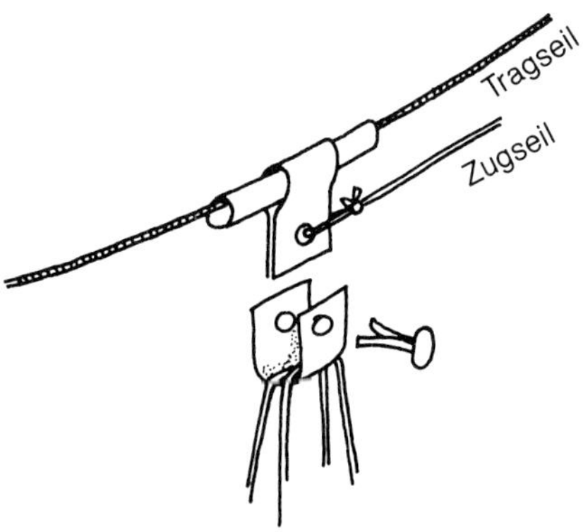

b) Um einen Trinkhalm (∅ ca. 6 mm) wird ein Papierstreifen aus stärkerem Zeichenpapier so geklebt, daß eine ca. 2 cm lange Nase entsteht, die in der Mitte mit einem Locheisen groß genug gelocht wird. Das Loch dient zur Aufnahme der Zugschnur und des Splintes (Kuvertverschluß), der gleichzeitig eine Papierschlaufe hält, in der die Hängeschnüre eingehängt sind. Bei guter Ausführung wirkt diese Montage als Gelenk zur besseren Waagrechthaltung des Förderkorbes.

12

Windfahne

DIDAKTISCHE HINWEISE

Kind und Aufgabe

Kindern ist die Wirkungsweise von Wind und Luftströmung in vielfältiger Weise erlebnisbedingt bewußt: Wirbeln der Blätter, das Schweben der Vögel, das Beblasen heißer Eßwaren (zur Abkühlung), das Anhauchen kalter Hände (zum Erwärmen), Drachensteigen, Windrad, Segelboot, Segelflugzeug usw.
Die sachklärende Auseinandersetzung (Windrad, Windfahne) bringt durch den funktionalen Spielwert neue, anschaulich begründete Einsichten.
Die zunehmende Bedeutung technischer Anwendung von Windkraft für Windmaschinen (Stromerzeugung), sowie Windkanaltests (Automobilindustrie, Sport usw.) geben der Aufgabe erhöhten Gegenwartsbezug.

SACHINFORMATION FÜR DEN LEHRER

Bedeutung für den Menschen

Die Windfahne oder Wetterfahne ist eines der ältesten meteorologischen Instrumente und zeigt die Windrichtung an. Windstärke und Windrichtung geben Teilaussagen über Wetter-

lage und Wetterentwicklung. Auch der Laie orientiert sich danach. Der Wetterhahn auf dem Kirchturmdach ist eine figürlich gestaltete Windfahne.
Windstärke und Windrichtung sind bestimmende Faktoren im Flugverkehr und in der Schiffahrt. Auf exponierten Autobahnabschnitten zeigt der Windsack dem Autofahrer eine mögliche Beeinträchtigung des Fahrverhaltens seines Wagens durch den Wind an.

Dem Sportsegler weist eine kleine Windfahne (Windstander) an der Spitze des Mastes die Windrichtung. Segelstellung, Fahrtrichtung und Windrichtung müssen aufeinander abgestimmt sein.

Funktionsweise

Auf einer senkrechten Achse ist ein steifes Fahnenblatt drehbar gelagert. Die Luftströmung drückt das Fahnenblatt stets in die Strömungsrichtung. Das Fahnenende zeigt somit in die Richtung, in die der Wind strömt. Gleichzeitig ist damit auch die Richtung, aus der der Wind kommt, festgelegt.

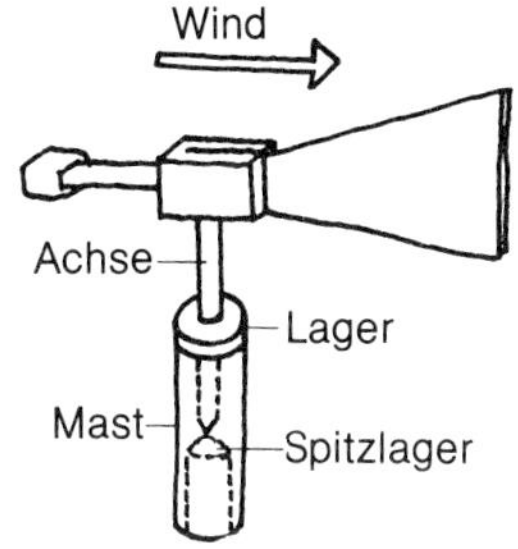

Um die Beweglichkeit der Windfahne zu erhöhen, ist ein Gegengewicht zum Fahnenblatt montiert. Es muß dem Wind eine weit geringere Angriffsfläche als das Fahnenblatt bieten. Das Gegengewicht weist in die Richtung, aus der der Wind kommt.
Die Funktionsweise der Windfahne ist bei Steuereinrichtungen, die sich der Windströmung bedienen, wiederzufinden.

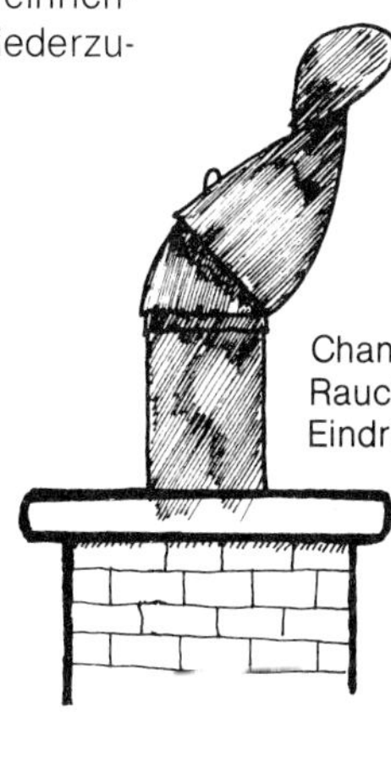

Aufgabe

„Wir bauen ein Gerät, das uns die Windrichtung anzeigen kann!"

Lernziele für die kognitive Erkundung

Die Kinder sollen
— erkennen, daß die Luft in eine bestimmte Richtung strömen kann,
— erkennen, daß die Luftströmung eine Kraft, einen Druck ausübt,
— erkennen, daß der Strömungsdruck Gegenstände bewegen, verschieben kann,
— erkennen, daß die Bewegungsrichtung von der Strömungsrichtung abhängt,
— wissen, daß man bei einer Strömung feststellen kann, wohin sie strömt und woher sie kommt,
— erkennen, daß eine Fahne oder ein steifes Fahnenblatt bei geeigneter Aufhängung oder Lagerung in die Strömungsrichtung gedreht bzw. gedrückt wird,
— die Funktionsweise einer Windfahne verbalisieren können.

Hinweise zur Problemerkundung

Bildmaterial: Wetterhahn
Windsack
Windfahne
Windfahne mit Windrose
Wetterkarte im Fernsehen
Wetterbericht aus Fernsehen oder Hörfunk

„Windmaschine"

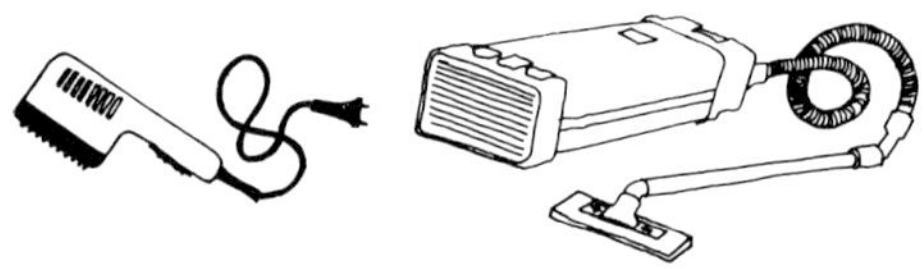

Geräte müssen den Sicherheitsvorschriften entsprechen.

Verhalten erkunden

a)

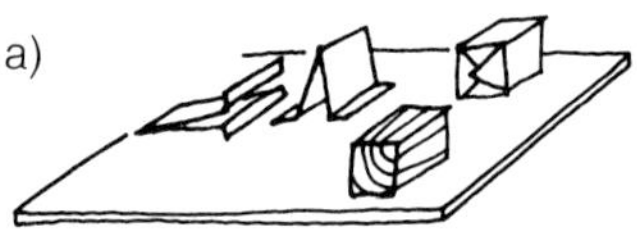

von leichten und schweren Körpern

b)

einer Fahne

c)

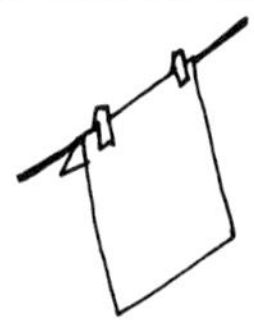

eines hängenden Papierblattes

d)

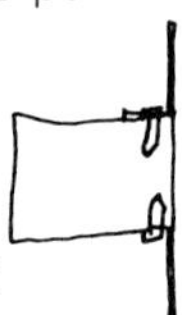

eines senkrecht eingehängten Papierblattes

e)

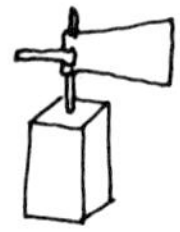

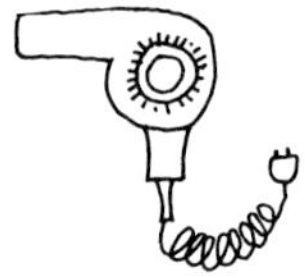

Lernziele für die werktechnologische Problemlösung

Die Kinder sollen
- Bauelemente des Gerätes erkennen und benennen können,
- Aufgabe und Funktion der Bauelemente und der Bauteile erkennen und verbalisieren können,
  Bauelemente — alle Einzelteile;
  Bauteil: mehrere Elemente bilden eine Einheit;
  Bauteil 1: Bodenplatte — Klotz — Mast
  Bauteil 2: Fahne — Lagerung — Gegengewicht
- die drehbare Lagerung des Fahnenblattes verstehen und herstellen können,
- rauhe Holzkanten und Flächen mit Schleifpapier glätten können,
- Klebeverbindungen für Papier, Holz und Styropor herstellen können, einschließlich der Auswahl der Klebstoffe,
- Maße übertragen können — entweder mit Hilfe des Lineals oder mit Hilfe von vorgefertigten Maßstreifen aus Karton,
- Rundholz einspannen und mit der Puksäge ablängen können,
- Rundholz spitzen, in den Styroporklotz eindrehen und verkleben können,
- die Drehbewegung auf ihre Leichtgängigkeit prüfen und eventuelle Korrekturen vornehmen können.

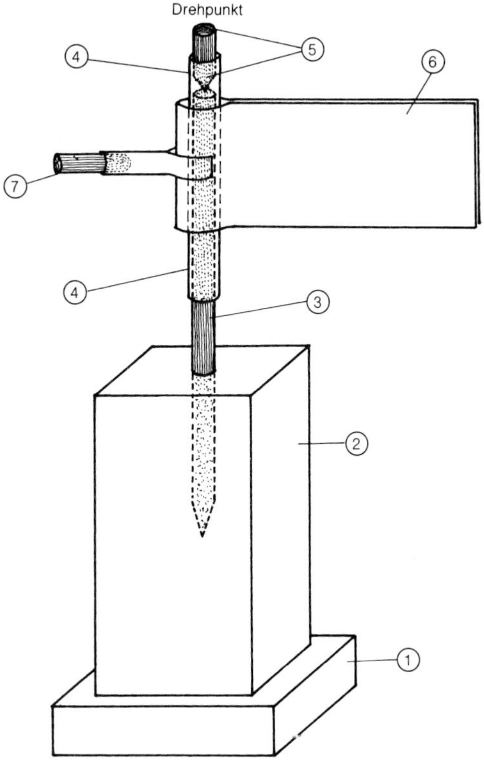

Werktechnologische Hinweise

① Bodenplatte
② Styroporklotz (Standklotz)
③ Mast (Achse, Drehsäule), festsitzend im Klotz
④ Hülse (Gleitlager), drehbar auf dem Mast sitzend
⑤ Spitzlager (reibungsmindernd), mit der Hülse fest verbunden, trägt die Windfahne. Die Spitze ruht drehbar auf dem ebenen Mastende.
⑥ Fahnenblatt (Windangriffsfläche), mit Hülse verbunden
⑦ Richtungsanzeige, aus der der Wind kommt und Gegengewicht zum Fahnenblatt (eingestecktes Rundholz)
Fahne mit Hülse und Spitzlager wird auf dem feststehenden Achsenstab eingehängt, ähnlich einer Türangel.

Standfuß 	s = ca. 9 cm  Zugeschnitten vorgeben, Kanten mit Schleifpapier anschleifen.
Turm/Standklotz 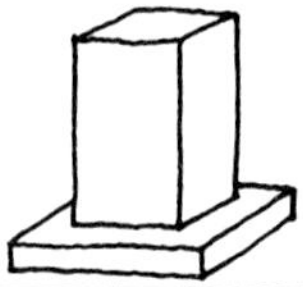	Styroporklotz ca. 5 x 5 x 12 cm zugeschnitten vorgeben. Mittelpunkt 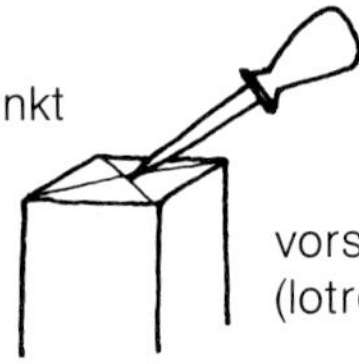 vorstechen (lotrecht) Kleben mit Weißleim oder UHU-por, antrocknen lassen.
Fahnenblatt mit Gleitlager 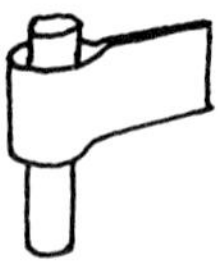	Zeichenblatt ca. 5 x 21 cm 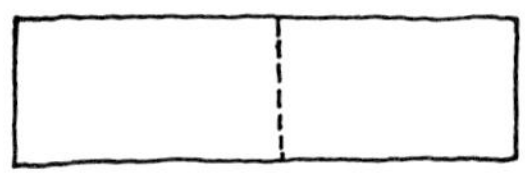  Papierröhrchen oder Trinkhalm ∅ ca. 6 mm l = ca. 8 cm Röhrchen ein- kleben 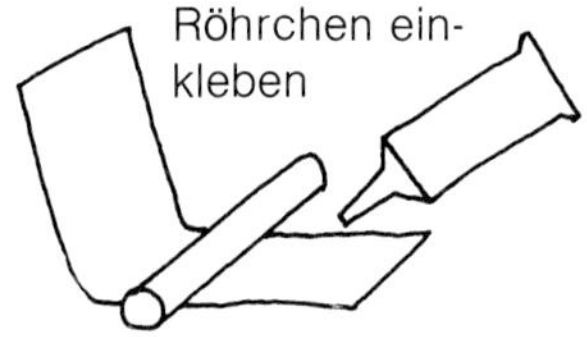
Spitzlager 	 Rundholz im selben ∅ wie das Röhrchen (Hülse) spitzen und ca. 2,5 cm abschneiden (Stab einspannen—Puksäge).  Spitze nachschleifen  Einschieben und mit wenig Klebstoff nach Erprobung befestigen.
Achsenstab 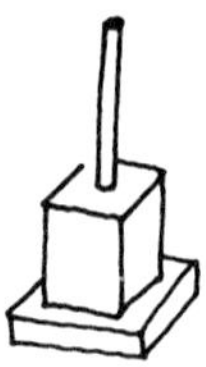	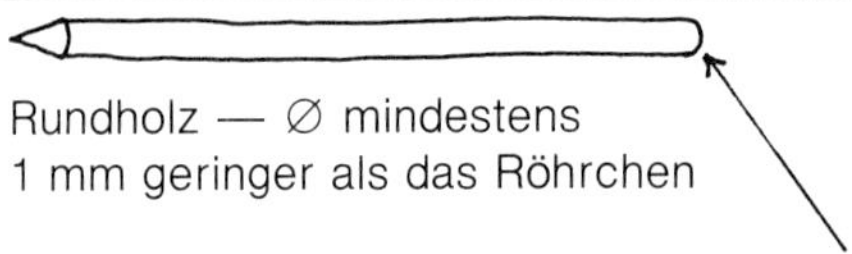 Rundholz — ∅ mindestens 1 mm geringer als das Röhrchen Glätten mit feiner Feile oder Schleifbrettchen 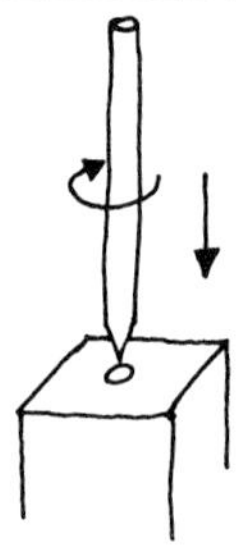 Achsenstab durch Drehen ca. 4—5 cm tief einführen — gerade ausrichten — Höhe überprüfen — herausnehmen und Spitze mit Weißleim versehen — einkleben.
Gegengewicht und Richtungs- anzeige 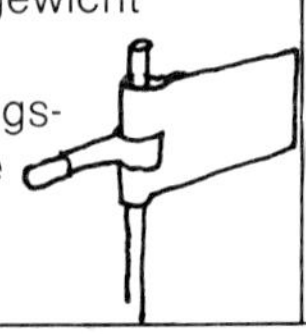	Röhrchen ca. 4 cm lang 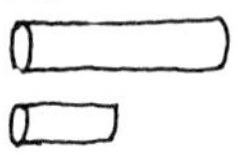 Rundholz im gleichen ∅ anspitzen 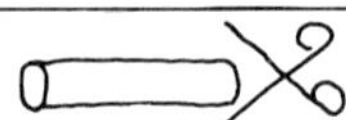 schlitzen  einkleben 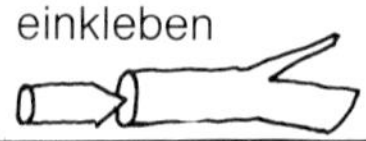 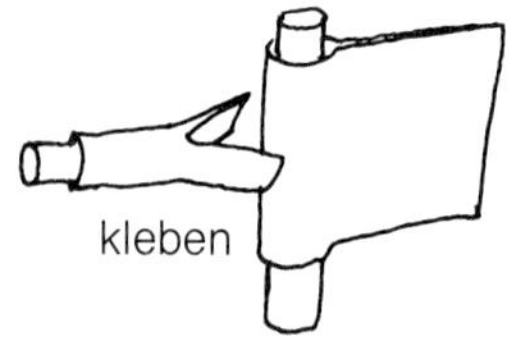 kleben

Fahne aufsetzen 	und erproben: — An der Luftströmung des Föns oder des Staubsaugers (Distanz halten), — an der Zugluft beim geöffneten Fenster, — mit dem Gerät gehen, — Wirkung der Windströmung und Richtungsanzeige ablesen können.
Dekor	Ausgestaltung mit Farbe (Plaka) möglich

Organisation

MATERIAL	Anzahl pro Schüler	Anzahl pro Gruppe (18 Schüler)
Bodenplatte (Spanplatte 16 mm, 9 x 9 cm)	1	
Styroporklotz (5 x 5 x 12 cm)	1	
Mast (Rundholz ∅ 5 mm, ca. 13 cm lang)	1	
Rundholz (Spitzlager und Gegengewicht) ∅ 6 mm, 3 cm lang	2	
Papierröhrchen oder Trinkhalm ∅ 6 mm		
a) Hülse 8 cm lang	1	
b) Richtungsanzeige 5 cm lang	1	
Zeichenpapier 5 x 21 cm	1	
WERKZEUG		
Schere	1	
Vorstecher		6
Schleifpapier oder Schleifbrettchen	1	
Bleistiftspitzer		6
Puksäge und Einspannvorrichtung		6
KLEINMATERIAL		
Alleskleber	Partner	
Weißleim oder UHU-por	Partner	
Pinsel	1	
Plakafarben	Partner	
MEDIEN: siehe Problemerkundung		

Alternativen

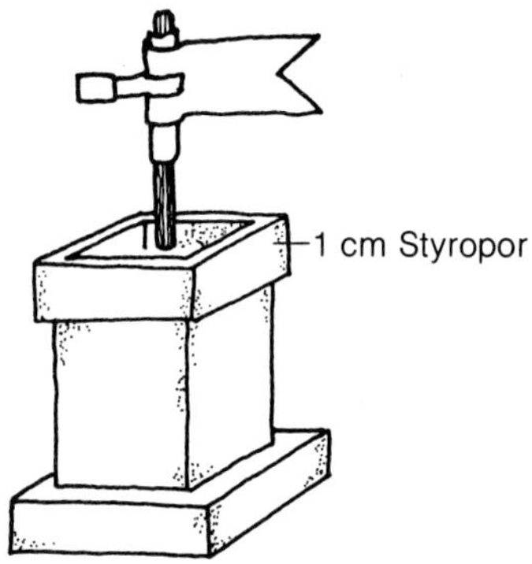

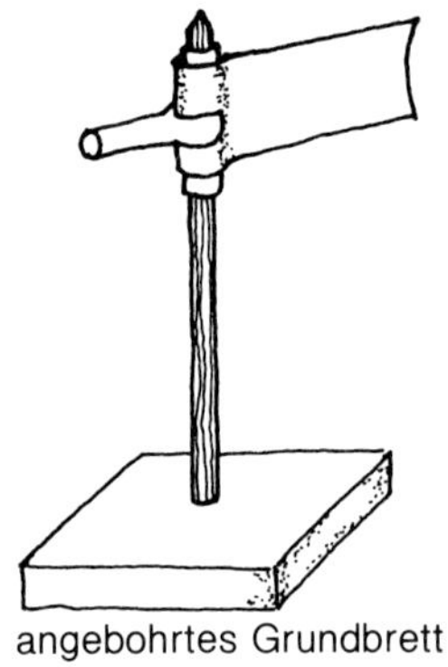

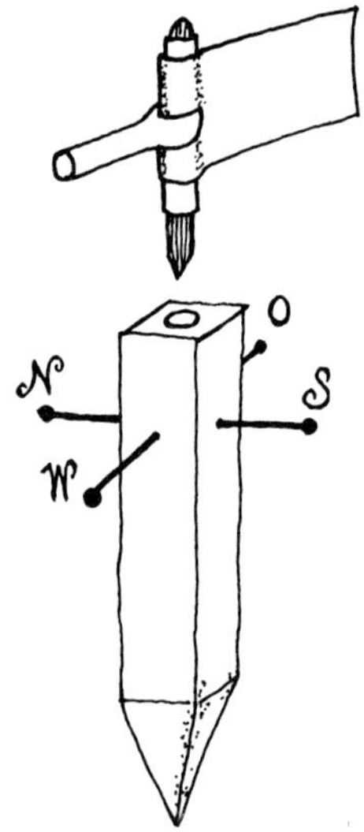

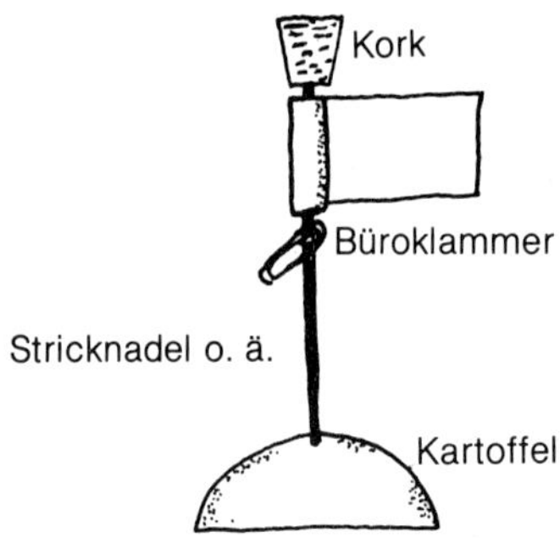

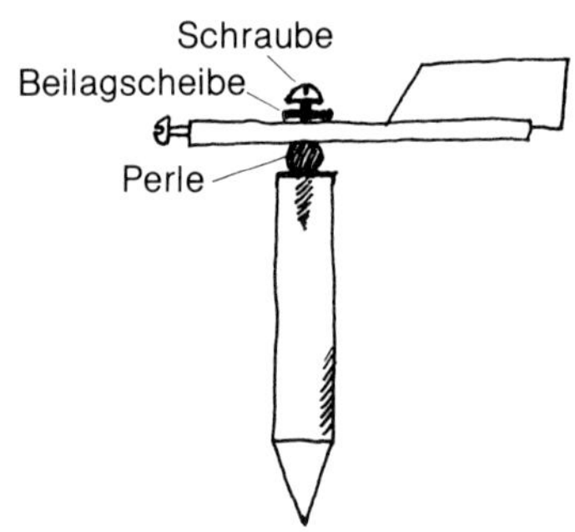

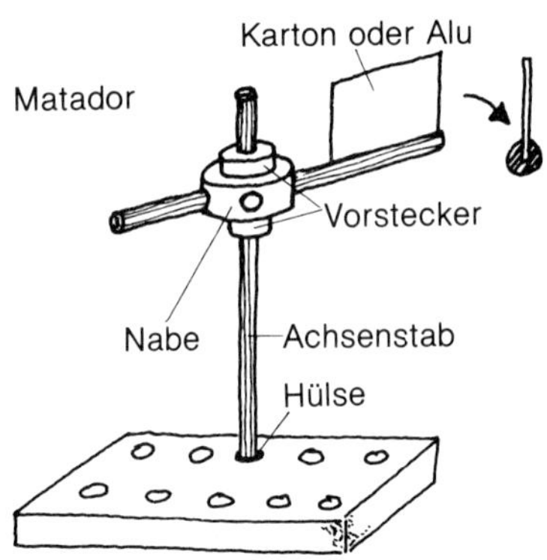

13

Windrad

SACHINFORMATION FÜR DEN LEHRER

Bedeutung für den Menschen

Windräder nehmen die Energie stromender Luftmassen auf und stellen mechanische Energie (Drehbewegung) zur Verfügung. Sie wandeln Naturkräfte in nutzbare Energie für den Antrieb von Mahlwerken (Mühle), Pumpen (Be- und Entwässerung) und Lichtmaschinen um.

Da sie selbst keine Arbeit im Sinne der Bearbeitung von Materialien verrichten, sondern lediglich Antriebskraft bereitstellen, gehören sie in die Gruppe der Kraft- oder Energiemaschinen, im Gegensatz zu den Arbeitsmaschinen, die für den Menschen eine bestimmte Arbeit verrichten (Bohrmaschine — bohren, Kreissäge — sägen).

Als vom Wind abhängige Maschinen haben sie in unseren Breiten nicht diese Bedeutung erlangt wie z. B. in Küstengebieten mit einigermaßen konstanter Windströmung. Von modernen, jederzeit einsetzbaren Energiemaschinen (Elektromotoren, Dieselmotoren) verdrängt, scheint sich heute im Zuge der Energieverknappung eine Renaissance der Windräder bzw. der Windkraftanlagen anzubahnen.

Funktionsweise

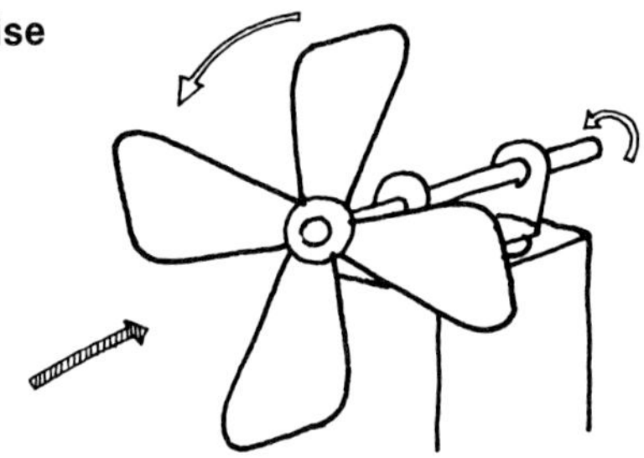

Das Windrad sitzt auf einer waagrecht gelagerten Welle und muß gegen den Wind stehen. Seine Flügelblätter sind schräg gestellt. Die Luftströmung drückt die Flügelblätter kontinuierlich seitwärts und bringt das Rad in Drehung.

Da Rad und Welle miteinander fest verbunden sind, dreht sich die Welle mit. Mechanische Energie in Form einer Drehbewegung steht als Antriebskraft zur Verfügung.

Mit Hilfe entsprechender Getriebeteile (Zahnräder, Wellen, Kurbel) kann diese der jeweiligen Maschine (Pumpe, Lichtmaschine) zugeführt werden.

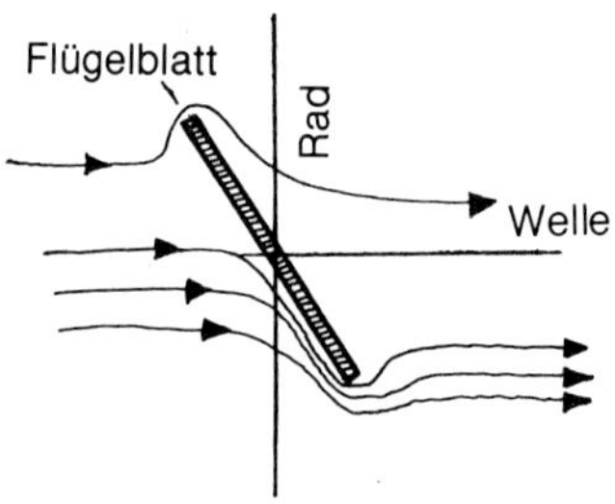

Da sich die Windrichtung ändert, muß das Windrad dem Wind nachgestellt werden. Die alten Windmühlen wurden händisch geschwenkt. Es gab Windmühlen, die als ganzes, Flügelrad und Haus, gedreht werden mußten.

Moderne Windräder stellen sich von selbst gegen den Wind. Der obere Teil des Turmes, in dem das Windrad gelagert ist, läßt sich ähnlich einem Karussell drehen. Eine Windfahne drückt das Windrad stets gegen den Wind.

HINWEISE ZUR UNTERRICHTSPLANUNG

Aufgabe

„Wir bauen ein Windrad, das einen Schaukelbalken bewegt!"

Lernziele für die kognitive Erkundung

Die Kinder sollen
- die Ursachen der Drehbewegung an Versuchsmodellen durch Probieren erkunden und erkennen,
- Erkenntnisse und Erfahrungen aus der Werkaufgabe „Windfahne" einbeziehen,
- den Bewegungsablauf vom Windrad bis zum Schaukelbalken am Demonstrationswerkstück verfolgen und verbalisieren können,
- Konstruktionsbedingungen einer funktionstüchtigen Bewegungsweiterleitung erkennen,
- die einzelnen Bauelemente erkennen und benennen können.

Hinweise zur Problemerkundung

Ausgangspunkt könnte ein Windrad sein, wie es als Spielgerät allgemein bekannt und leicht verfügbar ist.
In einem Kreisgespräch rund um einen Demonstrationstisch werden Ursachen des Sich-in-Bewegung-Setzens des Windrades erkundet: die Luftströmung und die Wirkungsweise der Luftströmung, wobei Erfahrungen aus der Werkaufgabe „Windfahne" einbezogen und weitergeführt werden.

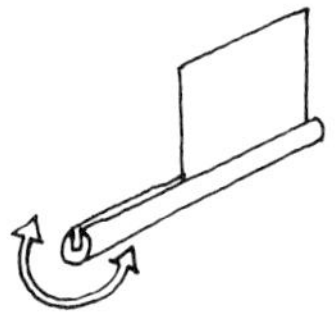

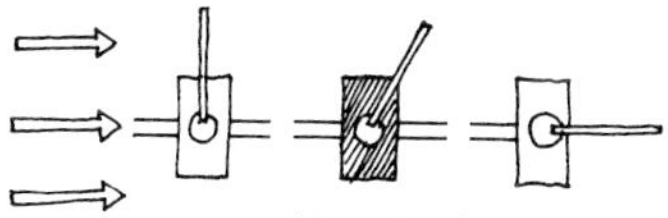

Nur die Schrägstellung
setzt das Rad in Bewegung

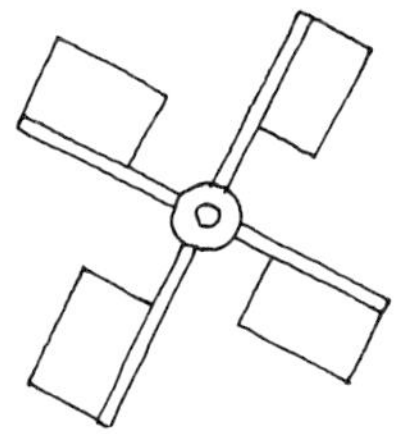

Eine Versuchsanordnung mit Matadorbauteilen und einem Fön als Strömungserzeuger kann elementare Einsichten vermitteln:
Vier Matadorstäbe werden mit einem Kartonblatt versehen und als Flügelblätter in eine vierlochige Nabe gesteckt.
Die Nabe wird auf einem Klotz (Turm) drehbar gelagert. Die Stellung der Flügelblätter zum Luftstrom kann von den Kindern verändert werden. Das Radverhalten in der Luftströmung bei verschiedener Flügelstellung ist beobachtbar. Auch die Nutzung der entstandenen Drehbewegung für den Antrieb einer Maschine kann veranschaulicht werden, wobei die Entscheidung für eine Achslagerung oder Wellenlagerung des Windrades bedeutend ist.

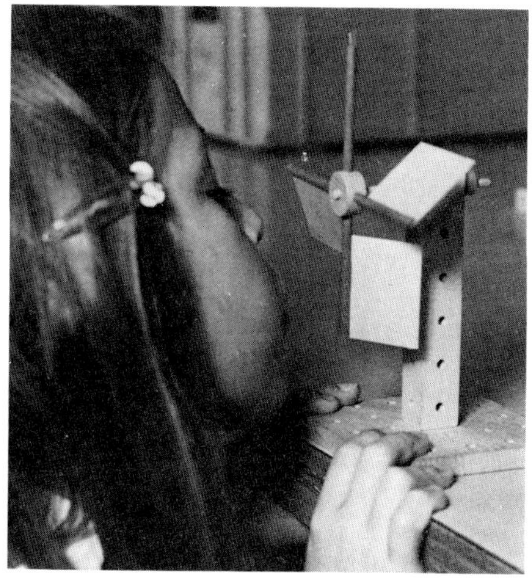

Lernziele für die werktechnologische Problemlösung

Die Kinder sollen
— das Materialangebot den Bauelementen zuordnen können,
— die Bauelemente auf einer Werkskizze (Overhead) wiedererkennen können und drehbare Verbindungen (Lager) herausfinden können,
— die Bewegungsübertragung in der Werkskizze verfolgen können,
— die Leiste mit der Puksäge und Einspannvorrichtung trennen können,
— das Windrad herstellen können,
— eine brauchbare Lagerung der Welle herstellen können,
— Mitnehmer aus der Welle biegen und montieren können,
— eine Kurbel biegen und die Schubstange montieren können,
— eine drehbare Balkenlagerung herstellen können,
— die Funktionsqualität der „Windmaschine“ überprüfen und eventuell korrigieren können,
— Figuren für die Schaukel herstellen und befestigen können,
— notwendige Partnerschaftshilfe geben können,
— notwendige arbeitsorganisatorische Reglements einhalten können.

Werktechnologische Hinweise

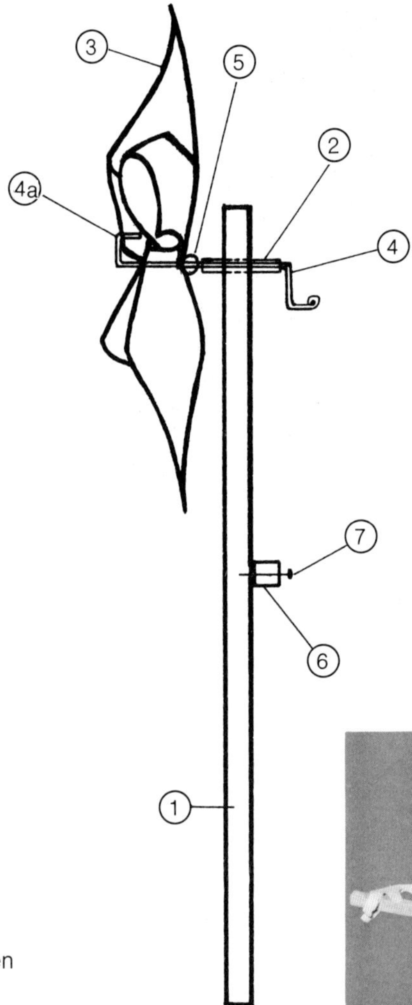

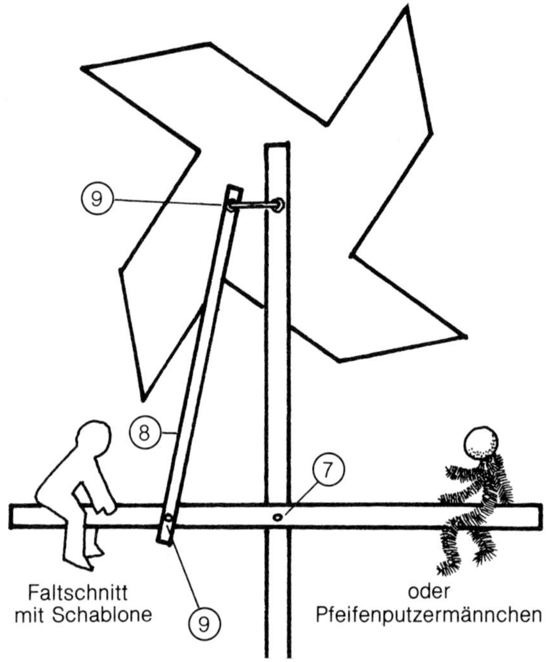

(1) Haltestab
(2) Lagerröhrchen
(3) Windrad
(4) Welle mit Kurbel und Mitnehmer (4a)
(5) Perle (Reibungsminderung)
(6) Balken
(7) Balkenlagerung
(8) Schub- und Zugstange (Pleuelstange)
(9) drehbare Lagerung der Schub- und Zugstange

Haltestab und Balken	Weichholzleiste 1 x 1 x 50 cm 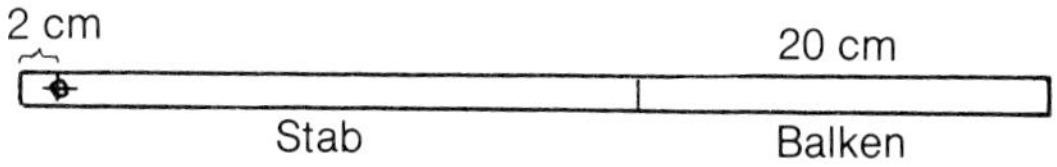 Balkenlänge ausmessen, Leiste mit Säge und Einspannvorrichtung trennen. Lochbohrung auf Lagerröhrchen abstimmen. Bohren mit Ständerbohrmaschine (Lehrer).
Lagerröhrchen	 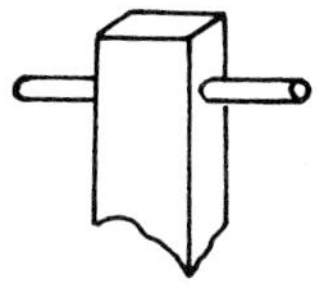 Als Lagerröhrchen eignen sich am besten die festen Trinkhalme, die auch zum Durchstoßen der Tetrapackungen usw. verwendet werden. Lagerröhrchen bis zur Hälfte in die Lochbohrung am Haltestab schieben. Auf festen und geraden Sitz achten, eventuell verkleben.
Windrad	Quadrat s = 13 cm Maschinschreibpapier, Packpapier, 100grammiges Schreibpapier 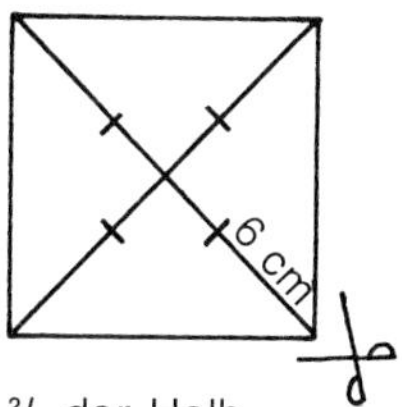 $^2/_3$ der Halbdiagonale von der Ecke her einschneiden (einzeichnen), 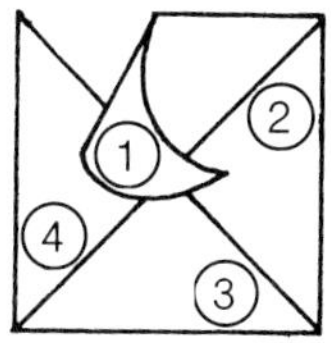 4 Spitzen der Reihe nach über den Mittelpunkt hinaus aufeinanderlegen, ohne das Papier zu knicken. Hilfsgerät dazu:  Das eingeschnittene Blatt im Mittelpunkt aufspießen, ebenso die 4 Spitzen jeweils auf den Reißnagel spießen. Ein Radiergummi verhindert eine Verletzung der Fingerspitze. Sind alle 4 Spitzen übereinandergelegt, verklebt man sie mit 2 kreuzförmig aufgelegten Tixostreifen (2,5 cm) oder einer selbstklebenden Rundetikette.
Welle: Mitnehmer biegen	Dazu eignet sich Stangendraht. Den im Bund gerollten Draht muß man vorerst gerade biegen, was nicht jedem gelingt. Drahtlänge: 12 cm, Schweißdraht (Eisen) ∅ 1 mm (bis 1,5 mm) oder Alu ∅ 2 mm 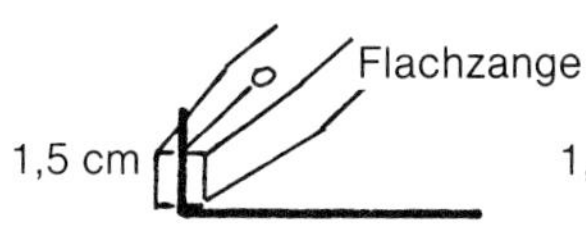 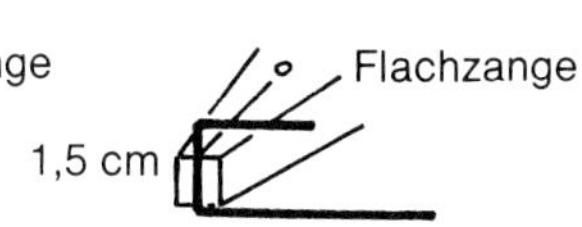 Zum Biegevorgang: Drahtstück mit der Zange halten, mit dem Daumen den Draht unmittelbar oberhalb der Backen biegen.

Montage des Windrades Kurbel biegen	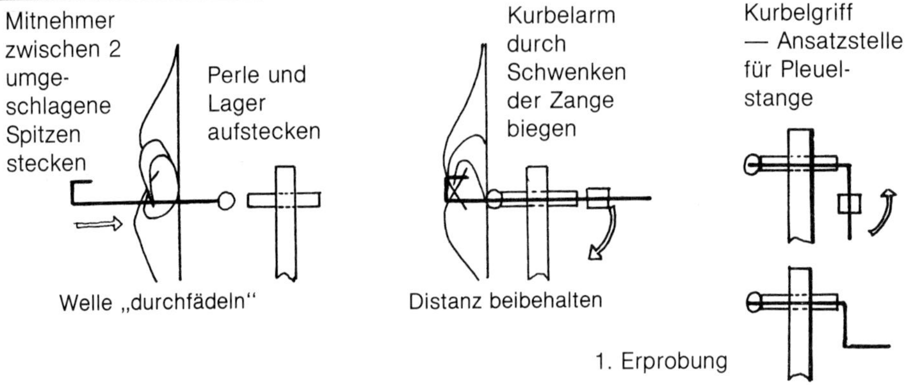
Schaukelbalken montieren	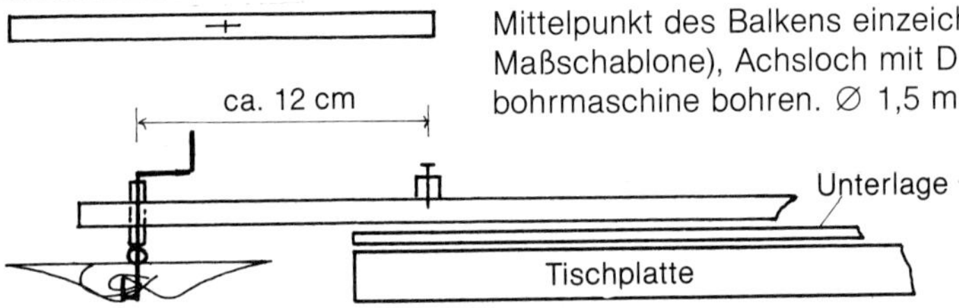 Mittelpunkt des Balkens einzeichnen (Lineal oder Maßschablone), Achsloch mit Drillbohrer oder Handbohrmaschine bohren. ∅ 1,5 mm, Unterlage! Nagel mit Flachkopf (nicht länger als 20 mm) durch das Achsloch des Balkens stecken, auf der angezeichneten Stelle so in den Stab schlagen, daß er fest sitzt, der Balken aber drehbar bleibt.
Schub- und Zugstange	fester Plastiktrinkhalm: 14—15 cm lang 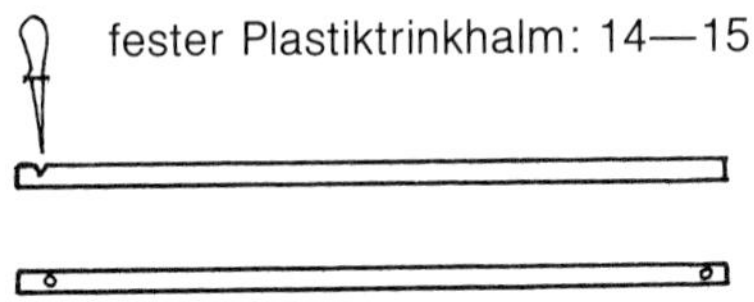 Löcher mit dem Vorstecher in gleicher Richtung in beide Endbereiche stechen (Unterlage)
Montage	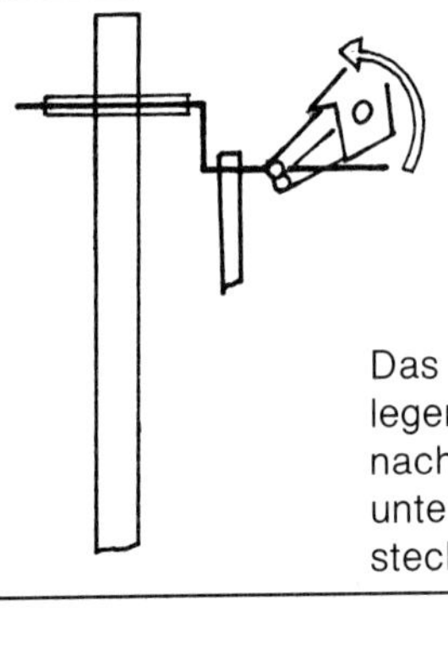 Schubstange aufstecken und gegen Abrutschen sichern. Kurbelende (ca. 1,5 cm, Rest abzwicken) mit der Rundzange fassen und nach innen drehen bis eine Öse entsteht. Einfachere Lösung — Ende mit der Flachzange hochbiegen. Die Schubstange soll genug Platz haben. Das Gerät wie bei der Montage des Schaukelbalkens auf den Tisch legen. Die Stellung des Balkens, der Kurbel und der Schubstange nach der Ansicht auf Seite 128 ausrichten. Die linke Balkenhälfte unterlegen. Den Nagel durch die Lochöffnung der Schubstange stecken und bis zur Hälfte einschlagen.

Erprobung	Jetzt ist eine Maschine entstanden. Funktionstüchtigkeit überprüfen. Schon im Gehen muß sich das Windrad zu drehen beginnen und den Schaukelbalken in Bewegung setzen.
Figuren ankleben	a) Faltschnitt mit Schablone: 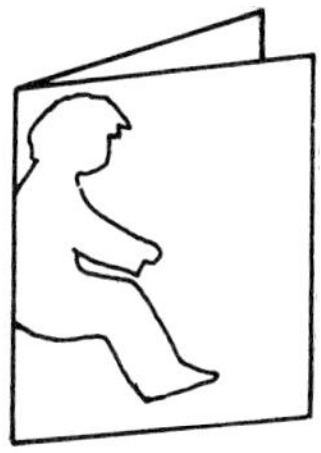 Schablone aus Karton mit dem Rücken am Bug anlegen, Kontur nachziehen. Ausschneiden — der Bug am Rücken der Figur bleibt erhalten. Material: Zeichenpapier oder Naturpapier b) aus „behaartem“ Pfeifenputzerdraht: 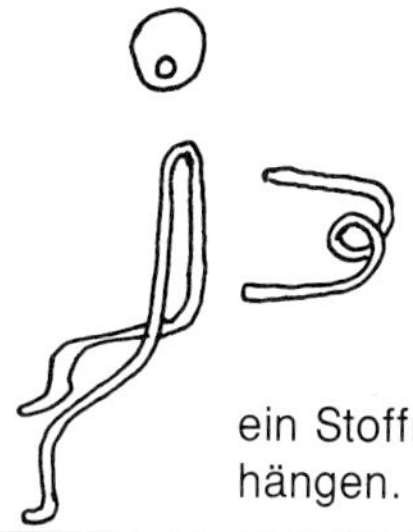 Papierkugel als Kopf, vorhandene Lochöffnung mit dem Vorstecher erweitern, ein Stoffrestchen umhängen.
Dekor	Auf Farbauftrag durch Bemalen sollte bei dieser diffizilen Aufgabe verzichtet werden. Zudem verformen wasserhältige Farben die Papierteile.

Organisation

MATERIAL	Anzahl pro Schüler	Anzahl pro Gruppe (18 Schüler)
Weichholzleiste (Stab und Balken) 1 x 1 x 50 cm	1	
Trinkhalm (Lager) 3, 5 cm	1	
Trinkhalm (Schubstange) ca. 15 cm	1	
Papierquadrat (Windrad) s = 13 cm	1	
Stangendraht (Welle) ∅ 1—1,5 mm, l = ca. 12 cm	1	
Perle ca. 0,5 cm	1	
Papier für Faltschnitt 11 x 7 cm	1	
(oder Pfeifenputzerdraht	(2)	
und Papierkugel, ca. 1,5 cm)	(1)	
WERKZEUG		
Puksäge		6
Einspannvorrichtung		6
Flachzange	1	
Beißzange		6
Rundzange		6

Organisation

WERKZEUG	Anzahl pro Schüler	Anzahl pro Gruppe (18 Schüler)
Vorstecher		6
Drillbohrer		6
Schere	1	
Hammer	1	
KLEINMATERIAL		
Unterlagen	1	
Leistenrest zum Unterlegen des Balkens	Partner	
Reißnagel, Pappe, Radierer (Hilfsvorrichtung zur Windradherstellung)	Partner	
Nägel, 20 mm und 16 mm	je 1	
Tixo oder runde Etikette	1	
Klebstoff, Alleskleber	Partner	
MEDIEN: siehe Problemerkundung		

Alternativen

Einfaches Windrad, als Spielgerät bekannt

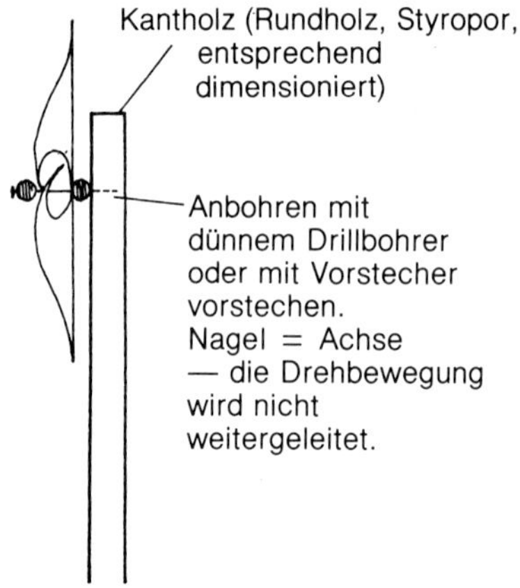

Ein Windrad, das sich selbst gegen den Wind stellt (vgl. Windfahne)

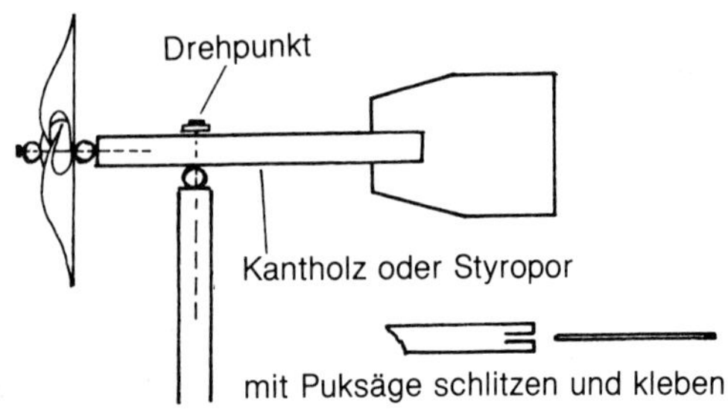

Aus einer Kreisscheibe ein Windrad erfinden

festes Papier, dünner Karton, Alufolie oder dünnes Alublech (0,3 mm)

Kreisschablone

Meßhilfen geben

selbständige Schrägstellversuche

Radmontage wie bei einfachem Windrad oder wie die Balkenmontage beim Schranken

Ein „Windrad“ besonderer Art: Windturbine

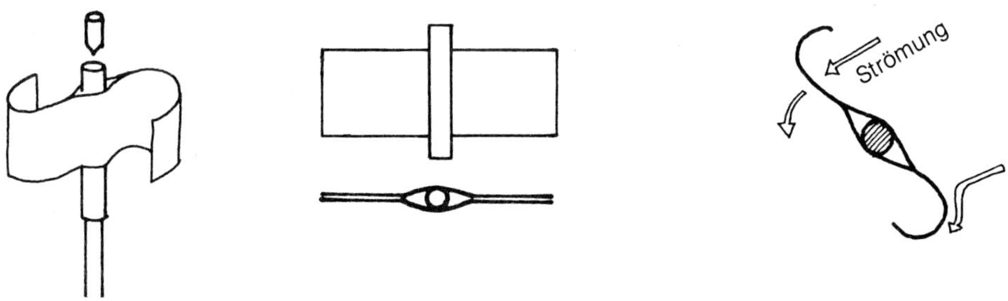

Die Windturbine sitzt auf einer senkrechten Achse. Ein „Gegen-den-Wind-Stellen“ ist hier nicht nötig. Die Montage der Windturbine wird wie die Herstellung des Fahnenblattes der Windfahne durchgeführt.

über die Tischkante ziehen

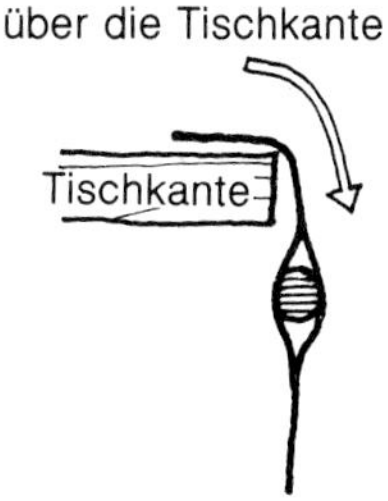

14

Schiffe

Boote

Floße

DIDAKTISCHE HINWEISE

Kind und Aufgabe

Boote und Schiffe üben auf Kinder seit jeher große Faszination aus. Durch das Ansteigen des Tourismus — vor allem an Seen und Meeren — ist bei vielen Kindern die Begegnung mit Booten und Schiffen zur Selbstverständlichkeit geworden. Boote als Spielgeräte, Fernsehreihen, wo Schiffe eine dominierende Rolle spielen und Darstellungen in Kinderbüchern ergänzen das Erlebnispotential.
Die unterschiedliche Auseinandersetzung auf der 1. und 2. Schulstufe befaßt sich mit folgenden Inhalten: Schwimmfähigkeit, Schiffsform, Schiffsarchitektur bei verschiedenen Boots- und Schiffstypen, Gleichgewicht und Stabilität, Antrieb durch Windkraft (allenfalls Warmluftsegel), Steuermöglichkeit.
Für die werkhafte Realisation eignen sich Styropor und Weichhölzer (in Brett- und Leistenform). Die notwendigen Technologien erfordern den Umgang mit Schere, Messer, Thermogerät, Puksäge, Raspel, Glaspapier, Handbohrmaschine und Hammer.
Das Schwimmbarmachen durch Hohlraumbildung (Kaschurtechnik) und der Einsatz anderer Antriebsmechanismen („Gummimotor") bleiben der 3. und 4. Schulstufe vorbehalten. Der nachfolgende Aufgaben-Auswahlkanon (1—6) zeigt unterschiedliche Schwierigkeitsgrade und Materialempfehlungen. Die Lehrerentscheidung wird nach werkpädagogischen Kriterien und situativen Bedingungen erfolgen müssen.

Bedeutung für den Menschen

Massentourismus, weltweiter Güterverkehr, Ölbedarf, Sport, Freizeit, Forschung und militärische Präsenz sind die wesentlichsten Faktoren für den Schiffsbau aller Art.
Der Transport zu Wasser ist für den Welthandel die Handelsstraße schlechthin.
Zunehmendes Freizeitangebot hat dem Segelsport sprunghaft Freunde gewonnen. Aus einer ehemals elitären Situation hat die Weiterentwicklung von Sportgeräten mit dem Surfbrett einen Massentrend in Bewegung gesetzt, der durch persönliche Unabhängigkeit, Mobilität, Wagemut und Abenteuerflair ein vielfaches Zeitbedürfnis erfüllt.

Bezug zur Wirklichkeit

a) Schiffstypen (Einteilung nach dem Verwendungszweck):
   Schiffe
   Dampfer, Schlepper, Passagierschiff, Kriegsschiff, Flugzeugträger, U-Boot, Tanker, Fährschiff u. a.
   Boote
   Ruderboot, Paddelboot, Kanu, Jolle, Rettungsboot, Segelboot, Yacht, Katamaran (Doppelrumpfboot), Tretboot, Motorboot, Elektroboot, Fischerboot u. a.
   Floße
   Kon-tiki (historisch bedeutsam), Holzflößerei

b) Schiffsarchitektur (Aufbauten):
   Dampfer
   Bug, Heck, Kiel, Rumpf, Bordwand, Deck, Reling, Kajüte, Kommandobrücke, Laderaum, Maschinenraum, Steuer, Schiffsschraube (Schaufelräder), Schornstein, Anker, Trossen u. a.
   Segelboot
   Mast, Großsegel, Focksegel, Schot, Querbaum, Bugstag, Heckstag, Wanten, Steuer, Ruderpinne, Plicht, Kajüte, Schwert (Flossenkiel), Windstander u. a.

Funktionsweise

Schwimmfähigkeit
Auf jeden Körper, der in eine Flüssigkeit getaucht wird, wirken zwei Kräfte: das Gewicht des Körpers (die Schwerkraft, die nach unten zieht) und der Auftrieb (der den Körper emporhebt).

Der *Auftrieb* eines Körpers in einer Flüssigkeit ist gleich dem Gewicht der von ihm verdrängten Flüssigkeitsmenge (Archimedisches Prinzip).
Ein Körper schwimmt, wenn der Auftrieb größer ist als sein Gewicht, oder wenn das spezifische Gewicht des Körpers kleiner ist als das des Wassers.

Vortrieb — Antrieb
Bei Booten und Schiffen erfolgt der Vortrieb durch verschiedenartige Antriebsmechanismen und mit unterschiedlichen Antriebsenergien.
Ruderboot: Paddel oder Ruder werden durch Handkraft bewegt

Segelboot: Ausnutzung der Windkraft. Das Segel dient als Windfang.
Raddampfer: Einsatz in der Binnenschiffahrt. Seitlich angebrachte Schaufelräder (zumeist mit Dampf betrieben) besorgen den Vortrieb.
Motorschiffe: Sie sind mit Schraubenpropeller (Schiffsschrauben) versehen. Hochseeschiffe besitzen große Schiffsschrauben mit geringer Drehzahl.

Boots- und Schiffsform
Schiffskörper sind stromlinienförmig konstruiert, um dem Wasser möglichst wenig Widerstand zu bieten. Dabei kommt der Bugform besondere Bedeutung zu, denn das fahrende Schiff teilt mit dem Bug das Wasser, das hinter dem Schiff wieder zusammenströmt (Bugwelle — Heckwelle).

Steuerruder
Es dient zum Lenken des Schiffes. Das Ruderblatt ist drehbar gelagert, an der Heckzone montiert und wird bei Segelbooten direkt über die Ruderpinne betätigt. Die Fahrtrichtung wird jeweils nach der Seite des Ruderausschlags geändert.

Kiel und Schwert
Um Boote kursstabil zu halten, ist die Rumpfunterseite kielbewehrt. Segelboote sind mit beweglichen Kielen ausgestattet (Schwert). Hochseeyachten, die starkem Winddruck und Wasserdruck (Wellengang) ausgesetzt sind, werden mit Flossenkielen (tiefgelegte, bleibeschwerte Kielform) ausgestattet, die eine tiefe Schwerpunktlage bewirken und extreme Seitenlage gestatten.

Stabilität
Symmetrische Formgebung und ausgewogene Schwerpunktlage geben dem Schiff Stabilität. Das bedeutet, daß bei Seitneigung (schlingern um die Längsachse) und bei Kopf- und Heckneigung (stampfen um die Querachse) das Boot immer wieder gleichlastiges Verhalten zeigt. Der Beladung und der Bootskonstruktion kommen dabei vorrangige Bedeutung zu.

HINWEISE ZUR UNTERRICHTSPLANUNG

Aufgabe 1 „Warum schwimmen Boote?“

Lernziele für die kognitive Erkundung

Die Schüler sollen
— durch Versuche im Sand die Bedeutung der stromlinienförmigen Bugform erkennen,
— im Versuchsbecken Schwimmfähigkeit, Bedeutung der Schwerpunktlage, Schwimmstabilität und Steuerorgane erkunden,
— einige Begriffe wie Bug, Heck, Mast, Steuer, Segel, Schwert, Anker erfahren.

Hinweise zur Problemerkundung (mögliche Erkundungsaufgaben E 1—E 4)

E 1: *Schiffsform*
Medien: Kartonbehältnis mit dünner Sandschicht, Styroporform (rechteckig), Styroporform (mit Bug)
Erkundungsablauf:
Die beiden Formen werden durch den Sand geschoben, dabei zeigt sich unterschiedlicher Sandstau (Bugwellenimitation).
Erkenntnis: Bedeutung der Stromlinienform!

E 2: *Schwimmfähigkeit*
Medien: Wassergefülltes Versuchsbecken, verschiedene gleichgroße Materialteile (Styropor, Holz, Alublech)
Erkundungsablauf:
Styropor und Holz schwimmen (Eintauchtiefen!), Alublech sinkt, Alublech zur Schale geformt, schwimmt.
Erkenntnis: Bedeutung der Hohlraumbildung bei Schiffen!

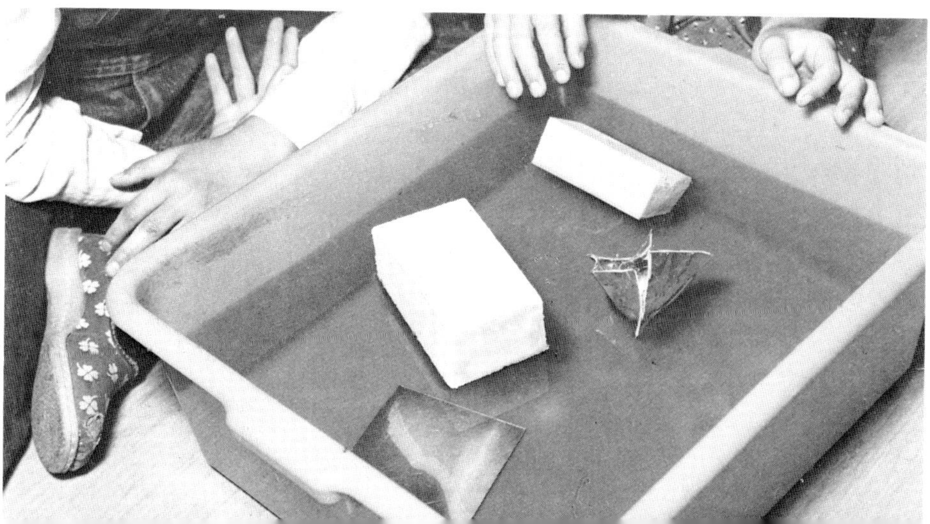

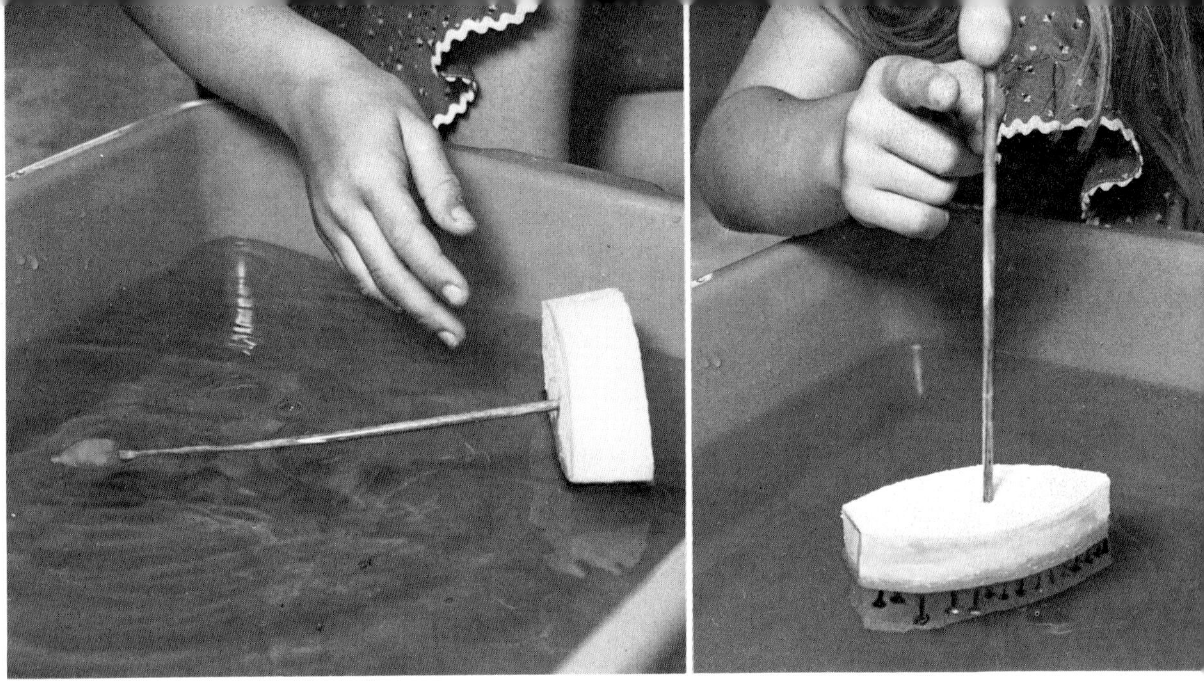

E3: *Schwerpunktlage (Schwert, Flossenkiel)*
Medien: Versuchsbecken, Styroporboot mit Mast, Styropordampfer mit hohen Aufbauten
Erkundungsablauf:
Der Styropordampfer ist nicht schwimmstabil.
Das Mastboot wird mit einer Knetwachskugel an der Mastspitze versehen, es neigt sich um die Längsachse und kann z. B. mit Nägeln stabilisiert werden.
Erkenntnis: Bedeutung der Schwertkonstruktion!

E4: *Schwimmstabilität*
Medien: Versuchsbecken, Styroporboot, Alublechteile
Erkundungsablauf:
Das Boot wird mit Alublechteilen unterschiedlich belastet (Bug — Heck), das führt zu einer Lageveränderung (buglastig, hecklastig usw.).
Erkenntnis: Boote reagieren auf einseitige Beladung!

Aufgabe 2

„Wir bauen ein Fährschiff — ein Schiff, das mit Spielzeugautos beladen werden kann!"

Lernziele für die werktechnologische Problemlösung

Die Schüler sollen
— über die Bedeutung von Fährschiffen Erfahrungen austauschen und Hinweise erhalten,
— aus Styroporabfällen (Grobzuschnitten), Schachtelmaterial, Holzleisten u. a. ein Schiff bauen,

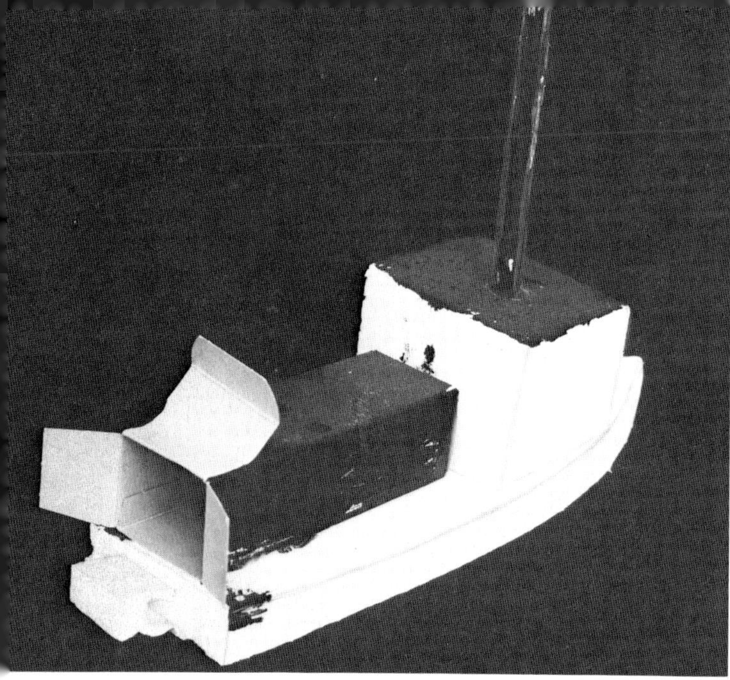 

— den erforderlichen Deckraum (Laderaum) mit Spielzeugautos erkunden,
— in die Handhabung des Thermoschneidegerätes eingeführt werden,
— die gefertigten Schiffe mit Farbe differenzieren,
— die Fährschiffe erproben und darüber reflektieren.

Werktechnologische Hinweise

Auf Styroporteile (20 bis 30 cm lang, 9 bis 15 cm breit, 2 bis 3 cm stark) werden Grobformen mit Filzstift vorgezeichnet (oder Faltschablonen aus Zeichenpapier mit Stecknadeln aufgesteckt) und mit dem Thermoschneidegerät zugeschnitten. Die Zuschnitte werden mit Glaspapier feingeschliffen. Gesammeltes Schachtelmaterial (Abfälle) wird zur Auswahl für Deckaufbauten und Laderäume vorgegeben. Das Material kann frei verändert, ergänzt und kombiniert werden. (Styropor — Karton — Holz mit Kaltleim kleben!)
Vor der Erprobung in einer Plastikwanne wird das Boot mit wasserbeständiger Plaka- oder Dispersionsfarbe bemalt.

Aufgabe 3

„Wir bauen einen Katamaran — ein Doppelrumpfboot mit Segel!"

Lernziele für die werktechnologische Problemlösung

Die Schüler sollen
— über Katamaranboote berichten,
— den Vorteil der Doppelrumpfboote erkennen (z. B. schmale Rumpfform, geringer Wasserwiderstand, geringes Gewicht, erhöhte Schwimmstabilität, erhöhte Fahrgeschwindigkeit),
— aus Styroporteilen ein Doppelrumpfboot bauen,

— das Boot mit Mast und Segel ausstatten (allenfalls Schwert aus Alublech),
— das Boot erproben, über unterschiedliche Schwimmstabilität berichten und Fehler ergründen.

Werktechnologische Hinweise

Die Styroporverarbeitung wurde schon in Aufgabe 2 ausführlich beschrieben. Besondere Probleme ergeben sich bei der Rumpfkonzeption (gleichgestaltige Rumpfteile — Formschablonen), Masthöhenbestimmung (Bootslänge), Rumpfverbindung (Querverstrebung — verleimte Rundhölzer erhöhen die Festigkeit der Verbindungen), Masthalterung (Mast einleimen) und Segelbefestigung.

Aufgabe 4

„Wir bauen einen Dampfer aus Holz und anderen Materialien!“

Lernziele für die werktechnologische Problemlösung

Die Schüler sollen
— Formelemente eines Dampfers bestimmen (Rumpf, Schornstein, Deckaufbauten, Reling, Steuerrad, Laderaum usw.),
— die Rumpfform durch Zusägen eines Brettes erreichen,
— die Feinform durch Raspeln und Schleifen herstellen,
— aus vorgegebenen Hilfsmaterialien (Schachtelelemente, Weichholzleisten, Abfallhölzer, Nägel, Pappröhren usw.) Teilformen für die Deckaufbauten zusammensetzen,
— als Technologien das Sägen, Raspeln, Schleifen, Nageln, Leimen anwenden,
— Einspannvorrichtungen (Zwinge, Schraubstock) verwenden,
— die Schwimmfähigkeit erproben.

Werktechnologische Hinweise

— Am vorgegebenen Weichholzbrett (besonders günstig Abachiholz) wird die Bugform mit Bleistift vorgezeichnet
— Einspannen der Bretter (Zwingen)
— Zusägen mit der Puksäge (Feinsäge) — Lehrerhilfe
— Feinraspeln (Faserverlauf des Holzes beachten)
— Feinbehandlung mit Glaspapier
— Auswahl der Abfallhölzer, Weichholzleisten, Rundstäbe (auch Schachtelmaterial) für die Deckaufbauten, Ablängen der Leisten (Einspannvorrichtung)
— Beim Nageln (Reling) nicht zu starke Nägel verwenden, Randabstände einhalten, um das Springen des Holzes zu verhindern
— Leimen mit Kaltleim
— Formdifferenzierung: Bemalung (Plaka, Dispersion), Fähnchen, Aufschriften, funktionsfreie Merkmale (Steuerrad, Anker, Steuerruder u. a.)

Aufgabe 5

„Wir bauen aus Kant- oder Rundhölzern Floße mit Segel!"

Lernziele für die werktechnologische Problemlösung

Die Schüler sollen
— über die Verwendung (z. B. Landungssteg, Holzflößer, Kon-tiki usw.) und Konstruktion von Floßen elementare Hinweise erhalten,
— aus Kanthölzern (oder Rundhölzern) ein Floß bauen,
— dabei Überlegungen anstellen über

das Zusammenfügen der Kanthölzer zum Floßverband (durch Binden, durch Kleben, durch Querhölzer),
die Montage des Mastes (oder Doppelmastes),
das Anbringen des Segels,
die Konstruktion des Steuerruders,
— als Technologien das Sägen, Schleifen, allenfalls das Bohren mit der Handbohrmaschine und Kleben (oder Binden) anwenden.

Werktechnologische Hinweise

— Vorgabe an Kanthölzern (Weichholzleisten 10 x 10 mm oder 15 x 15 mm).
— Konstruktionsüberlegungen:
Wie viele Kanthölzer werden gebraucht? Länge? Verbindungsform?
— Fixieren der Hölzer in der Einspannvorrichtung. Markieren mit Bleistift (Maßhilfe: Kartonstreifen). Ablängen mit der Puksäge (Partnerarbeit). Sägeschnitte abschleifen.
— Schnurverband:
Einschnitte mit der Puksäge (Rillen als Führung). Querhölzer verbessern das Planliegen der Hölzer (besonders bei Rundhölzern).
— Klebeverband:
Querhölzer ermöglichen gleichgroße Zwischenräume. Sie können genagelt oder geklebt werden.
— Mastbefestigung:
Kanthölzer einspannen (Zwingen)—Unterlagebrettchen, Markierung mit dem Vorstecher, Bohrung mit der Handbohrmaschine (∅ 4—6 mm Spiralbohrer), Mast einleimen.
— Steuerruder:
Mittelholz des Floßverbandes einsägen. Alublechstück oder Weichholzstück einstecken.
— Segelbefestigung:
Zuschnitt des Zeichenpapiers (Stoff!). Mit dem Locheisen (∅ 4—6 mm) Löcher anbringen (Hirnholzunterlage).

Aufgabe 6

„Wir bauen ein Segelboot aus Styropor mit beweglichem Segel, Steuerruder und Schwert!" (Siehe Foto Seite 147)

Lernziele für die werktechnologische Problemlösung

Die Schüler sollen
— über Funktionselemente eines Segelbootes elementare Hinweise erhalten (Rumpf, Bug, Heck, Schwert, Steuerruder, Ruderpinne, Ruderblatt, Mast, Schot, Großsegel),
— entsprechende Materialien für die Teilformen im Grobzuschnitt erhalten und daraus Feinformen entwickeln,
— dabei Technologien für verschiedene Materialien anwenden (verschiedenartige Bearbeitung von Styropor, Aludraht und Alublech, Papier, Farbisolierband, Knetwachs, Rundholz),
— verschiedenartige Klebstoffe kennen- und anwenden lernen (Kaltleim, Alleskleber, Zweikomponentenkleber),
— die Boote erproben.

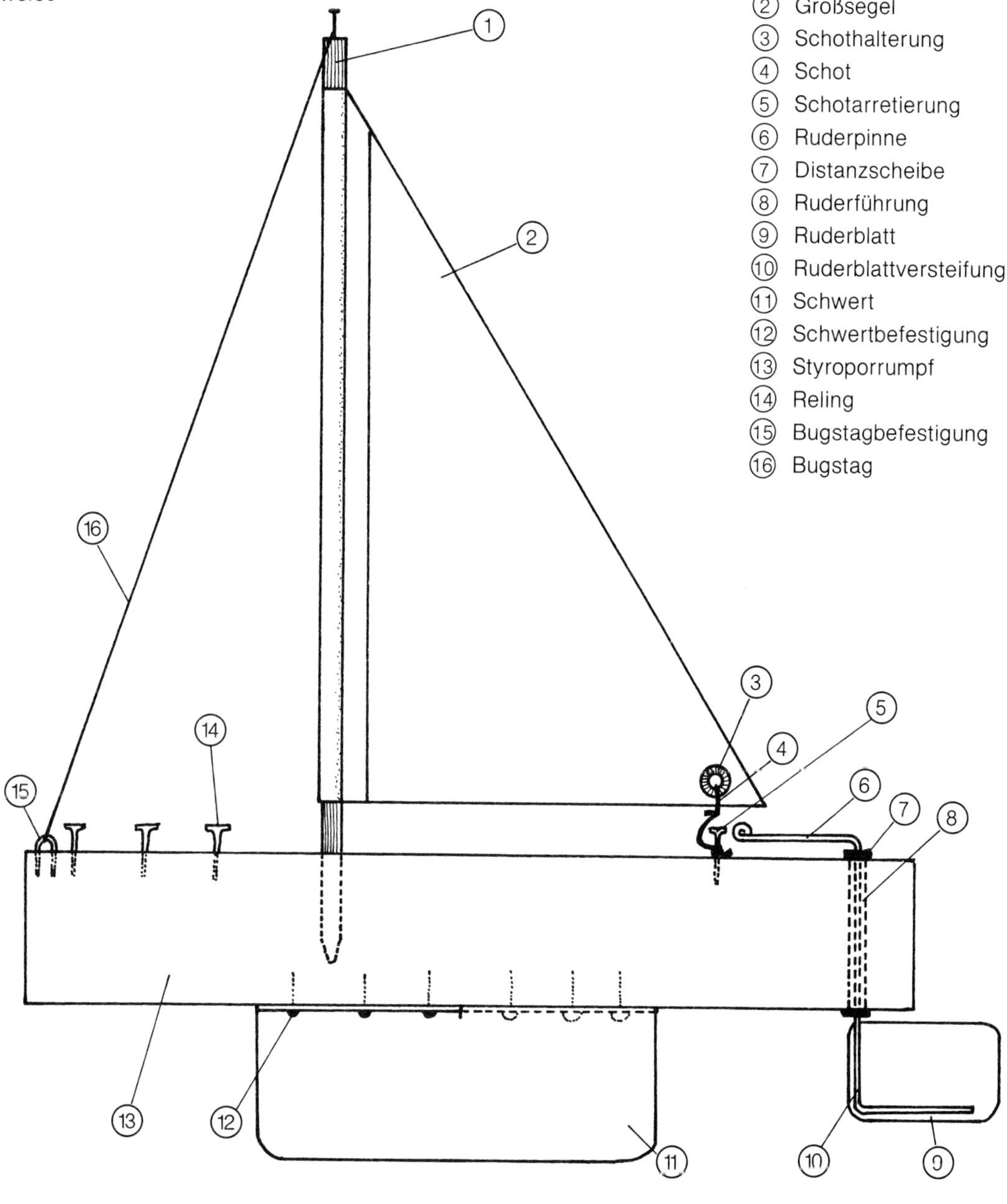

① Mast
② Großsegel
③ Schothalterung
④ Schot
⑤ Schotarretierung
⑥ Ruderpinne
⑦ Distanzscheibe
⑧ Ruderführung
⑨ Ruderblatt
⑩ Ruderblattversteifung
⑪ Schwert
⑫ Schwertbefestigung
⑬ Styroporrumpf
⑭ Reling
⑮ Bugstagbefestigung
⑯ Bugstag

1

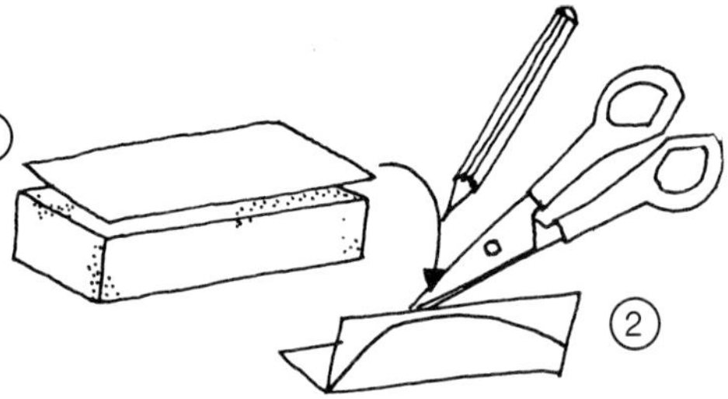

2

3

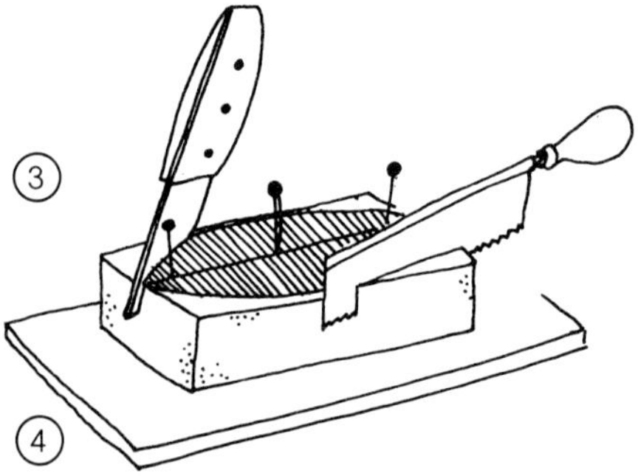

4

5

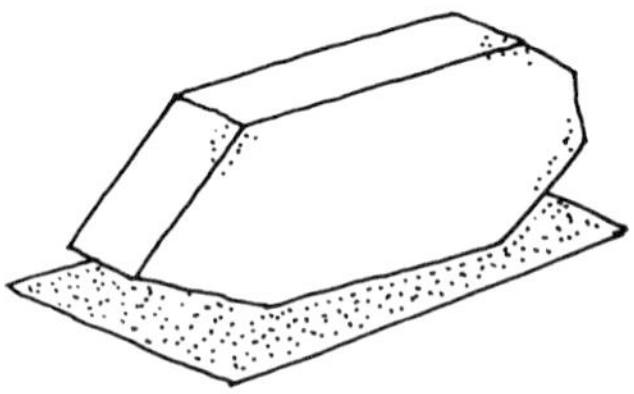

6

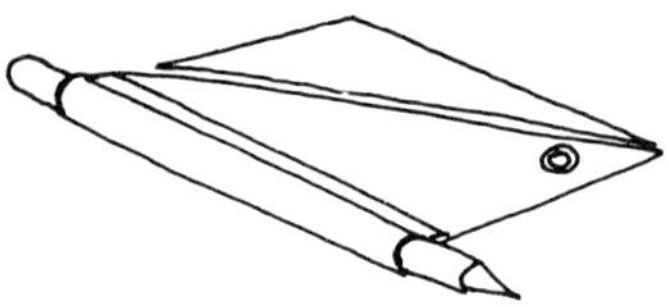

7

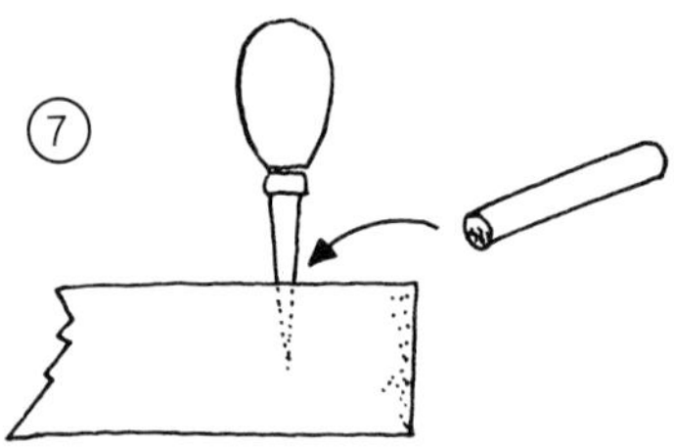

8

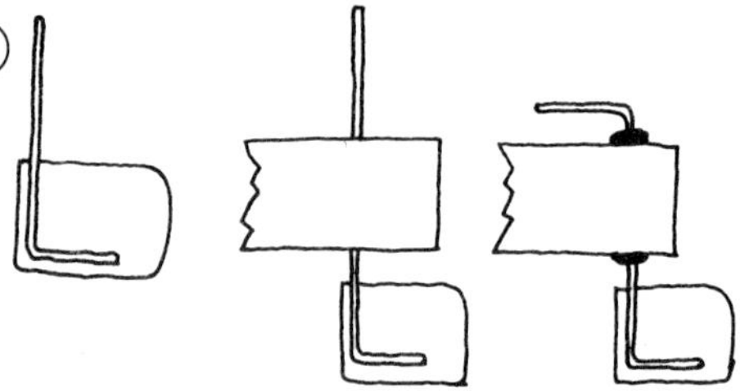

9

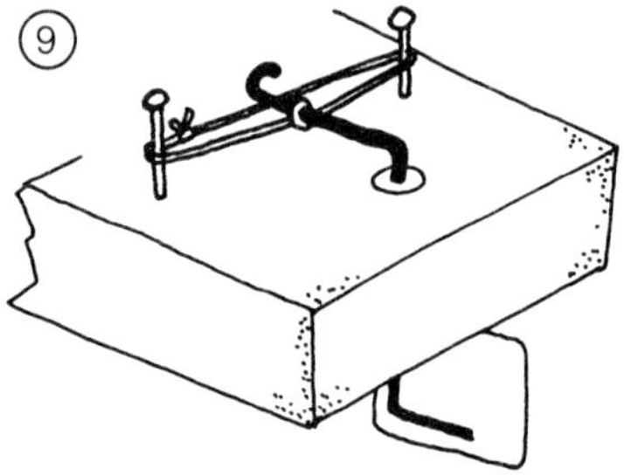

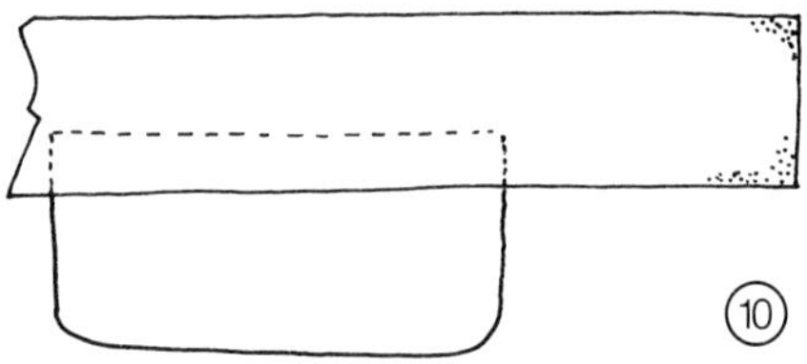

10

11

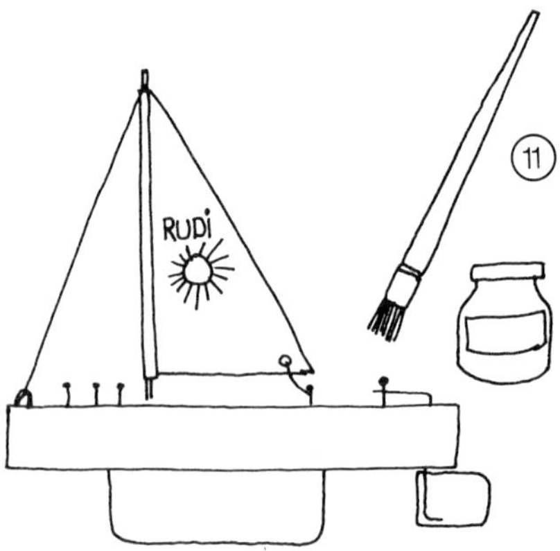

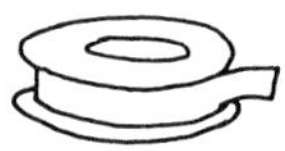

12

Fertigungsphasen

① Materialvorgabe
Styroporplatte (3 cm stark, ca. 9 x 20 cm), Zeichenpapier (DIN A5), Schere, Bleistift

② Entwurf der Bootsform
Faltschnittverfahren, Zuschnitt der Bootsform

③ Aufstecken des Entwurfs auf die Styroporplatte (Stecknadeln)

④ Grobzuschnitt der Bootsform (Styroporschneider, Buchbindermesser oder Feinsäge)

⑤ Entwickeln der Feinform
Abschleifen am aufgelegten Glaspapier oder Zuschliff durch den Lehrer am Bandschleifer.

⑥ Anfertigung von Segel und Mast
Zeichenpapier (DIN A4) über Rundholz (∅ 4 mm) rollen (Länge ca. 20 cm) und mit Alleskleber festkleben.
Zuschnitt der dreieckigen Segelform (Schere) — den unteren Mastteil zum Einleimen nicht mit Papier umrollen.
Lochung für die „Schothalterung" (Bürolocher)
Zuschliff des unteren Mastteiles (Glaspapier) — Spitzform
Einleimen des Mastes in die Styroporform (Kaltleim) — Faltschnitthilfe, in der Mitte des vorderen Bootsdrittels.
Schotarretierung im Bootskörper (Nagel), Schot (Bindfaden)

⑦ Lager für das Steuerruder
Im Heckteil Loch für die Ruderführung (mit der Stechahle) vorbohren,
Plastiktrinkhalm auf die Bootsstärke ablängen und in das Loch einsetzen.

⑧ Steuerruder
Ruderblatt (Alublech, 2 x 3 cm, 0,5 mm stark) — Vorgabe durch den Lehrer (Zuschnitt auf der Hebelblechschere)
Ruderpinne (Aludraht, ca. 2 mm stark, ca. 9 cm lang) gewinkelt (Rundzange) am Ruderblatt festkleben (Zweikomponentenkleber).
Nach Trockenzeit Ruderblatt in die „Trinkhalmführung" einsetzen und zur Ruderpinne winkeln (Rundzange).
Allenfalls Knetwachsteile als Distanzplättchen anbringen.

⑨ Mögliche Ruderpinnenhalterung
Nägel, Bindfaden mit Schlaufe um die Ruderpinne

⑩ Mögliche „Schwertfertigung"
Alublech (0,5 mm stark, ca. 8 x 4 cm groß) — Lehrerzuschnitt (Hebelblechschere — notfalls Deckelschere), Eckrundung (durch den Lehrer an der Werkzeugschleifmaschine oder durch die Schüler mit der Goldarbeiterschere und dem Schmirgelpapier)
Schwertmontage — Alublech durch Sägebewegung im Bootskörper vertieft einsetzen.

⑪ Details
Reling (Rundhölzer, Nägel), „Windstander" an der Mastspitze, Bugstag

⑫ Bemalung
Deck, Rumpf und Segel können ohne formale Einschränkung kindgemäß bemalt werden (Plakafarben oder Dispersionsfarben).

MATERIAL	Anzahl pro Schüler	Anzahl pro Gruppe (18 Schüler)
Mast (Rundholz, ∅ 4 mm, 20 cm lang)	1	
Großsegel (DIN A5)	1	
Schothalterung (Klebering)	1	
Schot (Nylon-Webschnur)		
Schotarretierung (Nagel)		
Ruderpinne (Aludraht, ∅ 2 mm, ca. 9 cm)	1	
Distanzscheibe (Knetwachs)	2	
Ruderführung (Trinkhalm)	1	
Ruderblatt (Alublech, 0,5 mm stark, 2 x 3 cm)	1	
Schwert (0,5 mm Alublech, ca. 4 x 8 cm)	1	
Styroporrumpf (3 cm stark, ca. 9 x 20 cm)	1	
WERKZEUG		
Thermoschneidegerät		4
Feinsäge	1	
Buchbindermesser	1	
Glaspapier		
Leimpinsel	1	
Flachzange	1	
Goldarbeiterschere	1	
Schmirgelpapier		
Rundzange		9

KLEINMATERIAL

Alleskleber, Kaltleim, Zweikomponentenkleber, Plakafarben, Pinsel, Farbisolierbänder, Unterlage

MEDIEN: siehe Erkundungsphase

Alternativen

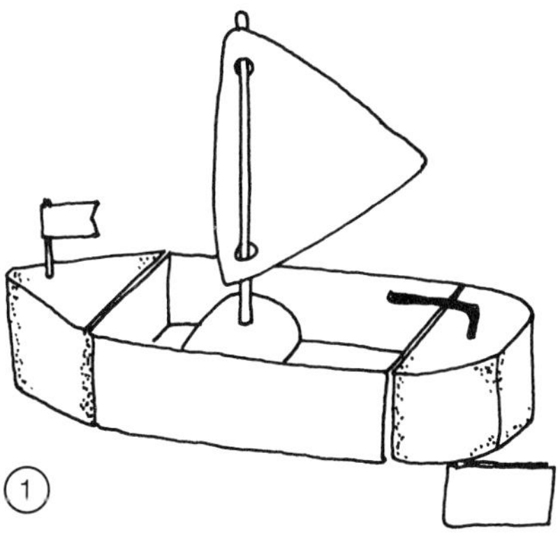

①

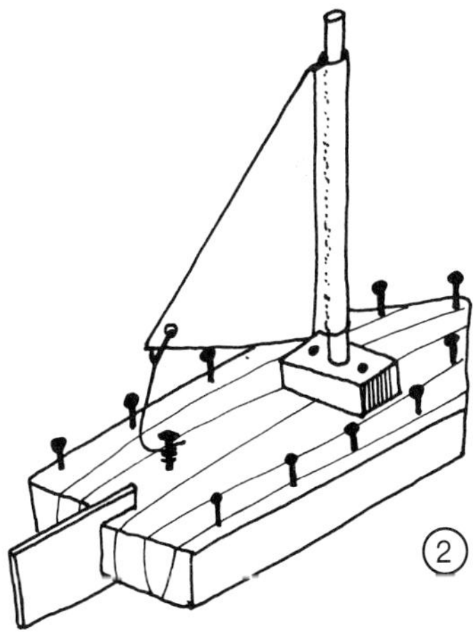

②

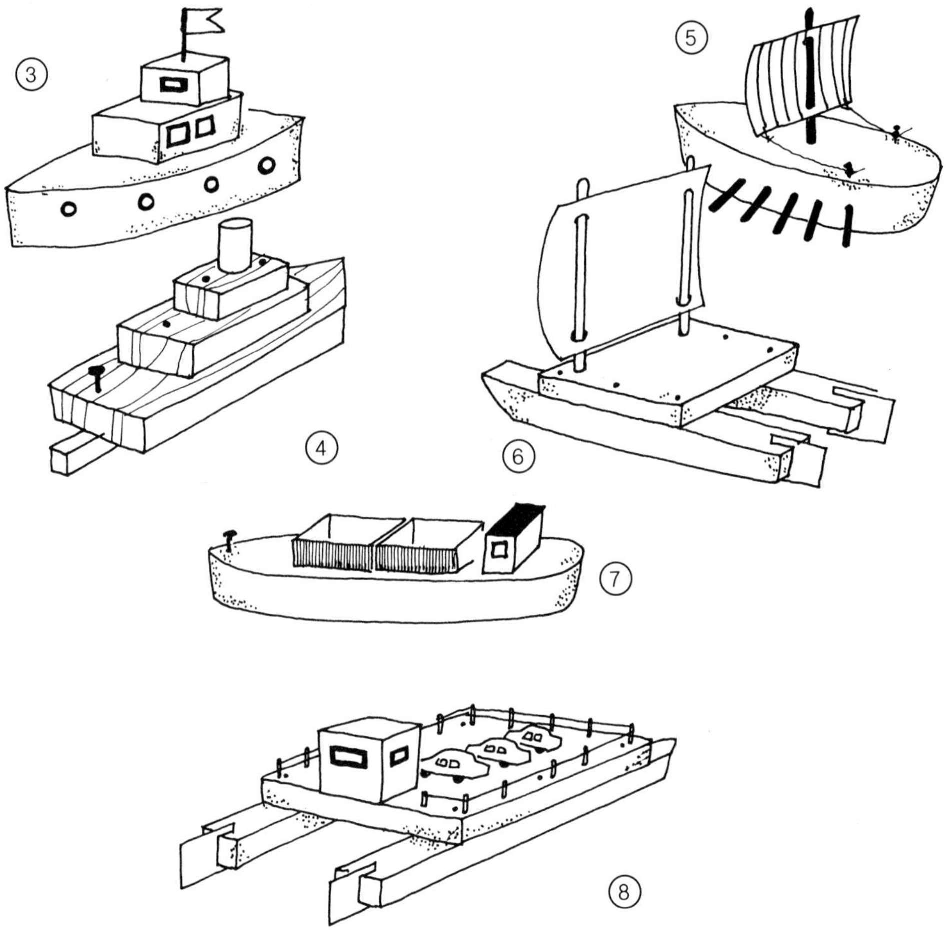

① Segelboot aus Styroporteilen und einer Schachtel — Bemalung mit Dispersionsfarbe

② Segelboot aus Brettholz

③ Dampfer aus Styroporabfällen (2 cm, 3 cm und 5 cm starkes Styropor)

④ Dampfer aus Holzabfällen

⑤ Wikingerboot aus Styropor

⑥ Katamaran aus Styropor mit starrem Zweimastsegel

⑦ Schlepper — Styropor und Schachtelmaterial

⑧ Große Autofähre für sechs Spielzeugautos

Produktgestaltung

15

Daumenschale

Kerzenhalter

Eierbecher

DIDAKTISCHE HINWEISE

Kind und Aufgabe

Die Arbeit mit Ton hat im Grundschulbereich besondere Bedeutung, da die beidhändige Aktivität vor allem die feinmotorische Entwicklung fördert. Vorerfahrungen resultieren zumeist aus Formversuchen mit Plastilin im Vorschulalter (Kindergarten). Ton übt auf Kinder starke Faszination aus — das Material verlangt nach Gestaltung —, daher sollte der Werklehrer, trotz aufwendiger Organisation, auf die Materialbegegnung nicht verzichten.

Hinweise zur kognitiven Auseinandersetzung
Auch in einer Zeit, die dem Kunststoff verpflichtet scheint, ist der keramische Werkstoff in vielfältiger Form anzutreffen (Geschirr, Baustoffe, Fliesen, Sanitärartikel usw.). Der Aufgabenbereich besitzt daher hohe Aktualität und führt zur elementaren Konfrontation mit den Materialeigenschaften des keramischen Stoffes. Hinweise auf keramische Konsumartikel und ihre Fertigung können durch die Unterrichtsarbeit erfolgen. Einfache Begriffe für die Benennung und Beschreibung von Gefäßen können ihre Anwendung finden (Schale, Becher, Vase, Krug; Wandstärke, Gefäßrand, Gefäßboden; Muster, Glasur usw.).

Hinweise zur praktischen Auseinandersetzung
Neben dem spielerischen Erkunden, das vor allem bei der Erstbegegnung mit dem Material nötig ist, um das Neugierverhalten zu befriedigen, kann der Aufgabencharakter zunehmend betont werden.

Die Arbeit auf der Grundstufe 1 ist durch elementare Techniken gekennzeichnet: Arbeit aus dem Kloß in Verbindung mit Oberflächendifferenzierungen (durch Ritzen, Drücken, Stempeln).
Das Schrühen (Töpfer) gefertigter Werkstücke ist anzuraten, da die Werkstoffveränderung direkt erfahren wird.
Ebenso ist der elementare Gebrauchswert der Behälter (Kerzenhalter, Eierbecher, Daumenschale) zu erproben.
Auch auf der Grundstufe 1 ist das Glasieren mit elementaren Ansprüchen möglich, aber nur dann organisatorisch leicht zu bewältigen, wenn dem Werklehrer sowohl Werkraum als auch keramischer Brennofen zur Verfügung stehen.

SACHINFORMATION FÜR DEN LEHRER

Materialhinweise

Beschaffung und Lagerung

Ton wird am besten beim Töpfer direkt bezogen. Nur so ist gewährleistet, daß er fachgerecht verpackt ist, preisgünstig ist und nicht überlang gelagert wurde. Ton muß weiche, bildsame Konsistenz haben.
Für den Schulgebrauch wird er zumeist als „10-kg-Ziegel", plastikverpackt (luftdicht) angeliefert. Für längere Lagerung ist allerdings ein Plastikfaß (Fassungsraum ca. 100 l) erforderlich, um die Wasserabgabe auch bei zerrissenen Plastikhüllen zu unterbinden.

Organisation im Klassenraum

Eine Arbeitsschürze schützt vor Tonstaub und Tonkrusten, die allerdings leicht zu entfernen sind. Für die Reinigung der Hände ist Vorsorge zu treffen (auch während des Werkprozesses). Schülertische sollten mit Plastikschutz umhüllt werden.
Arbeitsbretter sind unbedingt erforderlich (Resopal beschichtete Homogenbretter von ca. 30x30 cm Größe usw).

Grundwerkzeuge:

Schneidedraht (unentbehrlich für das Portionieren der Tonziegel — ca. 20 cm langer Messingdraht, Ersatz Nylonschnur)
Drahtschlinge (Aushöhlinstrument in verschiedenen Stärken — Messingdrahtschlinge mit Hartholzgriff, auch in Kunststoffausführung)
Modellierhölzer (ersetzen die Fingerkuppen beim Verstreichen der Tonmasse bei schlecht zugänglichen Gefäßteilen)
Wassergläser und Pinsel (zum Ansetzen von Tonschlicker — Tonbrei — wird z. B. benötigt beim „keramischen Kleben" von Auflagedekor)
Nudelwalker und Holzleisten (zum Auswalken von Tonplatten für „Relief- und Plattentechnik")
Glaspapier (zum Feinschleifen luftgetrockneter Werkstücke)
Plastiksäckchen (zum Umhüllen und luftdichten Verschließen bei Arbeitsunterbrechungen)
Spachtel (zum Reinigen der Tonbretter)

Ritzinstrumente — spitzgeschliffene Rundhölzer ∅ 6 mm (zum Ornamentieren von Gefäßoberflächen)
Abstellmöglichkeit — Styroporplatten oder Homogenbrettchen (für den Trockenprozeß)

Zeitliche Abfolge keramischer Werkprozesse
1. Woche: Formaufbau (allenfalls Arbeitsunterbrechung)
2. Woche: Formaufbau abschließen — glätten — Oberflächengestaltung
3. Woche: Trockenprozeß (8 Tage)
4. Woche: Schrühbrand (Töpfer)
5. Woche: Kaltbemalen oder Glasieren
6. Woche: Glasurbrand (2. Brand) oder Lackieren mit farblosem Mattlack (2. Phase der Kaltbemalung)

Keramische Bezeichnungen

„Grüner Scherben" (frische Tonmasse — von der Zusammensetzung abhängig — grünlich, grau, dunkelgrau, weiß usw.)
„Lederharter Scherben" (an der Luft verfestigte Masse — nach ca. zwei Tagen)
„Geschrühter Scherben" (nach dem 1. Brand — Schrühbrand)
„Glasierter Scherben" (nach dem 2. Brand — Glasurbrand)

Materialeigenschaften
— Alle Teilformen eines Werkstückes müssen rißfrei verbunden werden. Nachträgliches Verstreichen der Risse mit dem Modellierholz kann nur am „Grünen Scherben" erfolgen.
— Ton trocknet an der Luft von außen nach innen.
— Die Schwindung bei der Trocknung beträgt ca. 8—10 %.
— Ton muß vor der Verarbeitung geknetet oder „aufgeschlagen" werden, um Lufteinschlüsse zu unterbinden.
— Bei Gefäßen ist eine fingerdicke Wandstärke anzustreben.
— Während der Form- oder Aufbauarbeit kein Wasser verwenden. Das Gefäß sinkt in sich zusammen. Angeschlämmter Ton ist schwer zu formen.
— Das Glätten der Gefäßwandung mit Wasser ist generell nicht erforderlich (nach Abschluß der Formarbeit).
— Der luftgetrocknete „Graue Scherben" läßt keine Korrektur mehr zu. Günstig erweist sich allerdings die Feinbehandlung mit Glaspapier — zum Abschleifen von Graten usw.
— Der „Graue Scherben" ist noch immer wasserlöslich. Mißlungene Arbeiten können jederzeit zerkleinert und im Wasser „eingesumpft" werden. Der gelöste Tonbrei kann nach entsprechender Wasserverdunstung wieder verwendet werden.

Der 1. Brand (Schrühbrand)
Gefäße, die zum Brennen dem Töpfer übergeben werden, sollten ein Kurzzeichen erhalten (am Gefäßboden). Der Brennvorgang dauert ca. acht Stunden, das Abkühlen der gebrannten Tonwaren einen vollen Tag.

Bei einer Temperatur von 900° C verändert der Ton seine mechanischen und chemischen Eigenschaften: Er läßt sich im Wasser nicht mehr auflösen, verändert seine Farbe und wird hart. Geschrühte Gefäße sind jedoch porös — zumeist nicht wasserdicht. Bei einer Temperatur von 1100° C erfolgt der *Sinterungsprozeß*, der dem Ton seinen höchsten Härtegrad verleiht.

Das Kaltbemalen (unkeramische Bemalung)
Geschrühte Tonwaren können mit Deckfarben und farblosem Lack bemalt werden. Vorsicht! Wasserdichtheit wird dadurch nicht erreicht!

Das Glasieren — der 2. Brand (Glasurbrand)
Glasuren sind glasartige Überzüge der Tonwaren. Für den Schulgebrauch eignen sich vor allem Unterglasuren (Näpfchenform), opake Glasuren (volldeckend, angrenzend verwendbar) und transparente Glasuren (starker Laufeffekt). Alle bleihaltigen Glasuren sind zu vermeiden.

Da die Glasurpigmente (Pulverform) im Trockenzustand andere Farben zeigen als nach dem Glasurbrand, ist es notwendig, Farbplättchen mit Farbbezeichnungen (Glasurnummern) anzufertigen, um den Schülern eine bewußte Farbwahl zu ermöglichen. Die Glasurpigmente werden rahmartig mit Wasser angerührt (Gefäße mit Glasurnummern bezeichnen) und mit dem Pinsel aufgetupft. Der Glasurauftrag sollte den roten Scherben abdecken. Gefäßboden nicht glasieren!

HINWEISE ZUR UNTERRICHTSPLANUNG

Aufgabe 1 *„Freies Formen" (Materialerkundung)*

Lernziele für die kognitive Erkundung

Die Schüler sollen
- erfahren, wie Ton verpackt, geliefert und gelagert wird,
- Hinweise über die Verwendung erhalten,
- erkunden, wie Ton am besten zu portionieren ist,
- beim freien Formen ihr Hantierbedürfnis ausleben und dabei Materialeigenschaften erkunden.

Hinweise zur Problemerkundung

— Problemsituation: Nylonverpackter Tonziegel (Lieferpackung)
— Unterrichtsgespräch: Wer liefert den Ton? Wozu wird Ton verwendet? Wie wird er verpackt?
— Wie kann Ton portioniert werden? (Z. B. Löffel, Messer, Schnur, Draht)
— Freies Formen (Materialerkundung)
— Schülerberichte nach dem Formen

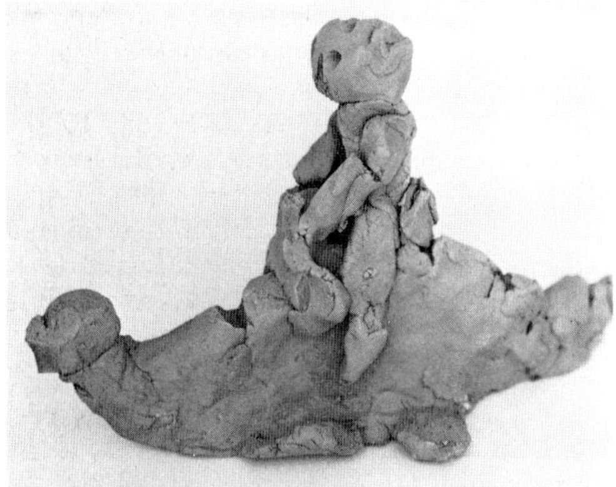

Aufgabe 2

„Formt aus einer Tonkugel durch Eindrücken eine kleine Schale, die als Behälter dient (Daumenschale)!"

Lernziele für die Erkundung und für die Problemlösung

Die Schüler sollen
— elementare Materialhinweise zur sachgerechten Verarbeitung erhalten,
— lernen, eine kleine Schale aus einer Tonkugel zu fertigen,
— die Gefäßwand mit Stempel- oder Ritzdekor versehen,
— die getrocknete Daumenschale allenfalls mit Glaspapier nachbehandeln,
— verschiedene keramische Behältnisse kennenlernen (Krug, Vase, Becher, Teller, Schale, Tasse),
— Begriffe wie Gefäßboden, Gefäßwand, Gefäßöffnung beim Beschreiben anwenden.

Werktechnologische Hinweise

— Portionieren der „Tonziegel" (etwa faustgroße Tonmenge pro Schüler)
— Vorbehandlung des Materials (kneten, aufschlagen — Lufteinschlüsse, Bildsamkeit)

— Ausgangsform herstellen (Kugelformbildung auf dem Tonbrett)
— „Aufbrechen" der Kugelform mit dem Daumen
— Gleichmäßiges „Wanddrücken" durch Rundumdrehen (fingerdicke Wandstärke)
— Gefäßboden bilden durch „Flachdrücken" (Bodenstärke!)
— Unebene Gefäßränder durch Wenden und leichtes Aufschlagen formverbessern
— Bucklige Gefäßwände durch seitliches Kippen und Rollen am Tonbrett oder durch Schlagen mit dem „Klopfholz" verbessern
— Ornamentieren der Oberfläche mit dem Ritzholz
— Trockenprozeß (etwa eine Woche)
— Allenfalls Nachbehandlung mit Glaspapier (Gefäßboden entkrusten)
— Schrühbrand
— Kaltbemalen oder Glasieren

Aufgabe 3

„Wir formen aus Ton eine Halterung für eine Kerze (Tischschmuck)!"

Lernziele für die Erkundung und für die Problemlösung

Die Schüler sollen
— Kriterien für eine keramische Kerzenhalterung erarbeiten (z. B. Standfläche: eben, genügend groß, kratzfrei; Kerzenhalterung: Schwindung berücksichtigen; Wachsfang: herabtropfendes Wachs soll nicht den Tisch beschmutzen),
— den Gebrauch der Drahtschlinge kennenlernen,
— die Materialeigenschaften geschrühter Werkstücke erkunden (z. B. sie werden hart, hinterlassen Kratzspuren, lösen sich im Wasser nicht auf usw.).

Werktechnologische Hinweise

— Eine kugelige Ausgangsform durch Flachdrücken und Klopfen (Aufschlagen, Klopfholz) zur Grobform verändern.
— Eine vorgegebene Wachskerze mit Klebeband umwickeln (Schwindung) und in die Grobform drücken.
— Um die eingebettete Kerze eine Tropfrinne durch Eindrücken (Kantholz, Rundholz), durch Abgraben (Drahtschlinge) oder Aufsetzen (Tonwülste, Klumpen) anlegen.

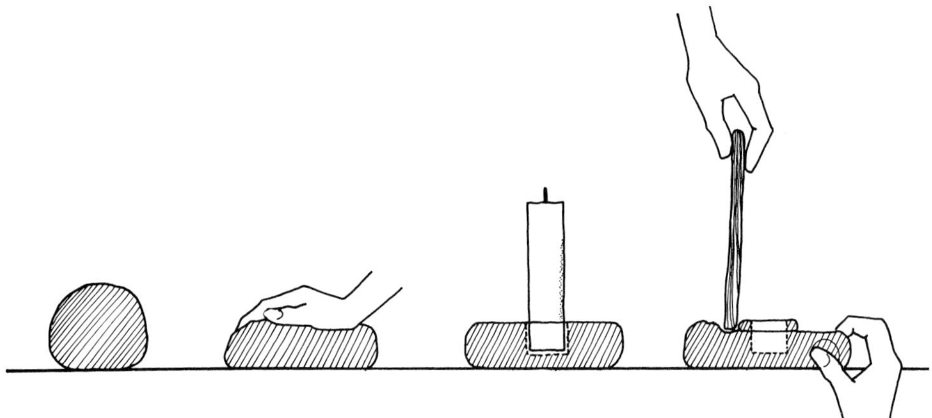

— Die Seitenwandung durch Stempeldekor differenzieren.
— Trockenprozeß/Schrühbrand
— Geschrühte Werkstücke allenfalls mit Schuhpaste bestreichen und mit einem Tuch blank reiben.
— Boden der Halterung mit Filz bekleben (Kratzspuren).

Alternative

Als Ausgangsform dient den Kindern eine flache Scheibenform, die vom Lehrer mit dem Walkholz über Kantleisten vorgefertigt wurde. Grobform mit Gläsern ausstechen (oder nach Karton- oder Brettschablone mit dem Tonmesser zuschneiden).
Die Halterung für die Kerze wird durch Aufmodellieren von Tonwülsten mit Tonschlicker (Tonbrei) gefertigt und mit Stempeldekor verziert.

Aufgabe 4

„Wir formen aus Ton einen Eierbecher, der gute Standsicherheit hat und ein gekochtes Ei gut aufnimmt!"

Lernziele für die Erkundung und für die Problemlösung

Die Schüler sollen
— wichtige Kriterien für die Gestaltung des Behältnisses erarbeiten (z. B. Standfläche: eben, kratzfrei, kippsicher, platzsparend; Eihalterung: genügend groß — nicht übertrieben groß, Wandhöhe; Oberfläche: pflegeleicht),

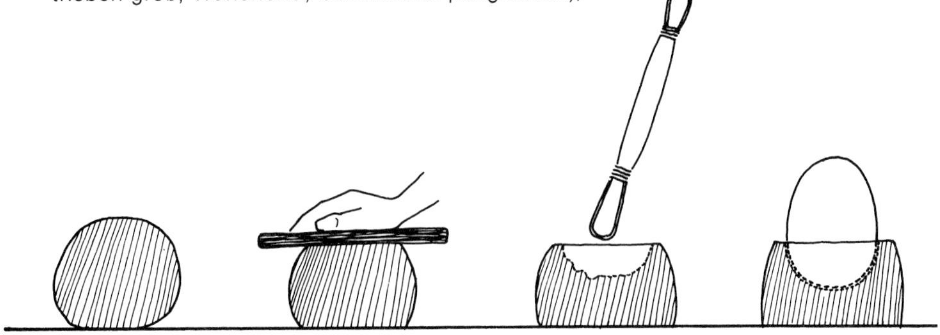

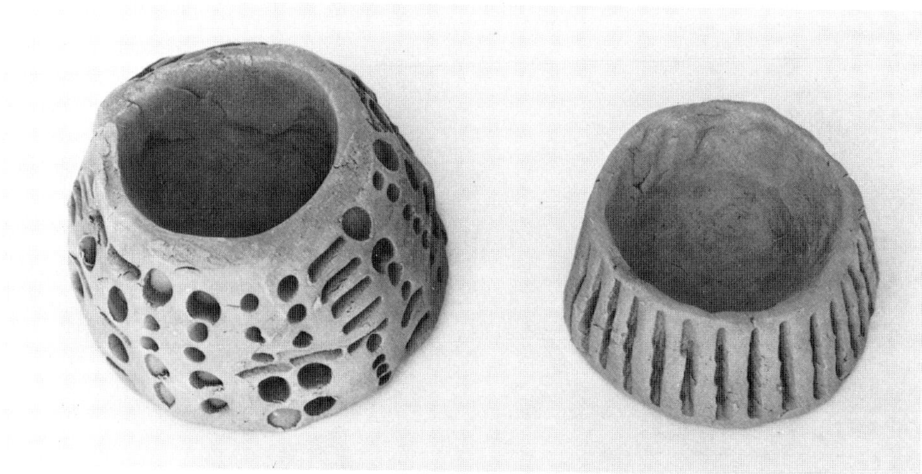

— verschiedenartige Eierbecher (nach Material und Form) betrachten und ihre Eindrücke verbalisieren,
— ihre Formlösung nach mitgebrachten (gekochte Eier) oder vorgegebenen (Holzeier) Eiformen entwickeln,
— ihre glasierten Eierbecher erproben (Waschvorgang) und den Vorteil der Glasur erkennen.

Werktechnologische Hinweise

— Die kugel-, würfel-, zylinder-, kegelstumpfförmige Grobform wird durch Rollen, Klopfen, Drücken, Formen, Verstreichen und Walzen gebildet.
— Die Grobform wird mit der Drahtschlinge „aufgebrochen" und vorsichtig gehöhlt.
— Die Feinform wird unter Verwendung des hölzernen Eis durch Eindrücken und Drehen (allenfalls vorher etwas umwickeln — Tonschwindung) gefertigt.
— Trocknen, Schrühen, Glasieren (Innenwand — farblos; Außenwand — transparente Farbglasur; Boden nicht glasieren)
— Erprobung

16

Modellierholz

Schaber

Spießchen

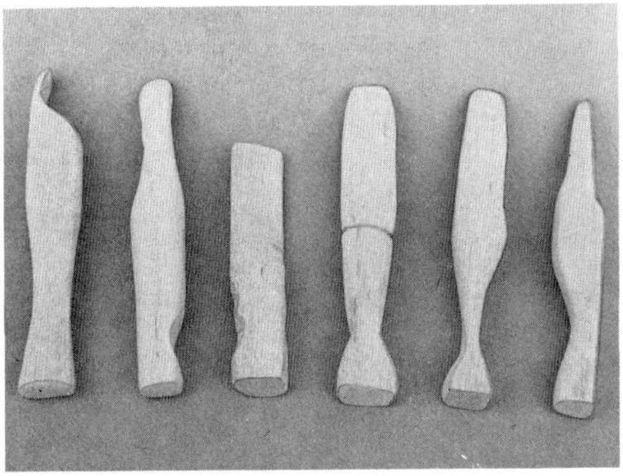

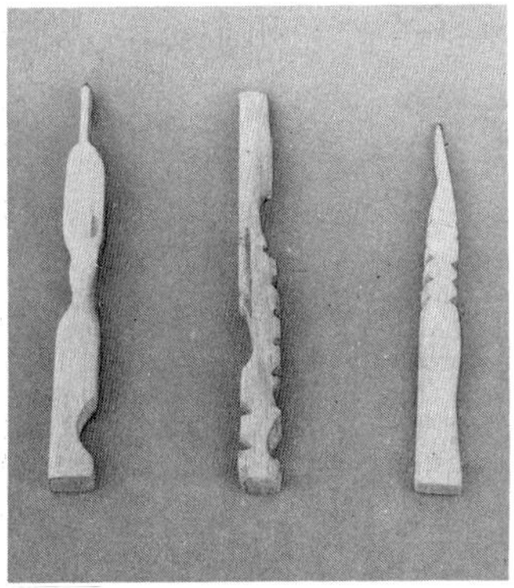

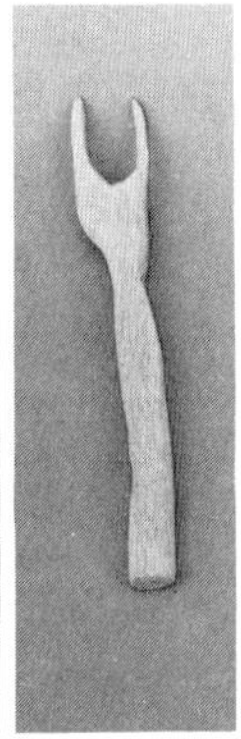

DIDAKTISCHE HINWEISE

Kind und Aufgabe

Als Werkzeuge, die von Kinderhand hergestellt und gebraucht werden können, sind vorwiegend jene Geräte geeignet, die für die Bearbeitung flüssiger, breiiger und weicher Materialien (z. B. Ton, Eis, Butter, Fingerfarbe, Sand usw.) eingesetzt und erprobt werden können. Selbst hergestellte Werkzeuge müssen demgemäß eine Funktion aufweisen, die dem Kinderspiel angemessen ist. Für die Geräteherstellung sind nur Materialien einsetzbar, die wenig Materialwiderstand leisten und elementare Werktechnologien zulassen.
Beispiele für die Aufgabengruppe „Tonwerkzeuge" (Material = Holz): Tonspachtel oder Tonschaber (zum Abschaben der Tonbretter), Tonschneidemesser (zum Portionieren von Tonklößen), Modellierholz (zum Verstreichen und Feinbehandeln), Klopfholz (zum Glätten der Gefäßoberfläche), Ritzholz (zum Ornamentieren).
Erweiterungsaufgaben sind denkbar: Eislöffel, Rührlöffel für Fingerfarbe, Buttermesser, Spießchen für Pommes frites.

SACHINFORMATION FÜR DEN LEHRER

Bedeutung für den Menschen

Unsere Arme, Hände und Finger sind zwar hochspezialisierte „Werkzeuge", doch sie reichen nicht aus, um Holz, Metall, Gestein usw. in von Menschen gedachte Formen zu zwingen.
Das Modellierholz mag in seiner Urform zu den ältesten Werkzeugen gerechnet werden, da die Kunst, Gefäße aus Ton zu fertigen, am Beginn der Handwerksentwicklung des Menschen stand.
Bildhauer, Töpfer, Hobby-Keramiker brauchen Geräte verschiedenster Art. Selbst das schulische Werken ist ohne Schneidedraht, Drahtschlinge und Modellierholz (Glättholz) nicht vorstellbar.
Ton ist zwar wie kein anderer Werkstoff mit der Hand gut formbar, doch differenzierte Verfahren bedürfen des Werkzeugs.

Begriffsklärung: Form — Funktion

Handwerkzeuge haben die unterschiedlichsten Funktionen zu erfüllen. Je nach ihrem Verwendungszweck, für den sie erdacht wurden, sind sowohl Werkzeugteil (WT) als auch Griffteil (GT) spezifisch für den handlichen Gebrauch gefertigt.

Messer (Eßgerät)	WT: Klinge mit Sägeschliff zum Schneiden (Sägen) GT: Schmaler Griff zum Halten mit den Fingern
Schaufel (Sandspielgerät)	WT: Formstabiles Blech zum Einstechen und Sandaufnehmen GT: Langer Holzgriff zum Halten mit beiden Händen
Tischtennisschläger (Sportgerät)	WT: Kleine Schlagfläche mit Belag zum Schlagen eines kleinen Balles GT: Kurzer Griff zum Halten mit der Faust
Schere (Papierschneidegerät)	WT: Scherblätter zum Schneiden GT: Griffaugen zum Halten mit den Fingern

Funktionsweise

Handwerkzeuge zeigen in ihrer Wirkweise die Anwendung physikalischer Gesetzmäßigkeiten:

a) Kraftsteigernde Wirkung des Hebelprinzips
z. B. Schaufel (beim Umstechen — Wirkweise des ungleicharmigen Hebels)
Schere
Zange (beim Schneiden — verschieden ausgebildete Doppelhebel)

b) Trenn- und Spaltfunktion des Keils
Spachtel (beim Abschaben von Tonkrusten eines Modellierbrettes)
Stemmeisen (beim Einschlagen ins Holz)

c) Drehfunktion der Welle
Schraubenzieher

Realitätsbezug (Modellierholz)

Form A

1. Werkzeugteil (Drahtschlinge zum Aushöhlen) — Griffteil zum Halten mit den Fingern — 2. Werkzeugteil (kuppenartig rund, zum Glätten)

Form B

1. Werkzeugteil (schmal, messerartig, zum Schaben) — Griffteil — 2. Werkzeugteil (kuppenartig, zum Glätten)

Form C

1. Werkzeugteil (spitz, dünn, zum Ritzen und Einstechen) — Griffteil — 2. Werkzeugteil (flach, spachtelartig, zum Abschaben)

HINWEISE ZUR UNTERRICHTSPLANUNG

Aufgabe

„Wir stellen aus Holz ein Tongerät her, mit dem man feine Fugen glätten und Ritzspuren anlegen kann!"

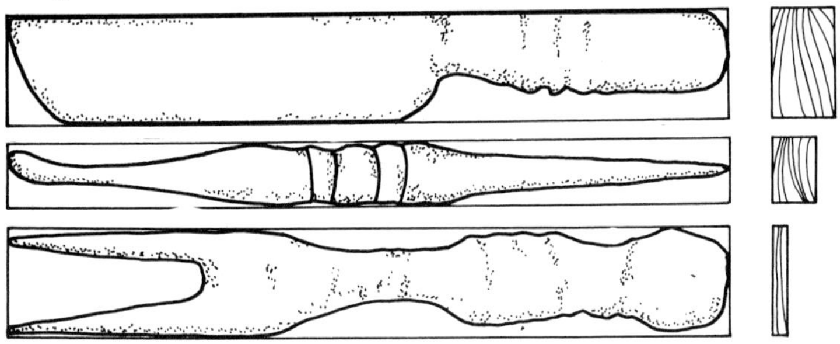

Tonbrettschaber

Modellierholz

Spießchen

Lernziele für die kognitive Erkundung und für die werktechnologische Problemlösung

Die Schüler sollen
- — gebräuchliche Mund- und Handwerkzeuge (Löffel, Messer, Gabel, Spachtel, Schaufel, Zange, Schere, Schraubenzieher usw.) beschreiben und ihre Funktion erkennen,
- — erfahren, daß Handwerkzeuge aus Griff- und Werkzeugteil bestehen und diese Teile funktionsbedingt unterschiedlich gefertigt sind,
- — erfahren, daß Handwerkzeuge unterschiedlich gehalten („gegriffen") werden (z. B. mit den Fingern, mit der Faust, mit beiden Händen),
- — die spezifische Funktion eines Modellierholzes erkunden (schaben, glätten, ritzen, höhlen usw.),
- — ein Modellierholz aus einer vorgegebenen Ausgangsform mit Raspel und Feile selbst herstellen (Einspannvorrichtung),
- — den Umgang mit Raspel, Feile und Schleifpapier frei erkunden (Einspannvorrichtung),
- — das hergestellte Gerät erproben und beschreiben.

Hinweise zur Materialerkundung

Es ist unbedingt anzuraten, daß Kinder beim Kennenlernen neuer Werkzeuge und Materialien zweckfrei erkunden dürfen — ohne Zeit- und Leistungszwang.

Organisatorische Hinweise

— Einspannen einer Weichholzleiste (ca. 30x10x150 mm), Parallelschraubstock (Schutzbrettchen)
— Kennenlernen der Einspannvorrichtung
— Probierendes Hantieren mit der Raspel (Werkzeugspur der flachen und halbrunden Seite der Raspel)

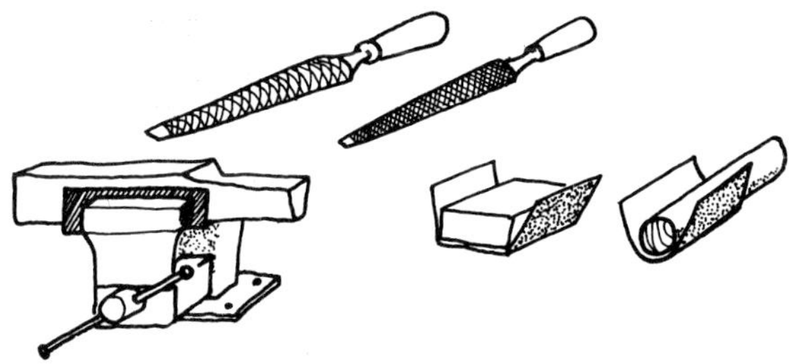

— Kennenlernen der Raspel (halbrund): Griff und Zähne des Raspelblattes
— Freie Gliederung der Weichholzleiste

Werktechnologische Hinweise

— Vorinformation: Verschiedene Werkzeuge werden betrachtet, erkundet, beschrieben
— Begriffsklärung: Werkzeugteil — Griffteil
— Problemsituation: Eine Daumenschale kann mit einem groben Vierkantholz kaum ornamentiert werden. Wir brauchen ein Gerät, mit dem man Ritzen und Glätten kann. Wie müßte so ein Gerät beschaffen sein?

Für die praktische Problemlösung der Aufgabe ist sowohl die Materialwahl (Weichholz) als auch die Dimension der Ausgangsform mitentscheidend. Zeichnerische Vorentwürfe sind unangebracht.

— Es wird notwendig sein, die vorgegebene Ausgangsform während der Bearbeitung mit der Raspel und Feile in der Einspannvorrichtung mehrmals zu wenden.
— Die Feinform wird mit Glaspapier entwickelt.
— Die fertigen Geräte werden an Tongefäßen erprobt.

Organisation

MATERIAL	Anzahl pro Schüler
Weichholz (Abachi)	1
Modellierholz (10 x 15 x 170 mm)	
Tonschaber (25 x 15 x 170 mm)	
Spießchen (3 x 25 x 170 mm)	
WERKZEUG	
Raspel	1
Feile (halbrund)	1
Glaspapier	1
Einspannvorrichtung	1
Schutzbrettchen	2

MEDIEN (Demonstration)

Verschiedene Handwerkzeuge (z. B. Modellierhölzer, Schere, Spachtel, Gabel, Sandschaufel, Messer, Tischtennisschläger usw.)

17

Wachs-anhänger

Kerze mit Knetwachs schmücken

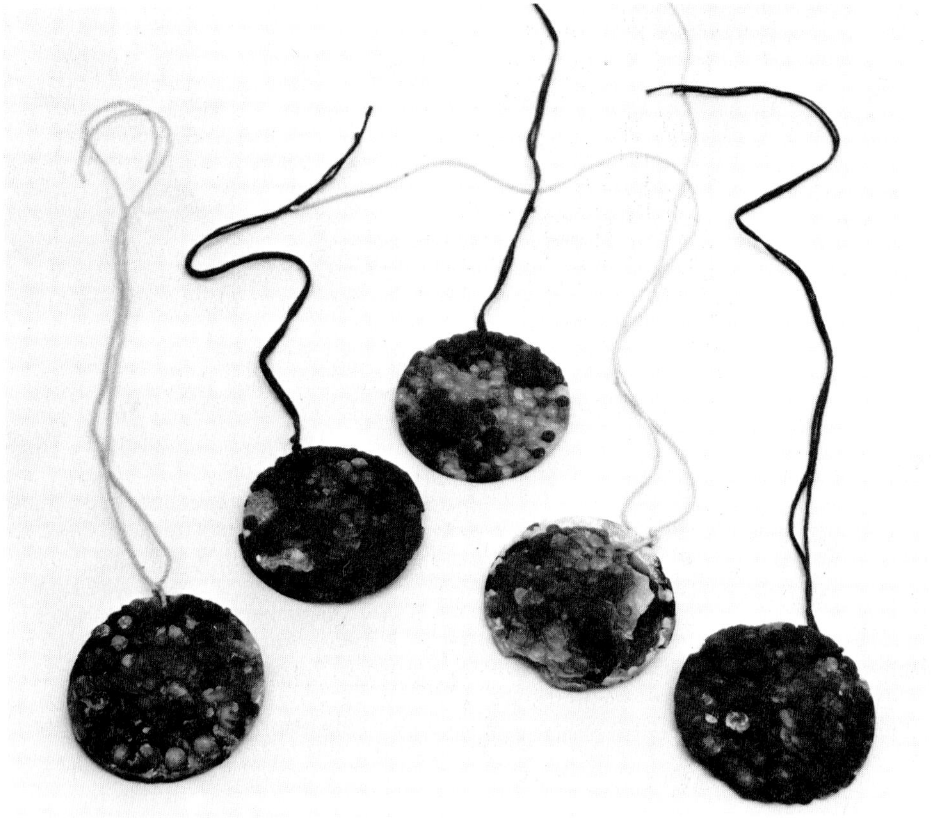

DIDAKTISCHE HINWEISE

Kind und Aufgabe

Kerzenlicht ist den Kindern in vielfacher Weise bekannt. In diesem Zusammenhang stehen wichtige, elementare Materialerfahrungen mit Wachs (z. B. das Auslöschen von brennenden Kerzen; die brennende Flamme verflüssigt das Wachs; Wachs tropft und erstarrt wieder; Handwärme macht Wachs bildsam; wenn Kerzen aufgestellt werden, tropft man flüssiges Wachs auf usw.).
Das Hantieren mit brennenden Kerzen und tropfendem Wachs, wie es die Aufgabentechnologie verlangt, wird bei Kindern starke Bereitschaft finden. Erziehliche Hinweise auf mögliche Gefahren (Haare können Feuer fangen, man kann sich die Finger verbrennen usw.) dürfen nicht unterbleiben.
Eine anschließende Aufgabe mit Knetwachs (Kerzenschmücken) könnte die Materialerfahrung vertiefen.

SACHINFORMATION FÜR DEN LEHRER

Bedeutung für den Menschen

Die Anwendungsbereiche von Wachs seien anhand einiger Beispiele dargestellt:
Kerzen aus Talg, Pech und Wachs kannten bereits die Römer.
Hoher Symbolwert der Kerze beim Zeremoniell der christlichen Sakramentenspendung, bei den Höhepunkten des Kirchenjahres, beim Gottesdienst.
Wachsbildnerei. Wachs kann durch Zusätze von Öl und Terpentin besonders modellierfähig gemacht werden. Bei den Römern gebot der Ahnenkult, Wachsmasken der Verstorbenen im Haus aufzustellen. Im Mittelalter wurden Weihegaben in Wachs gearbeitet.
Wachsbatikmalerei. Eine tradierte kunstgewerbliche Technik zur kunstvollen Stoffbemalung.
Wachse dienen als wichtiger Bestandteil somit zur Herstellung von Modelliermassen (Knetwachs), Kerzen, Bohnermassen, Schuhcreme, Schiwachs, Salben, Medikamenten, Kosmetika usw.

Materialhinweise

Wachs gilt als Sammelbezeichnung für natürliche und künstliche Stoffe, die die Eigenschaften von Bienenwachs besitzen (Schmelzpunkt: 65 °C, chemisch schwer angreifbar).
Natürliche Stoffe. Wachse sind fettige, leicht schmelzbare Ausscheidungen von Pflanzen und Tieren (Bienenwachs, Wollfett usw.). Pflanzenwachse schützen vor allem vor Verdunstung und Benetzung.
Künstliche Stoffe. Sie werden aus Erdölprodukten und Braunkohle gewonnen (z. B. Paraffin).
Kerze: Beleuchtungskörper aus Talg (tierisches Fett), Bienenwachs, Stearin (Bestandteil fester Fette), Paraffin (meist aus Erdöl gewonnen), Zusätze von Härtungs- und Trübungsmitteln, saugfähiger Docht aus geflochtenen Baumwollfäden.

HINWEISE ZUR UNTERRICHTSPLANUNG

Aufgabe 1

„Wir stellen einen Anhänger aus Wachs her!“

Lernziele für die Erkundung und für die Problemlösung

Die Kinder sollen
— lernen, einen Schmuck- oder Christbaumanhänger selbst herzustellen,
— dabei spezifische Materialeigenschaften von Wachs kennenlernen,
— auf Unfallgefahren hingewiesen werden,
— nach der Fertigstellung Erfahrungen austauschen,
— je nach Verwendungszweck eine einfache Hängevorrichtung ersinnen,
— für die Rückseite Abdeckmaterial zuschneiden und aufkleben.

Werktechnologische Hinweise

Jedes Kind erhält einen halb mit Wasser gefüllten Plastikbecher (gereinigte Joghurtbecher). Gesammelte Kerzenreste (verschiedene Farben) stehen zur Auswahl bereit. Jede Schülergruppe (ca. 4 Schüler) verfügt über eine brennende Kerze, damit die Schüler beim Wechsel der Kerzenfarben selbständig verfahren können. Die brennende Kerze wird so

Kerzenreste werden mit dem „Kerzenspieß" gehalten, um Verbrennungen zu verhüten.

über den Becher gehalten, daß das herabtropfende Wachs allmählich eine Wachsschichte bildet (Schichtstärke ca. 3—5 mm).
Kerzenstummel werden sicherheitshalber auf einen „Kerzenspieß" gesteckt (Rundholz ca. 20 cm lang, ∅ 8 mm, eingeschlagener Nagel mit abgezwicktem Kopf). Vor dem Aufstecken der Kerzenstummel wird der „Nagelspieß" in der Kerzenflamme erhitzt.
Die Größe des Anhängers kann bei konischen Plastikgefäßen durch die Wasserfüllung etwas variiert werden.
Um die Kleidung zu schützen, sollten die fertigen Wachsanhänger an der Rückseite mit Filz oder dünnem Karton beklebt werden.
Die Wachsscheiben werden mit dem erwärmten „Kerzenspieß" gelocht (durchbohrt) und Kartonflächen durch Umfahren, Ausschneiden, Markieren und Lochen mit dem Locheisen (Hirnholzunterlage) vorbereitet und mit Alleskleber verklebt. Zuletzt wird eine Hängeschnur angebracht (Leder, gewebte Nylonschnur).

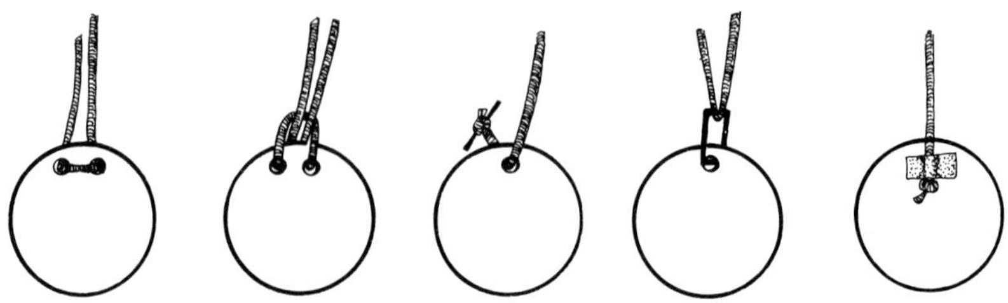

Organisation

Material: Kerzenreste in verschiedenen Farben, Bänder und Schnüre (Leder, Nylonwebschnur u. a.) zum Hängen, allenfalls Aludraht (∅ 1—2 mm) für Ösen, Nägel für „Kerzenspieß“ (ca. 20 mm), Rundstäbe (∅ 8 mm, 20 cm lang), Plastikbecher (pro Schüler), Graukarton

Werkzeug: Hammer, Beißzange, Rundzange, Scheren, Locheisen (∅ 3 mm), Hirnholzunterlage

Kleinmaterial: Alleskleber, Zündhölzer, Unterlagen

Aufgabe 2
(Aufgabenerweiterung)

„Wir verzieren eine Kerze mit Knetwachs!“

Weiße, unverzierte Kerzen von entsprechender Dicke eignen sich fürs reliefplastische Ornamentieren mit farbigem Knetwachs. Das Wachs wird je nach Schülerzahl portioniert und handwarm geknetet. Beim Gestalten und Andrücken an die Kerzenwandung sollten Farbwahl und „Rundumlaufen“ von Ornamentreihen berücksichtigt werden. Die Aufgabe kann in Zusammenhang mit der Keramikaufgabe „Kerzenhalterung“ (Tischschmuck) stehen.

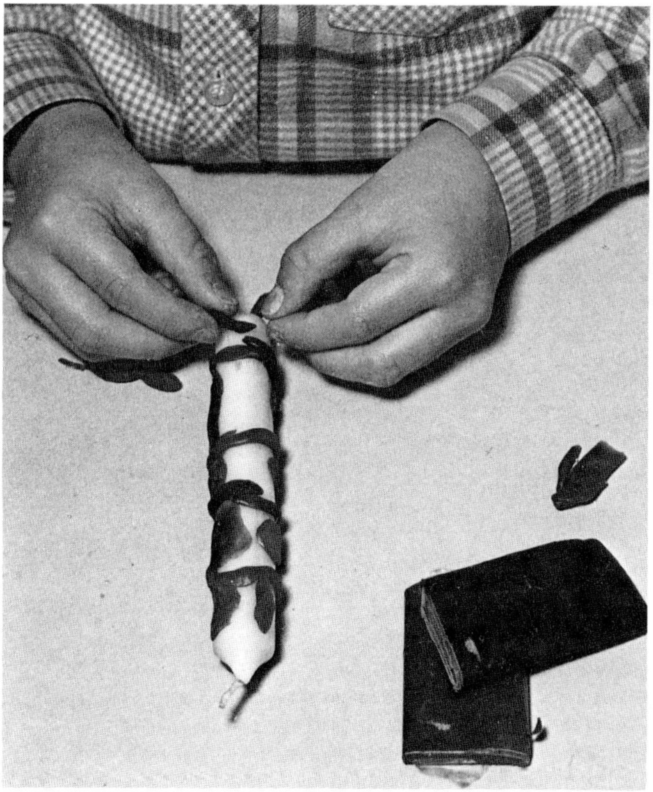

Farbige Knetwachsteile werden mit dem Messer abgetrennt und in der Hand bildsam gemacht. Die weichen Formteile werden zu „Wachsschnüren“ ausgerollt und durch leichten Druck mit der Kerze verbunden.

18

Schläger für ein Ballspiel

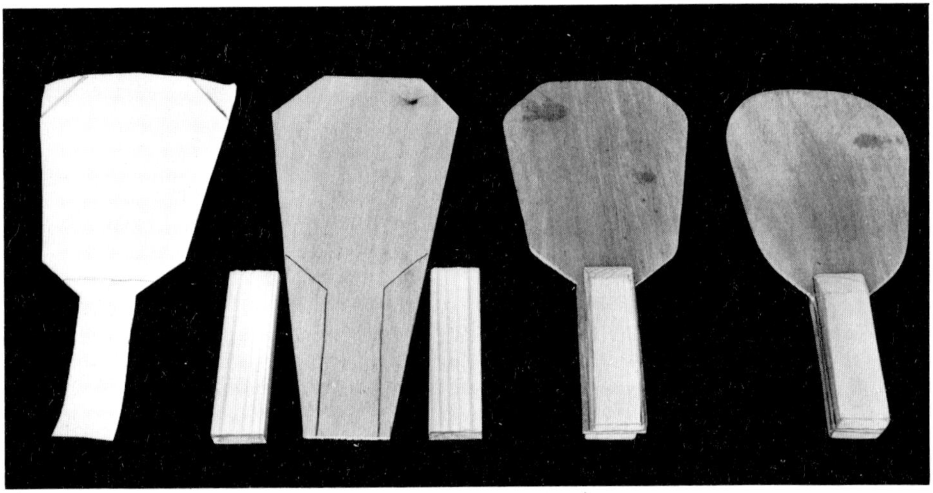

DIDAKTISCHE HINWEISE

Kind und Aufgabe

Fast alle wichtigen Ballspiele mit Schlaggeräten (Tennis, Tischtennis, Federball, Family Tennis) sind Kindern der 2. Schulstufe vom Zusehen und durch erste aktive Versuche durchaus zugänglich. Die Aufgabe, ein Ballspielgerät selbst herzustellen, bedarf daher keiner besonderen Motivation. Die Herstellung eines Schlägers für ein Saalspiel oder Tischspiel mit weichem Schaumgummiball kann kindgemäße Lösungen ermöglichen und zum Erfinden eigener Spielregeln anregen. Für das Spiel in der Wohnung sind vorbeugend erziehliche Hinweise zu geben.

Hinweis zur Aufgabe 1:

Einfachstgeräte aus Karton (Bierdeckel) und Holz sind problemfrei herzustellen, da ihr Technologieaufwand (Raspeln, Schleifen, Nageln und Kleben) gering ist. Funktionsansprüche und Lebensdauererwartungen des Spielgerätes sind materialbedingt nicht übertrieben hoch anzusetzen. Aber die Transfermöglichkeit zur Konsumrealität und die Kindgemäßheit der Aufgabe sind als Voraussetzungen gegeben.

Hinweis zur Aufgabe 2:

Der Schläger aus Sperrholz kann nur in gut ausgerüsteten Räumen hergestellt werden. Er ist brauchbar und robust, bedarf aber einer gezielten Planung und umsichtigen Führung. Allenfalls Lehrerwerkprobe!

SACHINFORMATION FÜR DEN LEHRER

Bedeutung für den Menschen

Im Rahmen der sportlichen Aktivitäten — im Sinne von Freizeitgestaltung — nehmen Ballspiele, die mit Schlaggeräten gespielt werden, eine besondere Position ein. Tennis, Tischtennis, Federball und Family Tennis sind überwiegend Partnerspiele, die mit und ohne Vereinszugehörigkeit im engsten Familien- und Freundeskreis gespielt werden können. Im Gegensatz zu Mannschaftssportarten sind der Sportausübung kaum Altersgrenzen gesetzt.

Begriffliche Hinweise/ Realitätsbezug

Tennis:
Mit einem Schläger muß ein Ball über ein Netz geschlagen werden. Tennis wird als Einzelspiel (zwischen zwei Spielern) oder als Doppelspiel (zwischen zwei Spielerpaaren) ausgetragen. Tennis wird auf Rasenplätzen, Hartplätzen (gewalztes Ziegelmehl), Kunststoffplätzen und Asphalt gespielt.
Der Tennisball ist ein stoffüberzogener Hohlball (Gummiball). Der Schläger (Racket) ist mit Darm- oder Nylonsaiten kreuzweise bespannt.
Für das Kinder- und Jugendspiel gibt es speziell gefertigte Schläger, die sich durch Gewicht und Größe unterscheiden.

Tischtennis:
Ist ein dem Tennis ähnliches Spiel. Zwei Spieler oder zwei Paare versuchen an einem, durch ein Netz geteilten Tisch, mit einem Schläger einen Zelluloidball so über das Netz zu schlagen, daß der oder die Gegner ihn nicht mehr den Regeln entsprechend zurückschlagen können.

Funktionsweise

TT-Schläger können zumeist ansatzlos aus dem Handgelenk geführt werden, da der gespielte Ball über keinerlei Wucht (nur bei „geschlagenen" Bällen) verfügt. Dagegen erlaubt der kleine Ball unerhört rasch geführte Schläge und Ballwechsel, die Schlagsicherheit, Kondition und Reaktionsvermögen erfordern.
Der Tennisschlag unterscheidet sich grundlegend von der TT-Spielweise. Da das Spiel auf groß angelegter Spielfläche (23,70 x 8,23 m) ausgeübt wird, ist auch die Dimension und Ausführung des Schlaggerätes grundsätzlich anders: größeres Gewicht (Holz, Aluminium, Kunststoff), größere, saitenbespannte Schlagfläche, längerer Schlägergriff (auch für den beidhändigen Griff gedacht).

Spielanlage, Sportgerät und Schlagführung erfordern beim Ballschlagen einen sehr komplizierten Bewegungsablauf, der ganz auf die Flugbahn des Balles abgestimmt werden muß.
Beim „Ballschlagen" (T, TT, F, FT) sind technisch-physikalische, anatomische und materialbedingte Faktoren mitbestimmend.
Schlägerschaft und Schlagfläche stellen gewissermaßen eine Fortsetzung des Armes und Vergrößerung der Hand dar. Der Arm mit seinen Gelenken (Schulter-, Ellbogen- und Handgelenk) verfügt über ein hochkompliziertes Hebelsystem, das im Zusammenwirken vielseitig dreh- und wendbar ist. Die kraftsteigernde Wirkung der Schlagführung wird durch mehrfache Faktoren erhöht: Ausholbewegung des Armes optimiert die Schwungmasse des Schlägers, Federwirkung der Bespannung (Belag) — Rückstellvermögen des Materials — wirkt schwungsteigernd für den Ball. Schlagpunkt der Schlagfläche und Schlagpunkt der Balloberfläche bestimmen im Zusammenwirken Flugbahn und Drehvermögen (Drall) des Balles.

Aufgabe 1

„Wir stellen einen Schläger für ein Tischspiel aus Karton und Holz her!“

Lernziele für die kognitive Erkundung

Die Schüler sollen
— verschiedene Schläger und Bälle von Schlagballspielen kennenlernen und über ihre spezifische Form und Funktion Erfahrungen austauschen,
— Sportgeräte (Schlaggeräte) als Handwerkzeuge mit Griffteil (zum Halten) und Werkzeugteil (zum Schlagen) erkennen,
— einige Kriterien, die für die Herstellung eines „Ball-Schlägers“ zu beachten sind, kennenlernen (z. B. abgerundete Schlagflächen, Oberflächenausbildung, gerundete Grifform, Stärke und Länge des Griffteils, Übergang Schlagfläche — Griff),
— die „Sportgeräte“ erproben und Spielregeln ersinnen.

Lernziele für die werktechnologische Problemlösung

Die Schüler sollen
— die vorgegebenen Materialien (Kartonfläche, Kantholz) als Griffteil und Schlagflächenteil erkennen und zupassen,
— die Werkzeugteile materialgerecht zurichten und verbinden,
— das Sportgerät (Spielgerät) erproben.

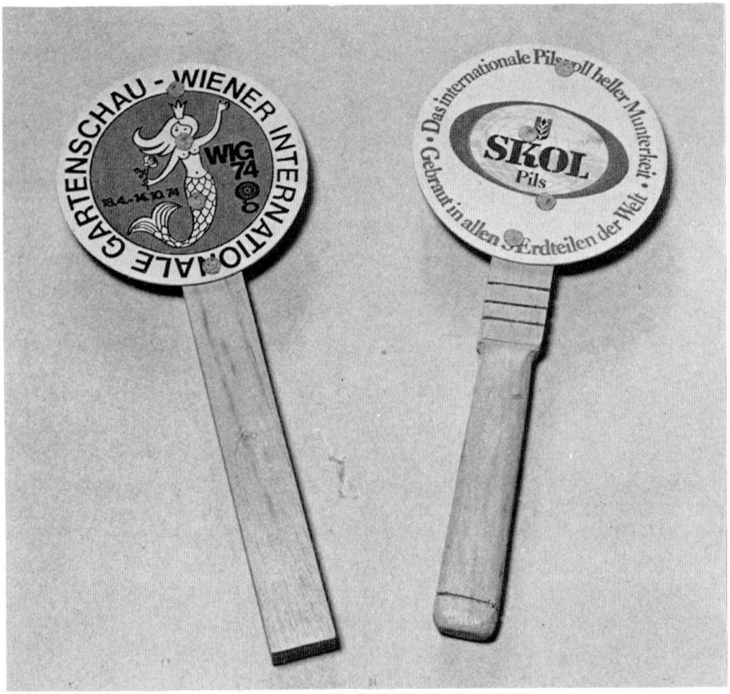

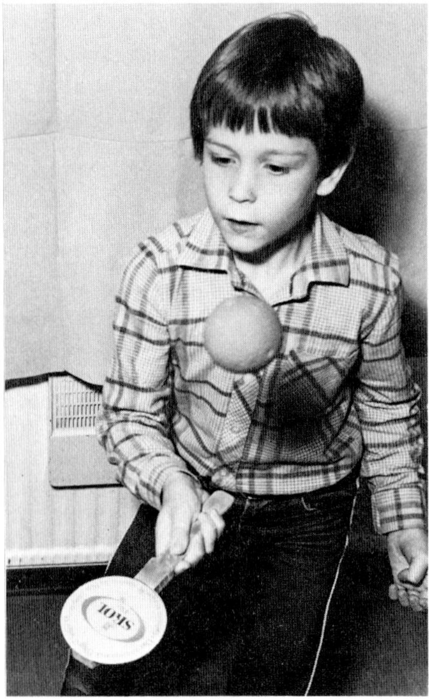

Werktechnologische Hinweise

— Kantholzvorgabe für den Griffteil (Abachiholz, ca. 1,5 x 3 x 25 cm)
— Schlagfläche (Bierdeckel)
— „Probegreifen" und Markierung des Griffteiles
— Kantenrundung durch Raspeln und Schleifen des Griffteiles (Einspannvorrichtung), mittiges Auflegen des Kartonteiles (Schlagfläche), allenfalls mit dem Vorstecher vormarkieren, festkleben mit Alleskleber, nageln
— Rillengliederung des Griffes mit der Feilenkante (halbrund)

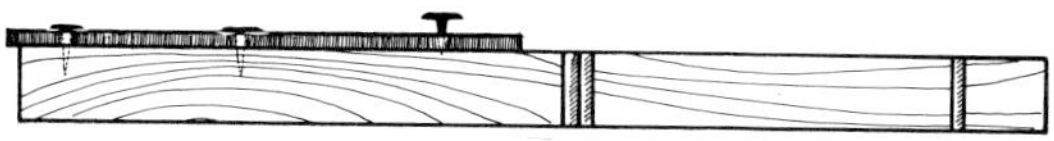

Aufgabe 2

„Wir stellen einen Schläger für ein Saalspiel aus Sperrholz her!"

Lernziele für die Erkundung und für die Problemlösung

Die Schüler sollen
— lernen, eine Faltschnitt-Zeichnung selbst zu entwickeln und als Formhilfe einzusetzen,
— eine flache Ausgangsform einspannen und mit der Puksäge, Raspel, Feile und Glaspapier zur Grob- und Feinform entwickeln,
— beim Leimen des Griffes die Anwendung der Zwingen kennenlernen,
— die Feinbehandlung des Holzes mit Glaspapier als notwendig erkennen (Holzspäne).

Methodische Hinweise

Problembegegnung:
Ein Schaumgummiball soll über eine hüfthoch gespannte Schnur (zwischen Stühlen) mit Schlaggeräten von zwei Spielern gespielt werden.

Vorinformation:
Schlaggeräte für Ballspiele haben unterschiedliches Aussehen.
— Aussprache über Form und Zweck der Schlägerfläche und des Griffteils
— Hinweise auf runde, ovale Schlagflächenformen (Unfallgefahr)
— Hinweise auf lange und kurze Schlägergriffe (beidhändiges Greifen — Faustgriff)
— Hinweise auf Bespannung und Belag
— Materialhinweise (Holz, Metall, Kunststoff)

Erkundungsphase:
Verschieden starke Holzleistenstücke werden umgriffen.
Gut handliche Formate (Querschnitt, Länge) werden erkundet und gemessen.
Daraus resultieren Überlegungen für die Stärke und Länge der Griffausbildung.

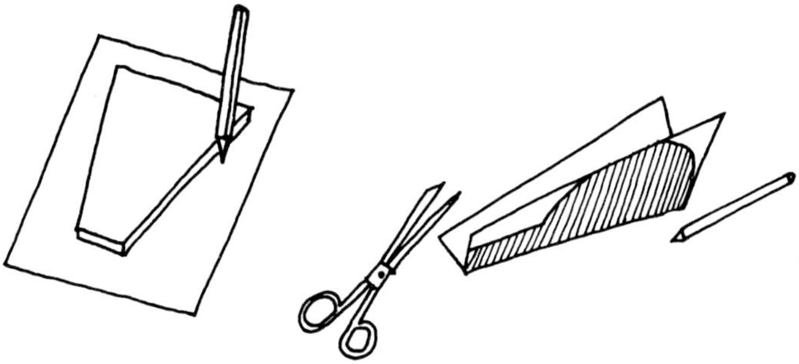

(1)

(2)

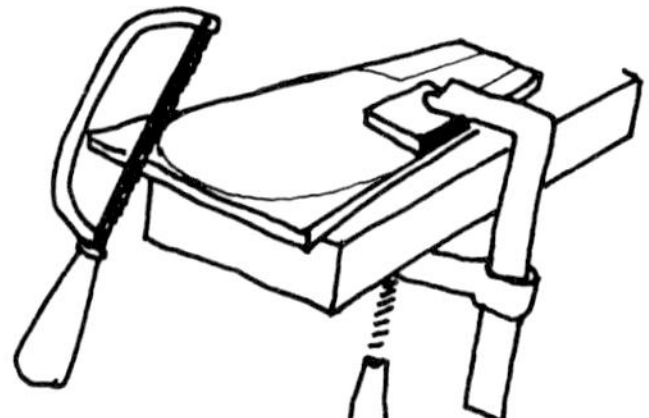

(3)

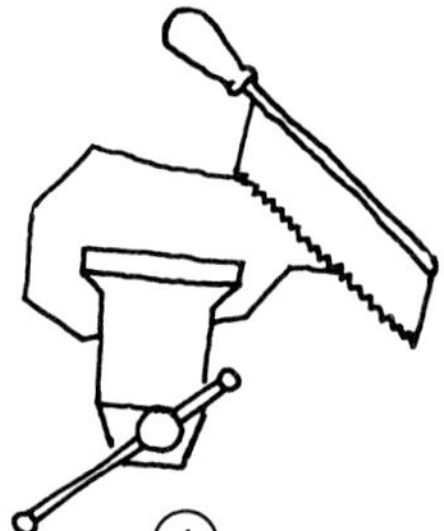

(4)

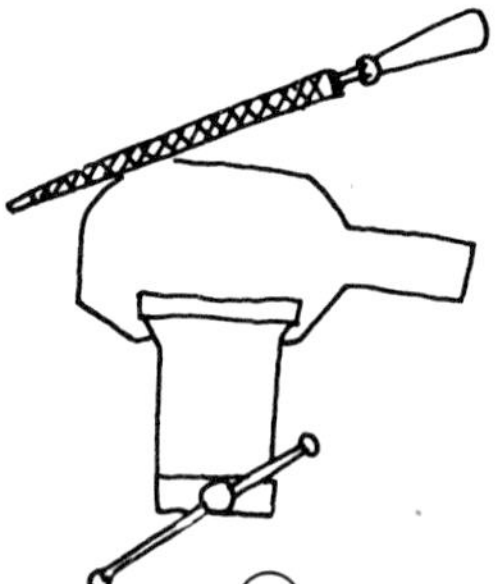

(5)

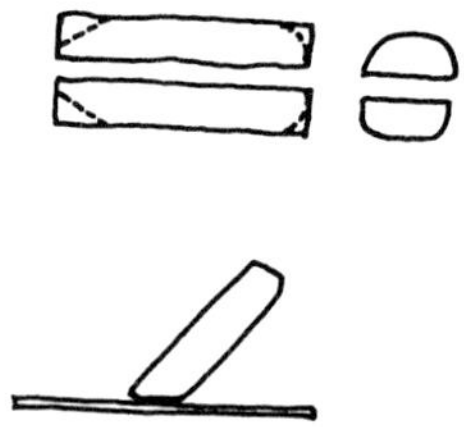

(6)

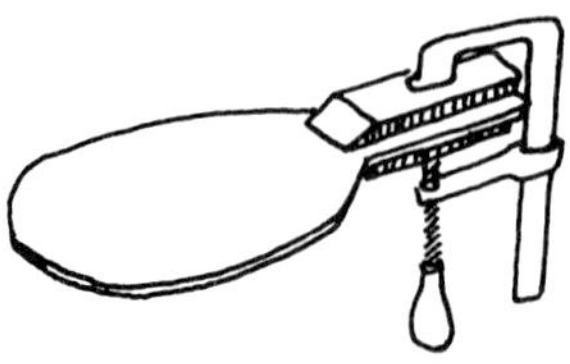

(7)

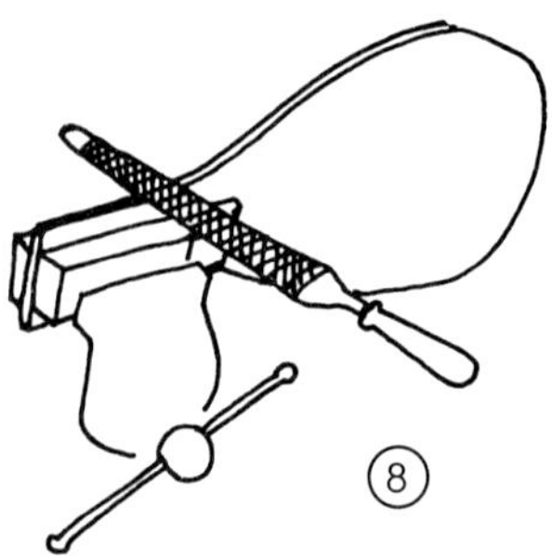

(8)

Fertigungsphasen

① Materialwahl und Materialzuschnitt

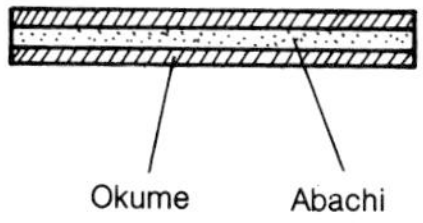

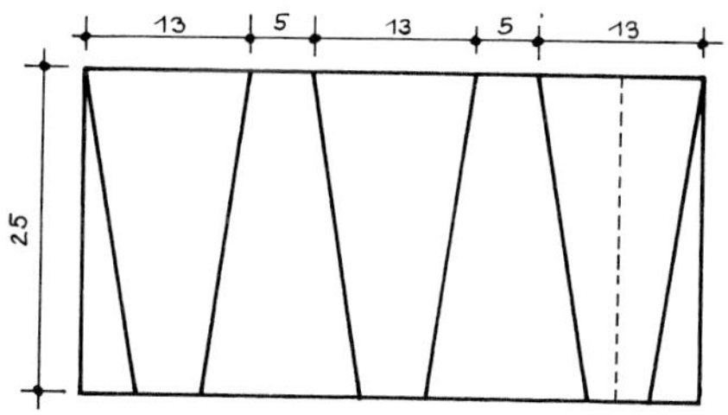

② Ausgangsform — Faltschnittformhilfe
Das vorgegebene Sperrholzbrettchen wird auf ein Zeichenblatt (DIN A4) gelegt, mit Bleistift umfahren und ausgeschnitten.
Die brettidentische Zeichenblattform wird gefaltet.
Nach Information (Erkundungsphase) wird darauf die Schlägerfläche (halbteilig) und die Grifform (halbteilig) gezeichnet.
Zuschnitt des Faltschnittes und Übertrag auf die Holzform.

③ Herstellung der Grobform

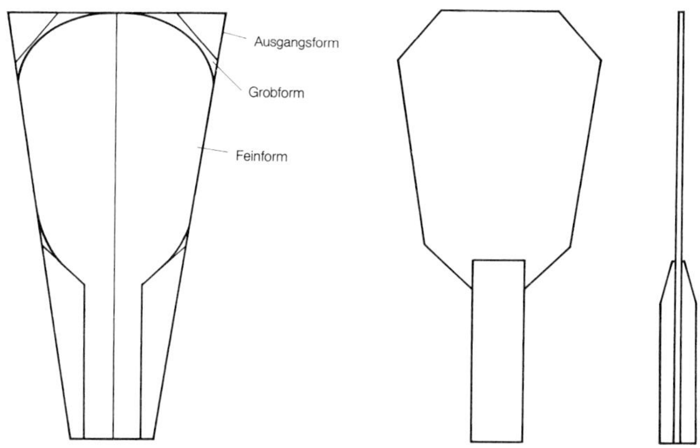

Holzüberstände (vor allem an den Ecken) werden mit der Puksäge abgeschnitten (Zwingen!).

④ Holzüberstände bei den Griffen werden besser durch den Lehrer an der Bandsäge abgeschnitten.

⑤ Herstellung der Feinform
Die Eckenabrundung geschieht mit Raspel, Feile und Glaspapier.

⑥ Zurichten der Griffleisten
Die Griffleisten (2) werden an der Schmalseite gerundet (Griffende) und konisch zugeschliffen und geraspelt (Griffübergang zur Schlägerfläche).

⑦ Verleimung der Griffleisten mit der Schlägerfläche
Klebestellen dünn mit Kaltleim (expreß) beidseitig bestreichen.
Griffteil vorsichtig einzwingen (Schutzbrettchen oder Karton).
Vorsicht — Paßgenauigkeit — Lehrerhilfe!

⑧ Abraspeln des Holzüberstandes (einzwingen)

MATERIAL	Anzahl pro Schüler
Sperrholzbrettchen (Schichtung: Abachi — Okume, trapezförmiger Zuschnitt — siehe Schnittplan, 4 mm dick)	1
Weichholzleisten (1 x 3 x 11,5 cm)	2
Zeichenblätter (DIN A4)	1
WERKZEUG	
Schere	1
Raspel (halbrund)	1
Feile (halbrund)	1
Zwingen (10 cm spannend)	1
Puksäge	1
Einspannvorrichtung (Schraubstock)	1
KLEINMATERIAL	
Kaltleim, Pinsel (Leim), Glaspapier, Bleistifte, Unterlagen	
MEDIEN (Demonstration)	
Tennisschläger, Tischtennisschläger, Family-Tennis-Schläger, Bälle; Holzleisten in verschiedenen Stärken zur Erkundung von Griffstärken; Schnur und Schaumgummiball zur Erprobung (Turnsaal)	

19

Alu-Reibe

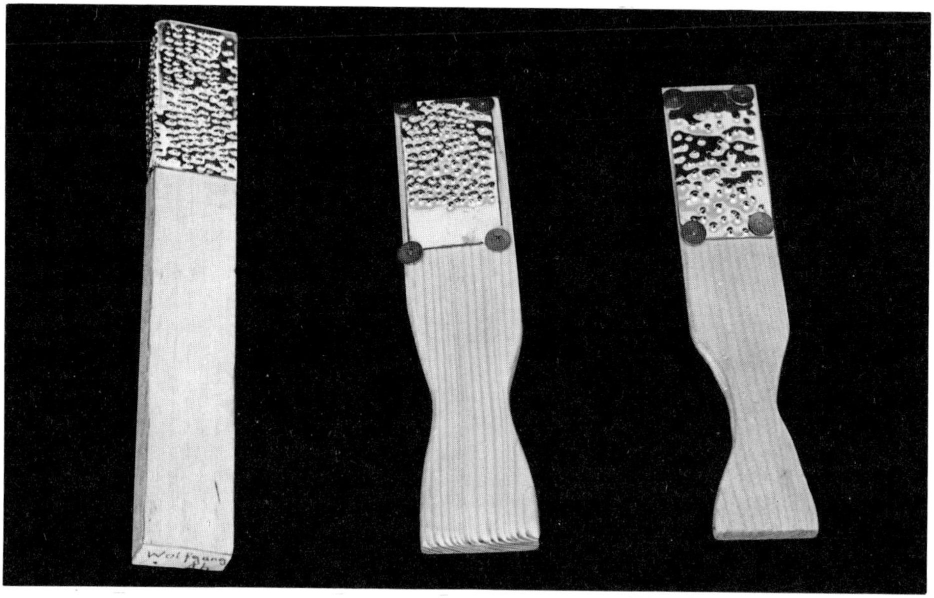

DIDAKTISCHE HINWEISE

Kind und Aufgabe

Die Aufgabe bringt eine Begegnung kombinierter Materialbearbeitung von Holz und Metall und deren einfache Verbindung. Metall (Alublech) wird erstmals in Form einfacher Lochung mit Nagel und Hammer bearbeitet. Die selbst gefertigten Alu-Reiben können an verschiedenen Materialien wie Gips, hartem Ton, weichem Holz erprobt werden. Dadurch werden Zusammenhänge von Form und Wirkungsweise bei Werkzeugen und einfachen Maschinen (Arbeitsteil) einsichtig.

SACHINFORMATION FÜR DEN LEHRER

Bedeutung für den Menschen und Funktionsweise

Die Reibe ist den spanabhebenden Werkzeugen zuzuordnen, mit deren Hilfe Gestalt und Oberfläche eines Materials durch Abtrennen von Materialteilen verändert werden. Span um Span hebt man beim Schnitzen ab, bis die angestrebte Form erreicht ist. Nach demselben Prinzip arbeitet der Hobel, das Stemmeisen, der Bohrer, die Säge, die Raspel, die Feile und das Schleifpapier. Alle in das Material eingreifenden Werkzeugteile sind keilförmig und arbeiten auch nach der Wirkweise des Keiles.
Die Kinder stoßen bei dieser Werkaufgabe die Nagelspitze durch ein dünnes Aluminiumblech. Dabei wird das Blech an der Durchgangsstelle des Nagels ausgebuchtet und aufgerissen. Unregelmäßige und scharfkantige Grate entstehen an den Rißstellen, die weiche-

res Material als Aluminium (Holz, getrockneter Ton, Styropor, harte Semmeln) „aufkratzen“, indem sie spanabhebend wirken.
Einfache Küchenreiben werden nach dem gleichen Prinzip aus härterem Material hergestellt. Sie dienen zum Zerreiben und Schaben von Kochschokolade, Muskatnüssen usw. Dabei ist es gleichgültig, in welche Richtung das Reibgut geführt wird.
Bei einer anderen Gruppe von Reibeisen, insbesondere zum „Reißen“ von Gemüse, sind Loch und ausgebuchtete Schneide so angeordnet, daß nur in einer Bewegungsrichtung Schneidearbeit verrichtet werden kann. Die Schneide kann hier Späne in der gesamten Breite des Reibgutes abtragen, das Loch ermöglicht den Abtransport.
Alle Handwerkzeuge haben einen Griffteil und einen Werkzeugteil (Arbeitsteil). Mit dem Griffteil wird das Werkzeug gehalten oder geführt und die nötige Arbeitsenergie weitergegeben. Der Werkzeugteil führt die gewünschte Arbeit an der Wirkstelle (Berührungspunkt von Werkzeug und Material) aus (vgl. Werkaufgabe „Modellierholz“).

HINWEISE ZUR UNTERRICHTSPLANUNG

Aufgabe

„Wir stellen ein Reibwerkzeug her, mit dem ihr weiches Holz, getrockneten Ton und Styropor bearbeiten, aber auch Schokolade, Würfelzucker und harte Semmeln zerbröseln könnt!“
Alternative: Wir stellen eine Schleifpapierfeile her.

Lernziele für die kognitive Erkundung

Die Kinder sollen
— einige Reibeisen und Reibmaschinen aus Mutters Küche kennen lernen,
— ihren Verwendungszweck einschließlich des Aspektes der Arbeitserleichterung erfahren,
— die Wirkungsweise beobachten und erkennen,
— diese Wirkungsweise auch an ähnlichen Werkzeugen (Raspel, Feile) wiedererkennen,
— erkennen, ob Späne in jeder Bewegungsrichtung abgetragen werden oder nur in einer,
— Griffteil und Werkzeugteil (Arbeitsteil) unterscheiden können,
— die Bedeutung von Grifformen an Handwerkzeugen erkennen und Zielvorstellungen für den Griff der Alu-Reibe anbahnen.

Hinweise zur Problemerkundung

— Eine Auswahl von Reibeisen und Reibmaschinen mit verschiedenen Einsätzen sowie Reibgut (Zwieback, Karotten, Kohlrabi . . .) zur Erkundung bereitstellen.
— Alublech, Nagel, Hammer und Unterlage als Impuls vorgeben, Lösungsversuche zur Herstellung eines Reibeisens initiieren.
— Das Werkstück vorstellen, Bearbeitungs- und Montageverfahren klären. Die Anordnung der Lochungen und die Gestaltung einer handgerechten Grifform können als kreativer Freiraum den Kindern überantwortet werden.
— Sofern es sich um Erstbegegnung mit Material und Werkzeug handelt, soll eine Probier- und Hantierphase ermöglicht werden. Im besonderen sind abzudecken: das Einspannen und Festklemmen von Holzleisten, die Feil- und Raspelführung, das Halten der Nägel, das Halten des Hammers und die Führung der Hammerschläge aus dem Handgelenk.

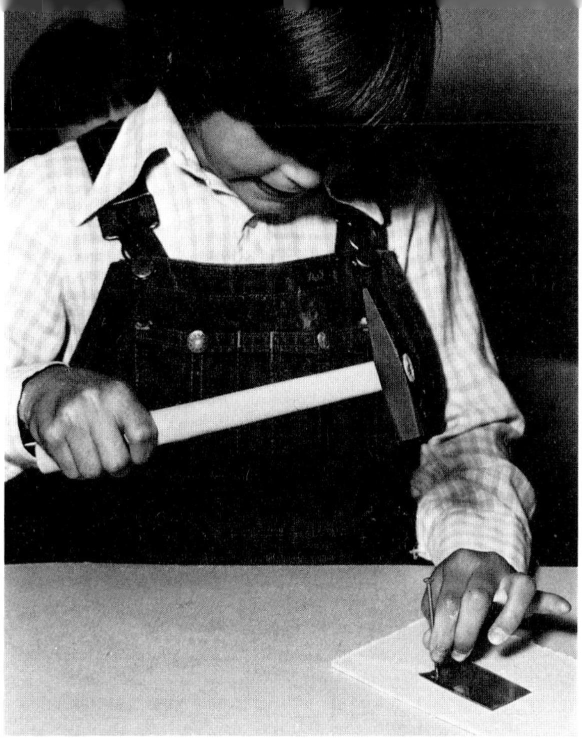

Lernziele für die werktechnologische Problemlösung

Die Kinder sollen
- Holzleisten einspannen können,
- mit Raspel und Feile Holz bearbeiten können,
- die Holzoberfläche mit Schleifpapier glätten können,
- das Alublech mit Nagel und Hammer durchstoßen können, bzw. ein Reibblatt herstellen können,
- das Alublech auf der Griffleiste befestigen können,
- Formvorstellungen (Lochungsanordnung und Griff) verwirklichen können.

Werktechnologische Hinweise

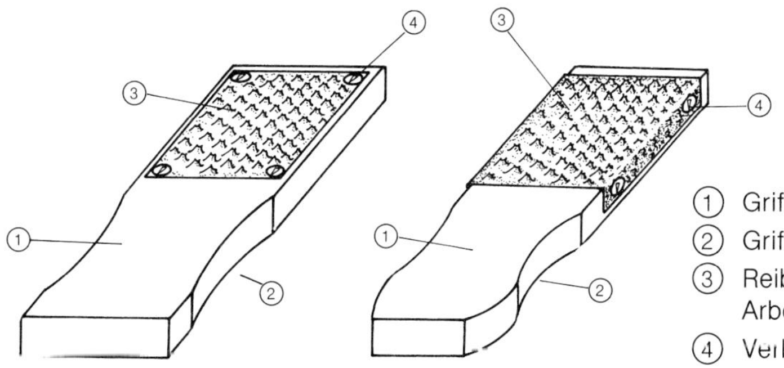

① Griffleiste
② Griffteil
③ Reibblatt (Werkzeugteil—Arbeitsteil)
④ Verbindungsteil (Reißnagel)

Griffleiste		Holzleiste, 1 cm stark, ca. 4x18 cm; Griffteil und Werkzeugteil (Arbeitsteil) kennzeichnen.
Griffteil	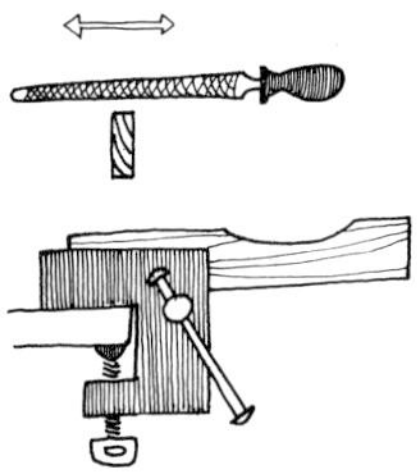	Die Holzleiste einspannen, der Griffteil liegt frei. Den Griffteil mit feiner Raspel oder Bastardfeile (beide halbrund) bearbeiten und in die gewünschte Form bringen. Die Feilenführung und das Materialverhalten während der Arbeit beobachten. Den Griff mit Schleifpapier glätten. Das „In-der-Hand-Liegen" des Griffes mehrmals überprüfen. Ist keine Einspannvorrichtung vorhanden, muß auf die Griffausformung mit Raspel und Feile verzichtet werden.
Reibblatt (flach)	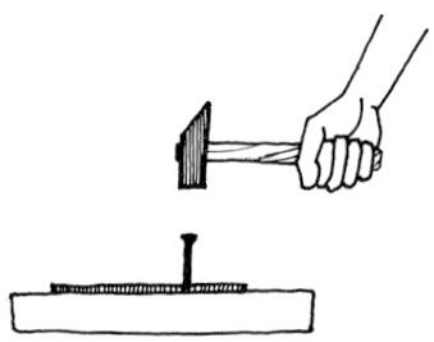	Alublech halbhart, 0,4 oder 0,5 mm stark, 3,5x6 cm; Die Nagelspitze mit Hilfe des Hammers durch das Blech stoßen. Unterlagen: Dämmplatte oder einige Lagen Weißpappe. Auf richtige Hammerführung achten. Den Platzbedarf der Reißnagelköpfe berücksichtigen.
Montage		An den 4 Ecken Löcher durch das Alublech stoßen (Nagel oder Vorstecher, Unterlage). Reißnägel festklopfen.

Organisation

MATERIAL	Anzahl pro Schüler	Anzahl pro Gruppe (18 Schüler)
Leiste 1x4x18 cm	1	
Alublech, halbhart, 0,5 mm stark, 3,5x6 cm	1	
WERKZEUG		
Einspannvorrichtung	1	
Raspel, fein, halbrund	1	
Feile, bastard, halbrund	1	
Hammer	1	
Vorstecher		6
KLEINMATERIAL		
Reißnägel	4	
Nägel, 50 oder 60 mm lang	1	
Unterlage (Dämmplatte, Weißpappe)	1	
Schleifpapier (einschl. Schleifpapierfeile)	1	
MEDIEN: siehe Problemerkundung		

Alternative

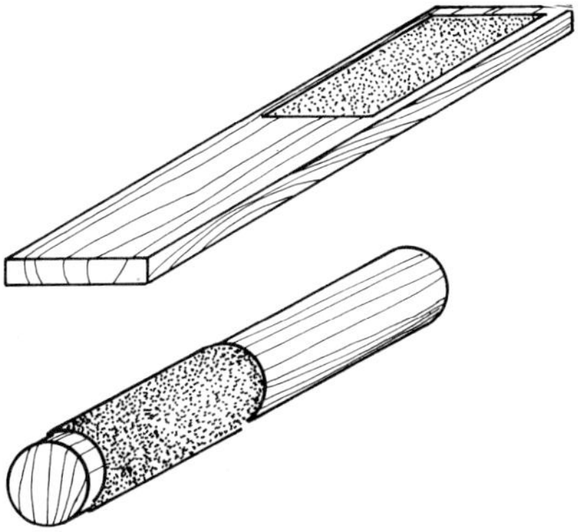

Schleifpapierfeilen:

a) Flache Schleifpapierfeile:
   Griffleiste: 1 x 3 x 20 cm
   Grobes und feines Schleifpapier jeweils auf der Vorder- und Rückseite mit Alleskleber aufkleben und kurz anpressen.
   Dimension: 2,8 x 10 cm
   Schleifpapierart und Körnung:
   Glaspapier Nr. 1 und 4 oder Siliciumkarbid-Finishingpapier Nr. 220 und 100

b) Runde Schleifpapierfeile:
   Griffholz: Rundholz, ∅ ca. 20 mm
   Schleifpapier überlappend kleben.

Hinweis zum Schneiden des Schleifpapiers:
Das Schleifpapier so falten, daß die Körnung außen zu liegen kommt. Den Bug mit einer Holzleiste sauber knicken und mit dem Messer von der Papierseite her durchschneiden (Lehrerarbeit).

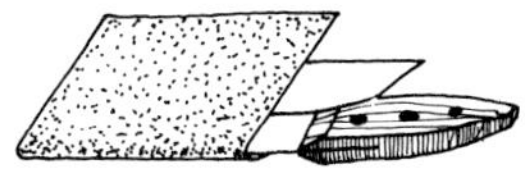

20

Tisch-fuß-ballspiel

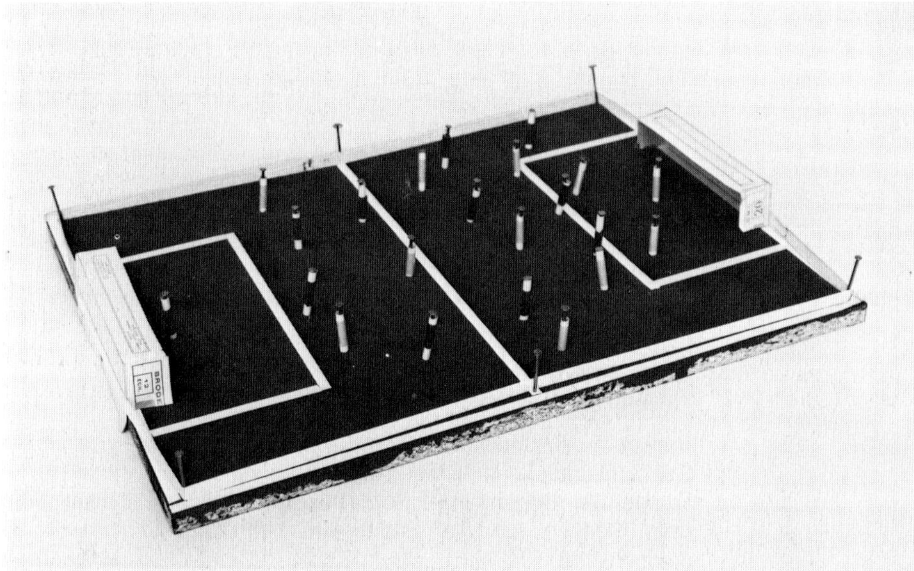

DIDAKTISCHE HINWEISE

Kind und Aufgabe

Das große Angebot von überperfektem Spielzeug läßt Kindern kaum eine Chance, die eigene Spielwelt werktätig mitzugestalten, denn die Konsumwelt stellt alles bereit, was zum Spiel benötigt wird. Auch die perfekte Wohnung, mit Spannteppich belegt und mit Musterkinderzimmer ausgestattet, ist dennoch wenig für die Hantierversuche der Kinder geeignet. Doch das selbständige Herstellen von Spielgerät für die Spielwelt könnte dem Spiel und dem unablässigen Lösungsstreben wichtige Impulse verleihen.

SACHINFORMATION FÜR DEN LEHRER

Bedeutung für den Menschen

Menschen haben zahllose Spiele erfunden, die Kurzweil bringen, das Denken herausfordern, Gewinne ermöglichen und Sieger und Besiegte bestimmen.
Die Erwachsenen lieben das Spiel, weil, dem Kinderspiel ähnlich, vielfach das Ernsthafte, die Arbeit und die Gefahr ausgeklammert werden.
So gibt es Spiele, die in ihrer Spielanlage „Echtsituationen" kopieren.
Ball und Fußballspiel sind für die Bubenwelt untrennbar verbunden. Die große Faszination des Massensports wird zusätzlich durch Idole und Leitbilder verstärkt. So wird Fußball, Feldspiel und rassiger Mannschaftssport auf zahlreiche Art und Weise zum harmlosen Zimmerspiel verändert, um zu unterhalten: „Subbuteo", „Tipp-Kick" usw.

Funktionsweise

a) Tischfußball (2 Spieler, auch Selbstspiel möglich)
Spielelemente: Spielbrett, 2 Tore, 2 Mannschaften mit je einem Tormann und 11 Feldspielern, Spielfeldumrandung (Gummibandumspannung), Markierung der Mittellinie, Markierung der Torlinien, Markierung der Strafräume, Abstoßpunkte (je 2 nahe dem Strafraum)
Mögliche Spielregeln: Eine Metallkugel wird mit einem Blechstreifen (Schnellhefter) federnd zwischen den Fingern beider Hände „geschnellt" (oder mit dem Zeigefinger einer Hand „geschnippt").
Der Lauf der geschnellten oder geschnippten Kugel wird durch „Feldspieler" (Nägel) abgelenkt. Die Feldumrahmung hindert die Kugel am Verlassen des Spielfeldes und beeinflußt durch elastische Federwirkung ebenfalls die Laufrichtung. Kommt die Kugel zum Stillstand, wird sie vom Ort der Ruhestellung geschnippt (abwechselnd Spieler A oder B). Überrollt die Kugel die gegnerische Torlinie, gilt dies als Tor. Als Sieger steht jener Spieler fest, der die meisten Tore erzielen konnte. Bei Gleichstand der erzielten Tore endet das Spiel unentschieden.
Die Spieldauer wird am Spielbeginn festgesetzt und zeitlich begrenzt (z. B. 5 Minuten), oder: Jener Spieler hat gewonnen, dem es zuerst gelingt, das 10. Tor zu erzielen.
Sonderfälle: Überspringt die Kugel (Spieler A) die Outlinie, wird sie vom Spieler B an der überrollten Outstelle aufgelegt und geschnippt. Die Richtung darf frei gewählt werden. Nach jedem erzielten Tor wird die Kugel vom Auflagepunkt (er kann markiert oder frei bestimmt werden) geschnippt.

b) Pfitschigogerl
Das originale Reglement stützt sich in der gesamten Spielanlage auf die Regelkunde des Fußballspiels. Diese Form des Spiels wird eher den Zehnjährigen vorbehalten bleiben. Es ist zu empfehlen, eine einfachere Regelkunde mit den Schülern zu ersinnen und zu erproben.
Spielelemente:
Spielbrett mit Bande (Kartonstreifen oder Holzleisten), Markierungen für Mittellinie, Torlinie, Strafraum, Elfmeterpunkt, Tore (Karton, Holzleisten, Nägel), 2 Mannschaften — je 5 Feldspieler, 1 Tormann (z. B. Schillingstücke, Knöpfe, Rundholzscheiben), pro Spieler ein Spielgerät zum „Vorwärtstippen" (z. B. Holzleistenstücke).

HINWEISE ZUR UNTERRICHTSPLANUNG

Aufgabe

„Wir bauen ein Tischfußballspiel!"

Lernziele für die Erkundung und für die Problemlösung

Die Schüler sollen
— ein Spielgerät selbst herstellen lernen,
— ein vorgegebenes Brett einstreichen,
— Markierungen zuschneiden und aufkleben und über ihre Bedeutung Informationen erhalten (Realitätsbezug),

— die sinnvolle Anbringung der Hindernisse erkunden (Feldspieler),
— lernen, Nägel in ein Brett einzuschlagen,
— den Umgang mit Vorstecher, Hammer und Beißzange erkunden,
— aus Schachtelelementen ein Tor fertigen,
— Befestigungspunkte für die „Gummibande" erkunden,
— Spielregeln ersinnen, anwenden und verbessern,
— einen Wettkampf organisieren und das Spielbrett erproben.

Werktechnologische Hinweise

Teilelemente:

① Spielbrett
② Tor
③ Torbefestigung
④ Markierung (Strafraum)
⑤ Markierung (Mittellinie)
⑥ Nägel (Gummibande)
⑦ Gummiband
⑧ Feldspieler (Mannschaft A)
⑨ Feldspieler (Mannschaft B)

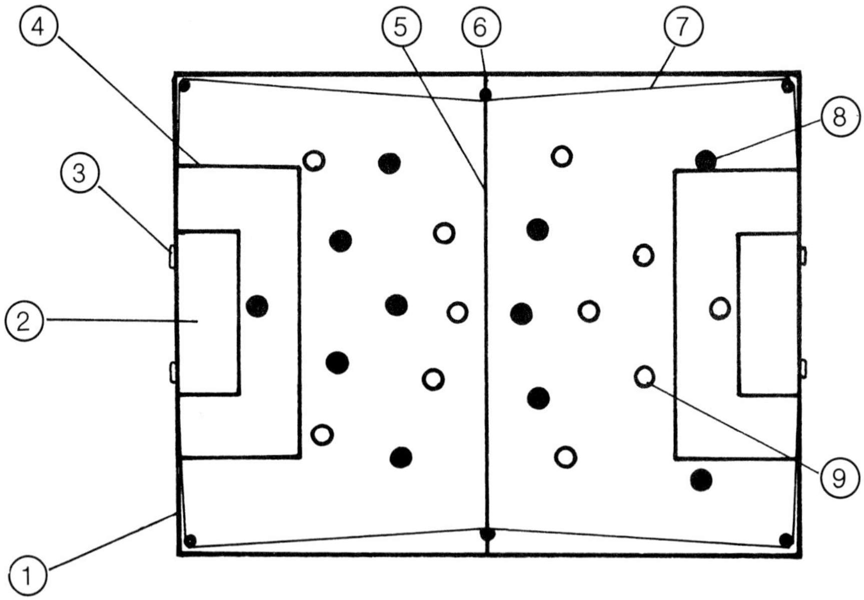

— Das Spielbrett (Homogenholz, 30 x 40 x 0,8 cm) wird mit grüner Dispersionsfarbe gestrichen (Trockenprozeß!).
— Aus Schachtelelementen werden Tore hergestellt — durch Einschneiden, Abschneiden, Falten und Kleben (Alternative: Nägel).
— Markierungen: Papierstreifen (0,5 x 30 cm, weiß) ablängen und mit Alleskleber aufkleben (Alternative: Malen mit Deckfarbe).

— Feldspieler kennzeichnen: Papierröhrchen mit Farbklebebändern bezeichnen (Alternative: Nägel bekleben, bemalen).
— Befestigung der Tore mit Reißnägeln.
— Hindernispunkte (Feldspieler) mit Bleistift am Brett markieren — mit dem Vorstecher Nagelloch „vorschlagen“ — Nägel mit Hammer einschlagen, ebenso die Haltenägel für die Gummibande.
— Gummiband ablängen, verknüpfen und befestigen.
— Spielregeln ersinnen und Spielbrett erproben (Blechstreifen zum Schnippen, Metallkugel usw.).

Organisation

MATERIAL	Anzahl pro Schüler	Anzahl pro Gruppe (18 Schüler)
Spielbrett (40 x 30 x 0,8 cm), Homogenholz	1	
Schachtelelemente (Tore)	2	
Nägel (Feldspieler, Befestigung) 30 mm	28	
Gummiband (130 cm lang, 7 mm breit)	1	
Papierstreifen (Markierung) 0,5 x 30 cm	9	
Papierröhren (Bastelhalme oder aus Maschinschreibpapier gerollt)		
WERKZEUG		
Schere	1	
Vorstecher	1	
Beißzange		4
Hammer	1	
KLEINMATERIAL		
Farbklebebänder, Alleskleber, Dispersionsfarbe (grün), Pinsel, Papier als Unterlage, Bleistifte		

Alternative 1

Grundbrett: Homogenholz, ca. 12 mm stark.
Vorgegebene Schablone für die Spielfeldeinteilung.

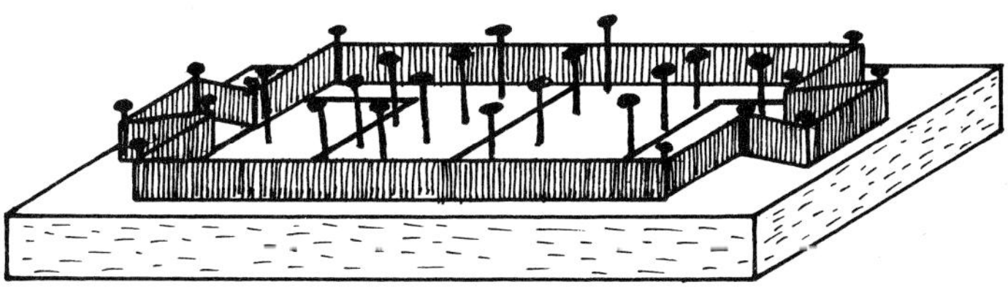

Breites Gummiband als Seitenbande mit integrierten, trapezförmigen Torräumen.

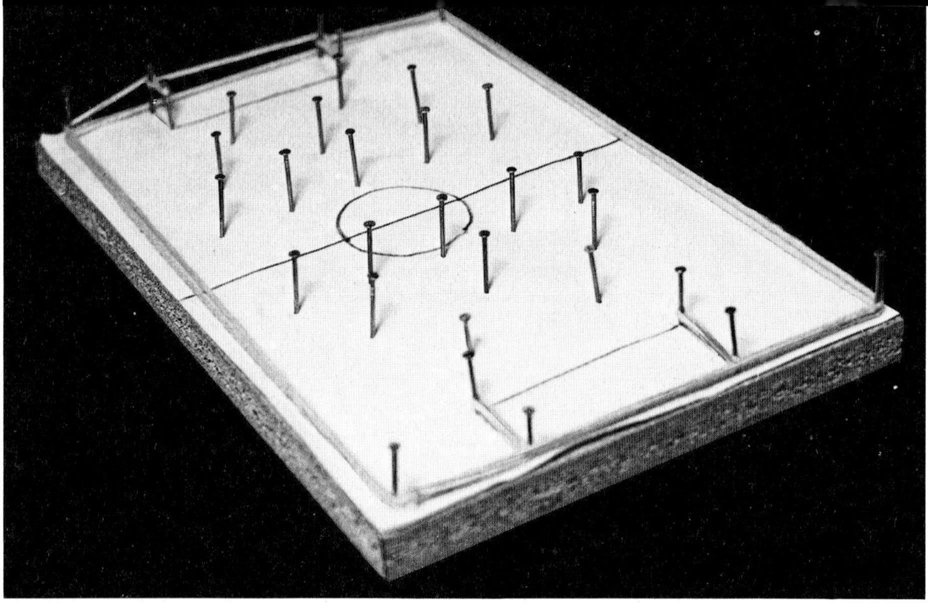

Alternative 2

Tischfußball

Materialhinweise: Homogenbrett (30 x 21 x 1,2 cm), Spielfläche (vorgegebenes, hektographiertes Blatt mit Bodenmarkierungen), Spielrandbande (mehrfach gespannte Wollfäden).

Alternative 3

Pfitschigogerl

Materialhinweise: Spielbrett (Homogenbrett, 60 x 40 x 0,8 cm), Spielrandbande (Kartonstreifen mit Reißnägeln fixiert), Bodenmarkierungen (Filzstift), Spielgeräte zum Tippen (Holz oder Plastik), 2 Mannschaften — je 5 Feldspieler, 1 Tormann (Holzscheiben), Ball aus Knetwachs. Auch bemalte oder beklebte Knöpfe eignen sich als „Spieler“.

21

Standfester Behälter aus Papier

Verpackung für ein Spielzeugauto

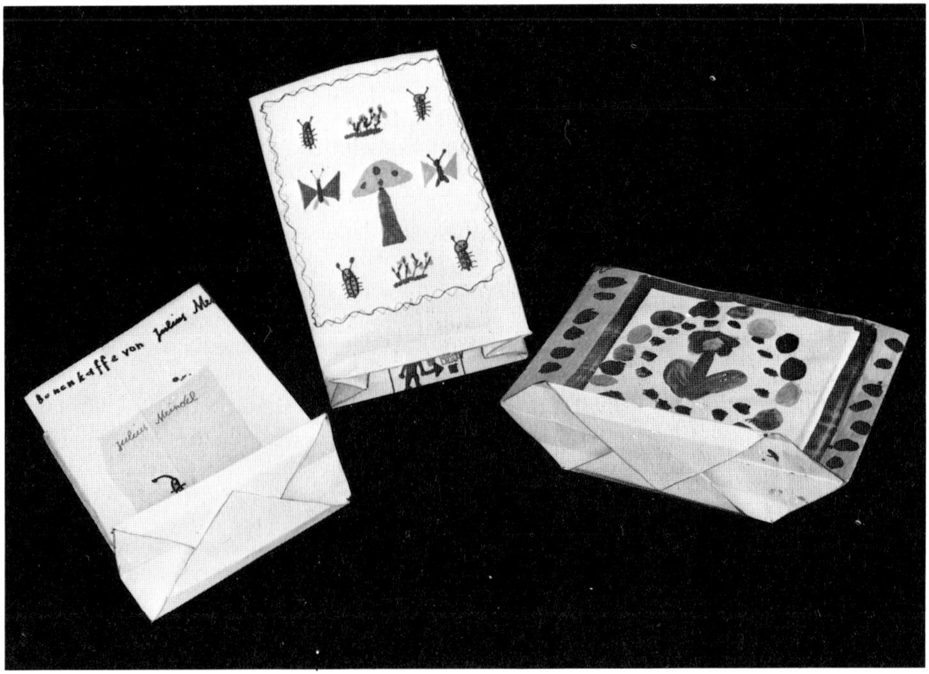

DIDAKTISCHE HINWEISE

Kind und Aufgabe

Verpackungsmaterial aller Art ist den Kindern durch den täglichen Umgang bekannt. Als Verpackung dienen Schachteln, Plastikhüllen, Folien, Dosen, Kisten, Schaumstoffbehälter für Lebensmittel, Getränke, Bekleidung, Spielsachen, Kosmetika usw. Die kurzfristige Wirkung des „Warenkleides" und der Weg aller Verpackung ist den Kindern ebenfalls vertraut.

Die Auseinandersetzung mit dem Problemfeld Verpackung sollte vor allem die Funktion (Schutz, Information, Manipulation durch Kaufanimierung), Konstruktion (Dose, Flasche, Schachtel usw.) als auch das Erscheinungsbild von Verpackungen berücksichtigen (Farbe, Schrift, Bild).

Bei der werktätigen Realisation steht die Förderung konstruktiv-räumlichen Denkens und die Anbahnung konsumkritischen Verhaltens im Mittelpunkt.

Bei allen Unterrichtsvorhaben ist zu berücksichtigen, daß Schüler der Grundstufe 1 nur elementare Aufgaben lösen können. Selbständige Entwürfe und Konstruktionen von „Verpackungsraumkörpern" (Schachteln) bleiben der Grundstufe 2 vorbehalten, da sie den Umgang mit Lineal und Dreieck, sowie sicheres Messen erfordern.

SACHINFORMATION FÜR DEN LEHRER

Bedeutung für den Menschen

Das Wirtschaftsleben der Gegenwart ist ohne „Warenästhetik" (Styling und Verpackung) und Werbung nicht denkbar. Gebrauchsgüter und Verbrauchsgüter werden in millionenfacher Stückzahl produziert. Sie werben tagtäglich um zahlungswillige Konsumenten.
Die Werbung informiert uns über das Vorhandensein von Produkten durch die Tagespresse, Illustrierte, Plakate, Radio und Fernsehen. Das Kaufinteresse künftiger Konsumenten (Zielgruppen) wird von Werbefachleuten geschickt und kostenaufwendig geweckt.
Text und Bild umwirbt uns. Verschlüsselte, nicht sofort durchschaubare Werbebotschaften rütteln geheimes Wunschdenken wach. Dabei werden Sehnsüchte nach Erfolg, Abenteuer, Gesundheit, Partnerschaft, Jugend, modischem Insein usw. angesprochen. Die Bildinformation wird durch besondere Naturbezüge, zu einer nicht existenten heilen Unschuldswelt, verstärkt. Die von Werbefachleuten eigens erfundene naturmythische „Werbelandschaft" wird von den Elementen Wasser, Erde, Luft und Feuer beherrscht. Diese Welt kennt keine Kriege, Krankheiten und Hungersnöte. Sie ist zeitlos und wird ausschließlich von der Jugend „beherrscht". So geschieht es, daß wir, von „schönen Bildern" umgarnt, Interesse bekunden, Kauflust zeigen, um schließlich Kaufzwängen zu erliegen. So kaufen Millionen Menschen mehr, als sie wirklich benötigen. Sie geben Geld für Dinge aus, die einem geplanten Modetrend mit bewußter „Produktalterung" unterliegen.
Das Glück, das die Werbung durch Konsumbesitz verspricht, kann nur kurzfristiges Scheinglück bedeuten, wenn dadurch eine Umkehr der Werte erfolgt.

Funktionsweise

Verbrauchsgut, das täglich gebraucht und verbraucht wird, wirbt, da selbst zumeist unscheinbar, durch Schönheit (Farbe, Form, Schrift, Bild) der Verpackung. Ihr Erscheinungsbild wird vorwiegend durch zwei Kriterien bestimmt:
Form (Flasche, Dose, Schachteln usw.; kantig, rund, groß, klein usw.; Material prägt die Form; Technologie der Konstruktion ist nicht immer einsichtig) und Funktion (größere Hygiene, Lagerfähigkeit, Ökonomie — kein Abwiegen, Endverbrauchern wird der Warenzugriff erleichtert, Information über Inhalt und Qualität, Vermittlung der Werbebotschaft, Kaufanimation durch schönes Warenkleid).

HINWEISE ZUR UNTERRICHTSPLANUNG

Aufgabe 1

„Wir falten einen standfesten Behälter aus Papier!"

Lernziele für die Erkundung und für die Problemlösung

Die Schüler sollen
- verschiedene Säckchenverpackungen (Kaffee, Zucker, Lebkuchen usw.) betrachten und ihre Beobachtungen mitteilen,
- Hinweise über Werbung, Warenästhetik und Funktion von Verpackungen erhalten,
- Erfahrungen über Werbung (TV-Werbung, Plakat-Werbung) austauschen,
- eine tragbare und standfeste „Sack-Verpackung" nach variablem Faltplan herstellen,

— die erstellte Verpackung mit selbst erfundener „Werbebotschaft“ für einen bestimmten Inhalt bemalen,
— allenfalls „Werbefernsehen“ spielen und einen „Werbespot“ ausdenken.

Werktechnologische Hinweise

Das genaue Falten nach Plan wird genaues Erklären, gemeinsames Falten und deutliches Darstellen der Faltschritte erfordern. Sowohl Zeichenpapier (DIN A4 und DIN A3) als auch Maschinschreibpapier sind geeignet. Letzteres kann für die Aufnahme der Werbebotschaft nur mit Filzstift bezeichnet werden.
Verschlüsse: Vorlochen mit dem Bürolocher (allenfalls Ösen) und Anbringen von Splinten.
Tragschlingen: Vorlochen, allenfalls Ösen (oder Verstärkungsringe — Selbstkleber), Nylonwebschnur.

(1) Zuschneiden eines Rechtecks — die Längsseite durch Umfalten verstärken
(2) Das Papierrechteck zur Röhre biegen und kleben — Klebefalz ca. 1 cm — mittiges Falten
(3) Die oberen Ecken nach beiden Seiten zur Längsmitte falten
(4) Beidseitig einknicken
(5) Die Spitzen gegengleich auffalten
(6) Nach dem Briefkuvertsystem die beiden Ecken symmetrisch (Drittelteilung) umfalten
(7) Die Ecken kleben
(8) Löcher oder Ösen für Tragschlingen anbringen
(9) Durch Falten eines Seitenbuges kann die Standfestigkeit verstärkt werden

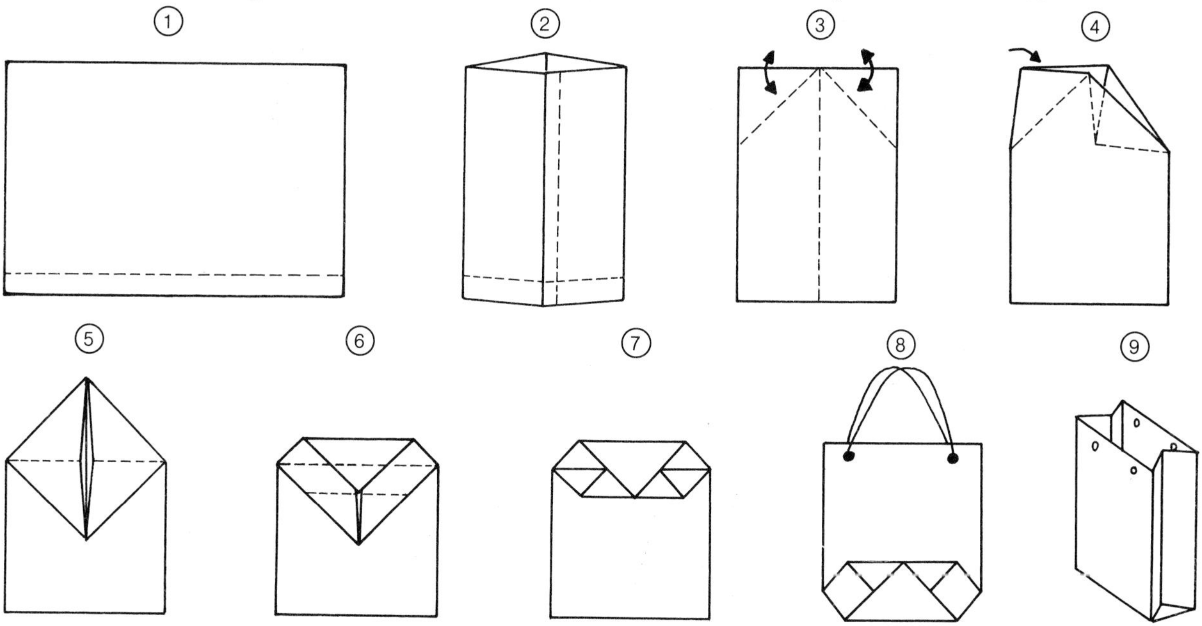

Organisation

Material: Zeichenpapier, Maschinschreibpapier, Perlon- oder Nylonschnur oder Splinten (Musterklammern, Selbstklebe-Ringe)
Werkzeug: Ösenzange, Locher, Schere
Kleinmaterial: Alleskleber oder Klebepasta, Filzstifte oder Deckfarben
Medien: Verpackungen

Aufgabe 2

„Wir stellen eine Verpackung für ein Spielzeugauto her!“
(Umgestaltung einer Verpackung)

Lernziele für die Erkundung und für die Problemlösung

Die Schüler sollen
— verschiedene Verpackungen mitbringen und über ihre Funktion Erfahrungen austauschen,
— Farbe, Text, Zweckbestimmung und Wirkung von Schachtelverpackungen erkunden,
— eine größenmäßig geeignete Verpackung auswählen, demontieren und wenden,
— Werbebotschaften für eine Spielzeugauto-Verpackung (Text und Bild) im gemeinsamen Gespräch erkunden,
— ein „Verpackungskleid“ durch Zeichnen, Schreiben und Malen erfinden,
— die neu gestaltete Verpackung zusammenfügen,
— die Werbebotschaften auf ihre Wirksamkeit untersuchen.

Die Innenseite der gewendeten Teeschachtel läßt sich gut mit bunten Filzstiften beschriften und bemalen.

Werktechnologische Hinweise

Das Demontieren von Verpackung gewährt Einsicht in die Konstruktion. Durch Wenden und Umfalten erhalten die Schüler eine neue, unbedruckte Schauseite, die für die Bemalung bestens geeignet ist. Die Werbebotschaft wird durch Farbe, Text (Informationen, Behauptungen, Preisangaben, Produktnamen usw.) und Bild (Produktdarstellung, Spielsituation, Realitätsbezug usw.) zusammengesetzt, wobei vor allem die Orientierungsfragen abzuklären sind.

Ein Textprobeblatt, das nach Schüleranfragen durch den Lehrer zu ergänzen ist, bedeutet für den Schüler wichtige Hilfestellung. Das selbständige Zusammenfalten und Kloben wird nicht allen Kindern problemlos gelingen.

Faltschachtel (nach Faltplan)

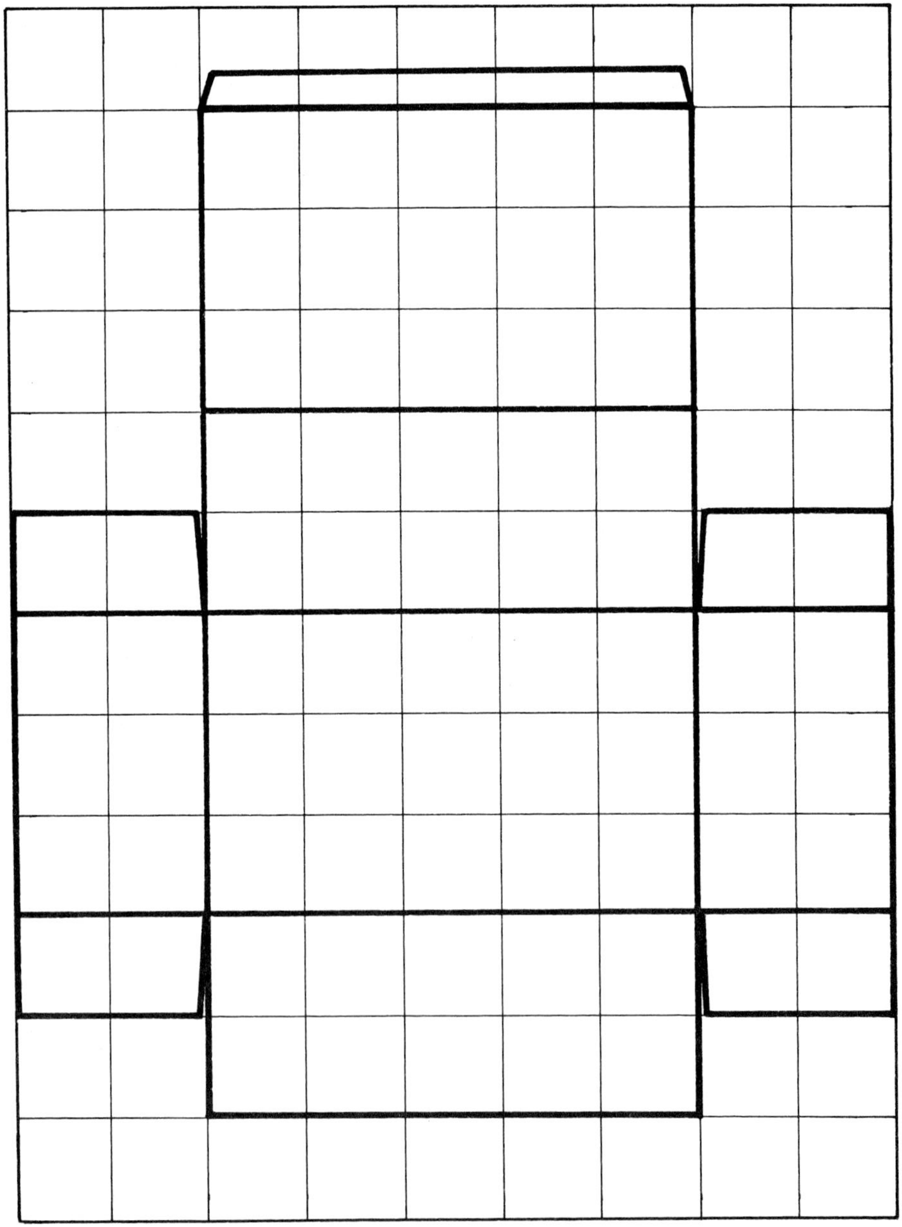

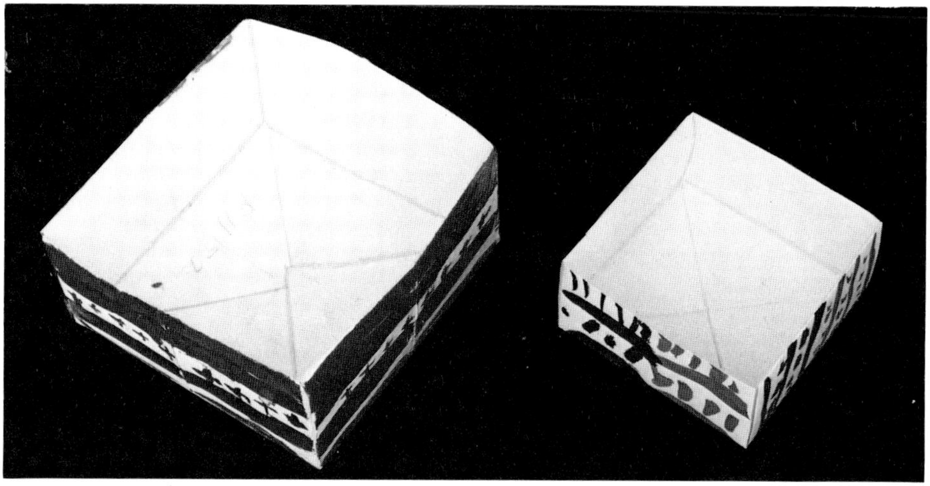

Faltschachtel (Faltplan liegt nicht bei)
Bemalen einer Dose (Bemalen von Gläsern, Flaschen, Pappröhren usw.)
Bemalen einer Spanschachtel

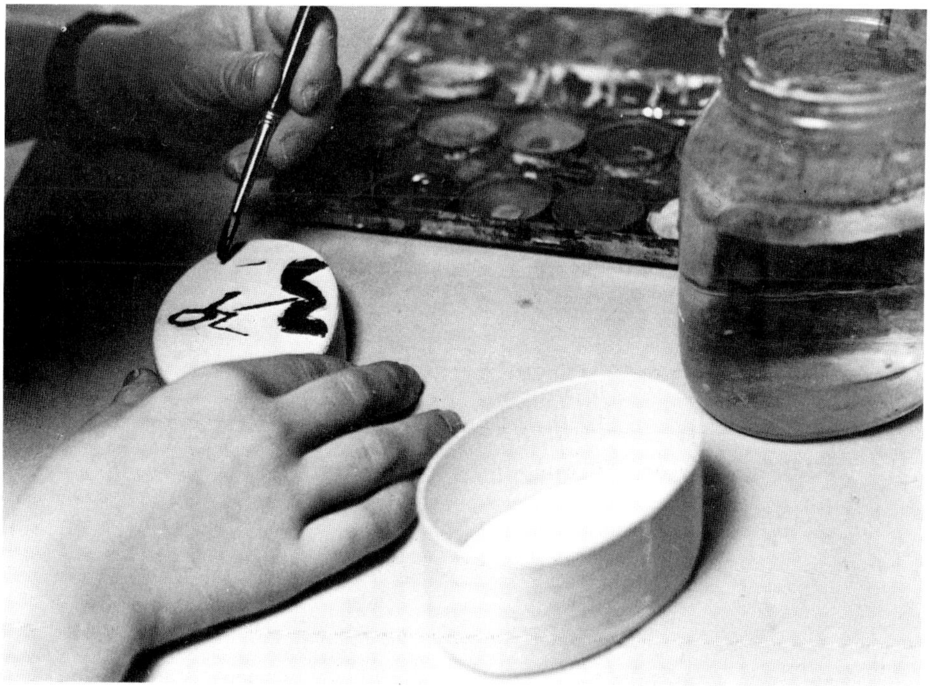

Literaturverzeichnis

Werkerziehung in der Grundschule — Hinweise zum Beispielplan für eine Jahresplanung. In: Pädagogische Mitteilungen. Beilage zum Verordnungsblatt der Bundesministerien für Unterricht und Kunst sowie Wissenschaft und Forschung, Jahrgang 1979, 6. Stück

Berger—Zankl, Technisches Werken. Erziehung zum technischen Denken, 1.—6. Schuljahr. Styria-Verlag, 1974

Böhm, Neues Werken in der Grundschule. Michael Prögel Verlag, 1975

Dinter, Hebezeuge, Heben und Fördern im Werkunterricht. (Werkpädagogische Arbeitsreihe), Frech Verlag

Hartmann—Heginger—Rieder (Red.), Spiel Baustein des Lebens. TR-Verlagsunion, 1976

Herbst—Klopsch—Borges, Technische Bildung in der Grundschule. Verlag WWT, 1973

Heufler—Rambousek, Produktgestaltung/Gebrauchsgut und Design. (Studientexte zur Lehrerbildung und Lehrerfortbildung), Jugend und Volk, 1978

Kaul, Kreativität im Technischen Werkunterricht. Rembrandt Verlag, 1975

Kjer—Pakusa, Boote und Schiffe. Neckar Verlag, 1974
Rollen, Fahren, Transportieren. Neckar Verlag, 1976

Kladiva—Miller—Valetti, Werken für Knaben 1. Birken Verlag, 1980

Kühmayer—Kladiva—Königstein—Sebr, Technisches Werken. Eine Handreichung zum Technikunterricht auf allen Schulstufen. Michael Prögel Verlag, 1973

Roth—Steidle, Der Werkraum. Planung und Einrichtung. Klett Verlag, 1968

Roth, Entwicklung des technischen Verständnisses. Otto Maier Verlag, 1974

Schietzel—Vollmers—Schulze—Raabe, Erste Schritte in die Welt der Technik. Werk- und Lernbeispiele für Vier- bis Siebenjährige. Otto Maier Verlag, 1976

Sturm, Technisches Werken 1. Verlag Dr. Max Gehlen, 1975
Ders., Technisches Werken 2. Verlag Dr. Max Gehlen, 1976

Tanzer, Hinweise zur Jahresplanung — Werkerziehung/Grundschule. Pädagogisches Institut Wien

Ullrich—Klante, Technik im Unterricht der Primarstufe. Otto Maier Verlag, 1973

Zeitschriften
Ans Werk. Zeitschrift für gestaltendes und technisches Werken. Neuwerk-Gemeinschaft E.V.

Die Werkstunde. Werkpädagogische Arbeitsblätter. Als-Verlag

Österreichisches Fachblatt für Bildnerische Erziehung und Werkerziehung. Österreichischer Bundesverlag

Johann Eckel
Herbert Halamiczek

Werkerziehung Grundstufe 2

Bauen — Wohnen
Technik
Produktgestaltung

Dieser Band bringt Erfahrungsberichte aus der Unterrichtsarbeit auf der 3. und 4. Schulstufe. Beide Bände bieten zusammen die unterrichtspraktische Aufbereitung aller Sachbereiche und die Darstellung der technischen Grundlagen des Werkunterrichts an der Grundschule (1.—4. Schulstufe). Die praxisgerechte Aufschließung erfolgt nach folgenden Kriterien:

- Didaktische Begründung der Aufgaben und Ziele
- Technische Sachinformation für den Lehrer
- Begriffsgrundlagen unter direkter Bezugnahme zur technischen Wirklichkeit
- Unterrichtspraktische Hinweise Skizzen, Material- und Werkzeugempfehlungen
- Alternativangebote zu den Aufgabenfeldern
- Bildmäßige Dokumentation von Schülerlösungen

Folgende Themenbereiche werden durch Sachgrundlagen, methodische, werktechnologische und organisatorische Hinweise unterrichtspraktisch erschlossen:

3. Schulstufe

BAUEN — WOHNEN
Brücke (U-Schiene) — Flachdach auf einer Stütze (Tankstelle) — Bauwerke aus Papier (Türme, Rutschbahnen) — Gerüstturm . . .
TECHNIK
Kran — Wasserrad — Fallschirm — Boote
PRODUKTGESTALTUNG
Spielzeugautoanalyse — Windlicht — Tonarbeiten — Kerzengießen — Tisch und Sessel

4. Schulstufe

BAUEN — WOHNEN
Bauwerke aus Stäben (Gerüstbau, Mast) — Fachwerkbrücke — Hallenüberdachung für Fahrzeuge — Einfache Zeltkonstruktionen — Wohnung für vier Personen
TECHNIK
Spielmaschinen mit Getriebe — Zahnradgetriebe in Spielmaschinen — Lenkbares Fahrzeug — Ausschalter — Saalgleiter
PRODUKTGESTALTUNG
Rührgerät — Greifzange — Raumsparende Möbel — Tonschale

ÖBV
Österreichischer Bundesverlag